“广西一流学科·中国语言文学”经费资助成果

心心相遇-意味美学

审美价值的重估

丁来先 著

中国社会科学出版社

图书在版编目（CIP）数据

心心相遇　意味美学：审美价值的重估/丁来先著．—北京：中国社会科学出版社，2023.4

ISBN 978－7－5227－1317－5

Ⅰ．①心…　Ⅱ．①丁…　Ⅲ．①审美—研究　Ⅳ．①B83－0

中国国家版本馆CIP数据核字（2023）第022110号

出 版 人　赵剑英
责任编辑　王小溪
责任校对　师敏革
责任印制　戴　宽

出　　版　中国社会科学出版社
社　　址　北京鼓楼西大街甲158号
邮　　编　100720
网　　址　http://www.csspw.cn
发 行 部　010－84083685
门 市 部　010－84029450
经　　销　新华书店及其他书店

印　　刷　北京君升印刷有限公司
装　　订　廊坊市广阳区广增装订厂
版　　次　2023年4月第1版
印　　次　2023年4月第1次印刷

开　　本　710×1000　1/16
印　　张　23.25
插　　页　2
字　　数　359千字
定　　价　118.00元

目　　录

导论　天人内在贯通性相遇及审美价值的重估

第一节　天道－天心原型言说及审美的两种类型

现代性危机的核心是失去“心”，也可以说现代性危机就是“失心”的危机，以及以失心为基础的意味（意韵、韵味）整体消失的危机。中国思想传统的核心恰恰就是“存心”“养心”“修心”“明心”，恰恰就是以此为基础对“意味”（意韵、韵味）的倡导。现在审美中的基于封闭人的感性倾向过于明显，并由此“破界”、日趋“无界”化，也正是“失心”危机的表征，其体现了封闭的人（及其现象心、分别心、局部心、封闭心）在“自我认识”方面的膨胀，反映了人们内心的空洞、焦虑以及在反抗与等待中的绝望。这种基于封闭人的“无界”性审美越来越带有异化性质，也越来越趋向“异化性审美”：立足于局部性、肢解性的现象性审美。所谓审美——就其深刻方向而言——关乎人的存在本质（或存在之根），不是由人之单向意愿随意决定的。有内核的、价值梯次更高的审美是敞开的联系性的，也是总体性的，关乎天人内在的贯通性关系，关乎稳定的精神根基，关乎心心之敞开性、联系性、总体性。心之外无真正价值性审美。有内核的价值性审美是心心相遇与对话的一种直觉性显现，而所谓心心相遇与对话体现的恰恰是人的敞开的本心主体性。我们这里的主体性概念不是基于现代性的片面的主体性。近代以来，所谓主体性原则进入思想视野，并被广泛传播，但对人之主体或主体性的理解却有很大差异。用较为古老的传统视角看，人之所谓主体归根结底是立足于根的主体，是与本体相通相连的心主体，反过来说，人没有本原本体力量的支撑，也就谈不上真正的心，没有敞开的联系性的本心、没有与天心贯通的能够显露人之深邃声音（意愿）的心，也就没有主体可言，没有了心的主体性是外在的虚假的现象主体性。由此，所谓主体性从根本上说不是基于现代性原则的主体性，不是认知性的，也不是外在实践性或社会交往性的，也不是一般生命意义上的。心主体性体现在人之整体的深刻倾向中，体现在存在中心的内在充实、自主、自由、能动与解放的层面上。心主体性就是在心心相遇与对话中显现出来的，是敞开联系性主体性，是天心之本体在场的人心之主体性。这在价值性审美活动中体现得更加明显：价值性审美是自上而下的心之敞开性审美。

审美之最高境界——也是审美之真正的引导性方向性力量——体现的是天人相遇及贯通性，凸显的是天人沟通性相遇及其非分裂的“总体性”，在这种具有统一感的敞开的总体性里，理智认知或社会交往或感性自然生命趋向消融，消融于敞开性的总体里。人之深度价值体验及存在尊严说到底就体现在特别的价值韵味里，集中体现在“源头心性闪现”的时刻，集中体现在有中心感的精神状态里。人的存在本质也需要作自上而下的界定。人的存在与生活本质体现在敞开性的总体里，由此才能关联更为整全实在的事物，才能获得整全浑然的纯粹直觉性价值经验。敞开的直觉性本心决定了审美与非审美的界限，决定了内核性价值审美与外围现象性审美的界限。所谓的心学（包括心心美学），其核心本义就是心心相遇、贯通与对话，核心就是领悟“天道 - 天心”（及其心性），并显露于心理合一、心情合一、心行合一之外显层面上。自然、社会、个体、艺术作品都可以是这种审美相遇的中介，换句话说，对世界内在价值的领悟与对天道 - 天心的领悟是一致的，而不是矛盾的。在东方的传统思想习惯中，我们常常透过人之本心来谈论天心（及世界），这也充分说明了天心（及其世界）与本心的内在一致性，但这里其实暗含着一个思想性预设：天心（天之大全、最高统一性、基础与中心）与人之本心（人之大全、最高统一性、基础与中心）具有先验的相通性。审美经验（以情为核心）是天人沟通或贯通性的纯粹的直觉性经验。审美是心心相遇而生的意味整体。

一　中国天道追问传统及天之核心含义演变

中国思想传统的最核心特征是强调人对“天”的敬畏、向往、关怀、遵循与守护。天代表的是创造性源头（超自然的、自然的等），天与人的关系是创造性源头与创造之特别显现的关系，也是典型的上与下的关系。对于这种具有本原性之天，中国思想传统用了一系列近义词表达：天—天道—天理—道心—天心等。究其根本，这是一个具有本质相似性的概念家族。从整体的综合角度看，中国思想传统中有一个不断向天追问的倾向，思想逻辑链条潜在而清晰：人（人道、人类社会等）最终的价值依据在天，而天是广延宽泛的多侧面的（自然的、哲学的、神明的等），也有形而上之天与形而下之天的区别，其也会被日常语言混淆。这广泛而多义之天的最终根源与依据又在哪里呢？可以说，这也是中国思想传统发生“天问”的前提与基础。从中国思想史的总体脉络看——不管是儒家还是道家——天的最终依据不在天之自然物质的那面，而在天之超自然的隐藏的道（所谓形而上者谓之道）的方向、方面，即在于天道。天道就代表中国思想传统中的天之基础、依据与创造性始源，也代表至善源头。中国传统（官方与民间）流行的所谓“替天行道”之道也是这个意思，替天行道之道不可能是形而下之道。

天背后隐藏着的决定性的依据、基础与初始之道（即天之创造始源性）。在《周易》中，与天等同的是“乾”，乾、天就是创造之“元”，由此天道就是创造始源（元）之道。天之道是“元”之道，“元”代表最高纯粹，代表最纯粹的世界起始，甚至可纯粹到和“无”一样，但其又是最真实的起始，因为一切后来存在都需要从此得到理解。其他的“动”之现象（包括可见规律等）是从“元”道中派生出来的。联系到老子《道德经》与魏晋玄学关于道是“无”并“贵无”的种种论述，我们可以综合性地认为：天之元道是使万物成为万物的根本之道，其属于形而上的无形之道，而不是形而下的显现出来的有形之道，但这个形而上没有外显的无形之道，却是有形世界的基础与核心，其也是衡量人类文化价值的核心坐标、中心与基础。关于这种形而上的无形创造之道，中国上古思想传统常把其理解为神明，也即理解为超越性的、神明性的，并用“天帝”“皇天”“帝”等来概括（仅在《诗经》中，就有43处用到“帝”字，其中用“上帝”有24处，含义差不多都是指向天之至高神，也即天的最高最深之主宰力量）。天道的最基础含义绝不仅仅是一般意义上的“气之道”，不是形而下的有形有限的气之道（尽管在一些典籍中，天含有这个意思），除非人们是在形而上“道即气”“气即道”层面上来理解气的。“一气”之一如果是在有形有限的意义上去理解，那就意味着其还有更深的存在基础。这也是依据道家最核心本体论——“道生一”或“有生于无”（或无为有之本）——的理念得出的最合理的逻辑结论，其也奠基于中国思想所论及的“有无论”传统。尽管在很多情况下，“一”可以代表初始之无形、无限。中国传统的天道，在最根本的意义上代表的是创造性始源，代表最初、最高与最深意义上的存在基础，代表无形无限之起始依据。在中国上古思想传统中——包括部分先秦哲学中——有大量关于作为世界主宰——创世者之“天帝”“天道”的思考，其后来也成为传统中国哲学的重要概念。

关于天之“道”“神”“帝”等词语内涵演变是一个值得探讨的问题。从现有文献资料中，我们可做一个基本判断：天之“道”“神”“帝”等词语内涵在中国上古及先秦思想中先后经历了一些变化，也可以说是经历了由外而内的转变，也即经历了更加集中化与内在化（也是主体性拟人化）的转变，这同时也是天之核心含义经历的转变：一开始是作为外在笼统的相对宽泛的道、帝、神（巫神），其后是最高主宰的无形妙道之帝、神（天神），再其后是更加集中化与内在化的道、帝、神（内在性的主宰之道、帝、神—心之道帝神）。这是一条相对清晰的演变脉络，也有不少文献实证资料的支撑。不过关于文献资料部分，此处我们不再赘述。天之“帝”（神、道）—天之“神明性”—天理—天心（心性之神），是中国思想传统的重要的演变线索。中国民间传统所说的“举头三尺有神明”也体现了这个意思。根据现有资料探知，“神明”一词最早出现在（成书于）

春秋晚期的《左传》一书中，其含义为“神”。而神最早就是与天联系在一起的，神的含义的转变通常也可代表天之含义的转变。在中国传统思想的众多典籍里——甲骨文、金文文献，与《诗经》、《易经》、《书经》、《春秋繁露》，及宋明理学、心学等——对“天”的理解与描述也常与神混杂在一起，包括“天”“皇天”“帝”“道”“天帝”“天道”“天理”“天心”等。中国思想传统关于天之含义的理解，前后有细微的差异。从首尾连贯的总体来看，天的含义演变似乎变得集中化、基础化与内在化，天之含义重心及最终依据最后落在了“天心”（心性之神）上，并越来越具有上下对应的关系，也就是与人心（本心）相通的对应性本体属性。这个无形的具有最高主宰性“心神”，被理解描述为天之本体性的始源存在，即“天心”。这也是人类用自身最高主宰核心——心——去命名描述（比拟）天神的产物。天人之间具有对应相通的关系，天拥有影响世界及人心的至高力量，天心也具有与人心之道（包括道德、人格性等）相通的对应性属性。中国传统中流行的心之比德说也来源于此。尽心、养心、存心、修心、明心等“心学功夫”的核心就是敞开性、联系性，并由此形成交流性的总体，也就是面向天敞开并与之发生联系，所以人之“本心”的最终依据也还是在天上。心性之神在天即天之超心，简称“天心”，这是天之为天的始源性、依据性、基础性的本体力量核心，内化在人心里即是人之本心，这是人之为人的主体力量核心。本心也是敞开的、联系性的心，是与天心贯通的能够显露人之深邃声音（意愿）的心。天心与人之本心也构成先验性的自上而下的对应相通的关系。心心相遇是敞开性的整体性相遇，是核心对核心的相遇，也是天心（及心性）在场于至诚之敞开人心，并由此形成意味（韵味等），形成意味整体。相遇是整体性的也是直觉性的，肢解性的、局部性的感应不能算是相遇。

中国思想传统的、潜在的本体性思想的逻辑发展链条——到了宋明时期——最终落在了更为内在化的方向上，也即落在了“天道－天心”上。或许道偏重于逻各斯含义，心则偏重“至善”（最高至善性）方向。“天道－天心”代表了最高最深的存在依据，代表最原初的创造性始源。

中国思想传统中的这一比拟性命名思路极具前瞻性。到了 21 世纪的今天，甚至前沿天文物理学的术语命名也采用这种拟人化的做法，比如整个银河系被围绕的旋转核心（中心）被称为“银心”，由此拓展更大的可包容银河系的超大星系群被围绕的旋转中心（核心）也就是“×心”，以此类推，那整个宇宙起点（所谓大爆炸奇点）及推动宇宙成为宇宙的最初的创造性力量就可以被称为“宇宙之心”，用中国传统术语说就是“天心”。区别只在于一个偏重从科学角度命名，一个偏重从形而上的哲学视角命名。哲学之“天心”代表那个最高最深的基础性、依据性、整体性、统一性之存在及存在力量，其隐在的源头性心性也具有神秘的牵引力或引导力量，并影响人心（本心）的最深邃的意向（包括向往、意愿、梦幻、回忆等）。本书重点强调作为创造始源与存在中心的“天心”（及源头心性），强调天道即天心（一体两面）。天心是天道之更加集中化与内在化的隐喻性思想表达形式，代表天之为天的本体核心，而本心则代表人之为人的主体核心。由此，宋明经学家认为圣人或六经之学皆是心学，也就是认为六经或圣人之学皆是立足于天心本体之学。

天心是天之概念相似家族中的一员。“天心”即爱默生意义上的“超心”，这个命名是隐喻性的、拟人化的，代表最基础、最高与最深的哲学（或宗教性）概念，代表最基础、最高与最深的存在，指向天之无形的是创造性本原，其也代表了中国传统终极性的宗教关怀、情感体验与理性思想之对象，也是中国思想传统对最初、最高与最深之基础性、依据性、统一性、整体性渴求的集中折射，也是中国文化及思想传统、思想基准与本原性公设，其也代表天之原型言说的主体及其心性密码，其为所有后来的有限有形世界产生、活动、发展奠定本原性基础（及依据），也为后来的一切精神体验与理性思想奠定本原性基础（及依据），其也是打开有形有限现象世界的基础性密钥，也是理解与领悟深层精神体验与思想可能性的基础性密钥。德国哲学家黑格尔认为天在中国就是至高无上者，代表至高无上的存在，但他在谈到中国传统的“天”“天道”时又认为，中国传统的天只是笼统的、含混的、未被规定的，是一种抽象的普遍性或统一性，是未被规定的总和。[①] 这与他在《哲学史讲演录》中认为中国语言缺少丰富的逻辑词汇，不适合表达哲学的思想是一致的，也与他对印度梵的谈论是一致的，他同样认为印度的“一”之意识也是属于抽象的、空洞的、无规定的统一性[②]。其实，从根本处着眼，中国思想传统对天的领悟——如果从思想历史的前后基本一致的零散论述来看——也没有他说的这么笼统、抽象。虽然在用精确的概念把握方面稍显逊色，但对中国古老的传统而言，天的问题不是概念的界定层面上的问题，也不是逻辑理念的辩证运行问题，甚至不是一般的理论理性问题，而是现代存在论者及现象学所说的“存在与生活”问题，是自明的“先验直观”问题，也即显现于存在直觉的、先验的、自明性的体验问题。中国传统之天——在经验现实的层面上，在直觉性体验的层面上——涉及传统中国人的“存在与生活”，其也是中国传统的终极性追问与沉思对象——这个对象的最深根基实际上是无形不可名的，其帮助传统中国人克服了种种相对主义，为传统中国人奠定了心灵之终极方向的基石。传统中国人已经通过自己的“虚己”的实践传统——尤其是天人内在的贯通性相遇与内在对话伦理实践传统——亲证了天的创造始源性本性，或者说天（及其概念相似家族系列）早具有了存在本体论的意义。中国传统天道（天、天理、道心、天心等）现在被各种现代学者——出于某种狭隘的动机——做了形而下的解读，似乎关于天的种种思想只是自然物理性（气性等）的、受自然必然性支配的变易性的道（生生之自然等）。据此对天做了各种工具化、实用化、功利化的理解。尽管在天道概念相似家族系列中，有些指向有自然气性（阴、阳二气等）及变易那层意思，但从最根本处说，其更代表超乎形的创造性始源，代表以此为基础的形而上的本体、统一体与同一性。关于天道之思想家族相似概念，其核心就是形而上的天道－天心，更早时期也称其为太神或天神，后

① ［德］黑格尔：《宗教哲学讲演录》Ⅰ，《黑格尔著作集》第16卷，燕宏远、张国良译，人民出版社2015年版，第237—238页。

② ［德］黑格尔：《精神哲学》，杨祖陶译，人民出版社2006年版，第390页。

衍化为“心神”：

> 夫君子所过者化，所存者神，上下与天地同流。（战国・孟子《孟子・尽心上》）
>
> 天者，百神之大君也。（汉・董仲舒《春秋繁露・郊祭》）

天—天道—天理—天心等在中国思想传统中，更多代表天之终极性的存在奥秘，也更多属于终极性追问对象（所谓“天问”就属于本体的终极性之问），就像西方传统中对“存在之存在”的追问一样。天道属于《易经》中所说的无形之“神道”而不是有限之“形道”，甚至在孟子心中，“神道”都是超乎形的。从现代知识论的视角看，其也是不可知、不可言说的，就如老子所说的“道不可名”一样。“圣而不可知之之谓神。”（战国・孟子《孟子・尽心上》）天道—神道具有原初性、整体性、普遍性、基础性、根本性、终极性之特点。《易经》还从另一个角度说“以神道设教，天下服矣”。天道属于无形，难以言及，却代表世界之根本性基础，也与人之存在的最高的隐蔽向往相通，代表了人之存在的最高目的性趋向，所以才会设天神之道天下服。关于中国天道概念相似家族——天理等——德国著名哲学家莱布尼茨也有专文论述。在《致德雷蒙先生的信：论中国哲学》中莱布尼茨深刻地阐发了自己的看法，他坚信人类有着共同的天性和共通的理性（心性），因而中西文化间在差异的表象之下有着惊人的内在一致性，他凭借思想家的敏锐独到眼光，创造性地揭示了中西思想共同共通的契合的一面：

> 中国人是否承认或已经承认了精神实体……我认为它和我们的神的概念是一致的。[①]

---

① ［德］黑格尔、康德等：《中国印象：世界名人论中国文化》，何兆武、柳卸林主编，广西师范大学出版社 2001 年版，第 132 页。

可以说，中国传统中关于天道的系列思想，体现的正是至善（及其目的趋向）之道，也是具有终极性的绝对之道、世界（包括人及人的世界）存在本质与依据之道、人的生活与精神依据之道。所谓至善之道并不仅仅是一般意义上的道德伦理之道，其代表的是本原性的善（不是人为性的善）及其目的，也是与至真同源之道。对天之大全与无限本性的领悟不是知识学意义上的，不是自然性可见经验意义上的，而是建立在“始源性本体价值”领悟基础上的，建立在人心之终极溯源以及情感性依靠、依赖与直觉之上的，也有更为具体的意志实践性为其亲证。中国思想传统终极性追问与沉思的天道实际上又无形而不可名：

> 无乃是对存在者之全体的完全否定……存在者必须事先已被给予，以便能够作为这样一个全体而得到彻底否定……而无本身这时候就会在这种否定中呈现出来。①

充满奥秘性的无形的天道－天心代表天之根本性的基础，代表万物之创造性起始，这也是理解万物的终极性依据与钥匙。在《道德经》第一章中，老子说：“无，名天地之始也。”在中国的典籍《易经》中也有天之道在于“始万物”的论述：“大哉乾元，万物资始，乃统天。”这个统领万物的无名无形之天道－天心，是使万物产生并成为一体的根本性决定力量，其也代表未分化的初始整全。有人根据《易经》将“万物一体”的原因解释为“生生”。这样“生生”就成了中国传统天的依据、基础，成为天之为天的本原与本体。这就很容易陷入形而下的“物理主义”或“生物主义”，并失去了天之最根本的超越性内涵，失去天之大全的存在本性。在中国传统儒、道两家看来，使万物成为一体的原因归根结底还是那个初始性创造起源。到了宋明理学、心学阶段，中国思想家将“始万物”的本体基础论述得更为明显：具有内在性与超越性的天理或天心（早期称“天地

① ［德］马丁·海德格尔：《路标》，孙周兴译，商务印书馆2000年版，第124页。

之心”），其也代表最初、最高与最深实在性。这个天理或天心在人的存在中也有与其呼应相通的先天之心性种子，也就是王阳明所说的“人心一点灵明”（《传习录》下）。王阳明说：“言心则天地万物皆举”（《答李明德》），心包罗、主宰天地万物。他的“万物一体论”［“心之仁本若是，其与天地万物为一也”（《大学问》）］、“心外无物论”都是以此为基础的。关于阳明心学的相关言论现在被人一再重复，这里不想赘述。明代心学家湛若水有“心包万物论”思想。他说“心包乎万物之外，事物行乎心之中”（明·湛若水《孔门传授心法论》）、“万事万物莫非心也”（明·湛若水《泗州两学讲章》），他认为心从“未发”到“已发”，万事万物之化育发展，都是心在贯穿维系，“心无所不贯”“心无所不包”（明·湛若水《心性图说》）。清代黄宗羲《明儒学案·甘泉学案四》中认为：心“宰制万物，放之四海而准。”一幅天之初心本体论框架图已基本绘成。还有明代陈献章，一方面说“道为天地之本”（《论前辈言铢视轩冕尘视金玉》），一方面又认为“心为道舍”（《仁术论》）、“心得而存之”（《论前辈言铢视轩冕尘视金玉》）。

我们对天心的理解具有综合性、概括性也是具有阐发性的。实际上，更为集中的证明性、系统性心学理论思想是难得一见（虽然也有“六经皆心学”“心学为圣人之学”之说）的。天心说在中国思想传统关于天之思考的后期得到集中体现，其思想精髓也存在于天—天道—天理—道心—天心之零散叙说中，我们只是突出了“天地之心”这个思想视角（及道即心、心即道等论述），也是试图对中国传统的笼统之天做进一步集中化的表达，用天心之说代表（概括）关于天道论述之相似家族其他之说，以使各种分散的天说有一个集中的隐喻表达，并有一个本原性“起原点”“发起居中点”，也使其更有原初之起始性、至善性、动因性、目标性，及基于“一”的中心感，也为了把分散的天之表述集中于基础性存在根基上，并更好突出天之本原性、整体性、至善性、动因性、目标性、最高实在性，拟人化的概念也有助于突出创造本原之隐蔽的意愿性、目的性、趋向性、至善性等。这样更能体现至高存在相通、同在之同类性原则，也更能与中国传统思想中对“心”“道德心”的重视统一协调起来，使“心”归属在至高的基于创造始源的统一性及同类性原则之下，也使真正的贯通性相遇与对话变得更容易理解。我们也想以此发挥其最大的潜在的丰富的张力与可能性，其与一般的限制性理性概念有着本质的不同。一般理性概念需要的那种限制性界定不适合天心。天心是代表最初、最高、最深之隐喻性概念，由此，“天心”也就成为中国思想传统的最高概念，其最基础的心性通过敞开人心之体验被领悟到。人也只有用本心（伴随现象心、局部心与分别心的扬弃与退却过程）才能与其相遇，并发生启示性的内在对话与交流。中国思想传统（儒、道、佛皆如此）差不多都是以心为本的，心本身甚至就代表了“至善”之倾向、意愿。就连汉字“心”也有敞开指向存在“中心”之意。

中国传统中的天心概念或观念不是实证知识学意义上的，也不是以自然性的可见经验为基础。对天心之思想叙说或界定，属于美国蒂里希所说的象征隐喻性语言，属于美国哲学家麦奎利所说的“生存与存在性语言”。“天心”说立足于传统中国人的存在经验，并由此“存在经验”溯源追问，达成对世界本体的直觉性认知（也是逻辑推论性认知）。由此天心属于中国传统的“始万物”之始源性创造（有生于无之创造），具有自身之隐蔽目的与宏大目标，但其很难用知识学与一般经验科学意义上的语言加以叙说。对天心的思想叙说或现象性描述也属于难以言说之说。天之源头性心性可代表最初的最高空灵与宁静，也代表最初的最高单纯、整一与自由等。万事万物都是天之初心意愿、目的、言说与自我认识的一部分，万事万物都会参与作为基础的天道－天心这一中心存在，也是天道－天心显现自身的一种方式。具有较高的心性存在（或智慧性存在）也会以敞开性的方式与存在根基相遇、展开启示性对话交流。

我的美学思想可粗略地统称为“心心美学”或“心心相遇－意味美学”。其第一支点或核心奠基点或思想与逻辑起原点是天道－天心，然后是与之具有先验性关系的人之敞开联系的本心。所谓美（或审美），其价值核心就是心心相遇而生的意味（“此中有真意”之意味）或韵味总体或整体，或者说审美是物随心转（相由心生、境由心造）而来的意味总体或整体，这种意味通过直觉性的具有普遍性的情感显现出来。用改造后的流行公式可以说，美（审美）就是有形式的意味，重点落在深长的意味上，感性形式不具有基础性地位。这与中国传统美学的思想精髓一致。审美的历程就是心心不间断的贯通性相遇的历史过程，就是人心的不断敞开，接受源头心性的隐蔽牵引，就是与源头心性内在的历史性相遇与对话，其有自身的不间断的历史延续性、过程性及同一性显现。通过这种心心不间断的相遇与内在对话，源头心性与现象个体化特性发生了融合性的转换，达成内在的动态复归性和解，也使内在心心对话主体性得以实现。心心美学归属于中国传统心学的现代发展类型。而所谓的心学（包括心心相遇－意味美学），其最核心本义就是敞开联系之心领悟“天之初心”（及源头心性）。在这种启示性心心相遇、去蔽、对话交流里，人之为人的核心精神——主体性（本心）得以展现。这种主体性可以涵括中国传统的良知说与知行合一说等。心心对话性主体性并不虚幻缥缈，其与特殊现实世界——自然、社会、个体存在、哲学与艺术表达等——并未分离。这种情形正是庄子所说的“乘物以游心”（《庄子·人间世》）。人类历史上那些真正伟大的精神活动（包括富有宗教感的精神活动）、有价值深度的精神体验（包括所谓的高峰体验）以及最伟大的文学艺术形象、情境等，都是这种内在相遇、交流与对话的有形或无形之果实。

二　心心作为思考体系核心及五个层次内涵

“心心”代表的是内在相遇与去蔽，代表的是基于对话与交流的总体或整体的实现，也代表内在敞开、联系与贯通，或者说代表的是基于敞开、联系与贯通的意味总体或整体的实现。在天人关系的意义上，所谓“心心”就是天心－人心（本心）。天心是天之为天的本体依据与核心，人心（本心）是人之为人的主体依据与核心，并能体现或显露人的最隐蔽意愿或深邃的内在意志，或者说本心是敞开联系性的心，是与天心贯通的能够显露人之深邃意愿、意志的心。在天人关系的意义上，心心也是天人先验性对应相通关系的简略表达。我在拙作《天人合一及心心美学》中首次用了重叠词“心心”，用来概括天人内在相遇及贯通性的关系。可以说，重叠词“心心”是我的思考体系核心之核心，也是这一思考体系的中心概念与关键词，蕴含着五个层次的内容。“心心”作为一条潜在的思想脉络蕴含于中国传统思想史之中，是打开中国源远流长的传统思想之门的一把钥匙。甲骨文的“心”字基本准确描述了“心”之最初含义。“心心”概括了儒、道、佛三家的心学思想资料，创造性地概括综合了上古先秦的神明学、汉代经学、宋明理学等所包含的思想精髓。那些看起来有些零散的文献资料隐蔽地透露了天心创世、天心本体、敞开性的本心主体及心心感应相通思想，也隐含着天心 - 人心之启示性对话、交流、相通、同在之关系。我们更加突出了心心相遇及“对话主体性”。天心代表世界初始之存在中心（核心）与后来万有之存在中心（核心），代表世界之存在依据、基础、创造性本原，人心（本心）则代表人之存在的中心（核心）与人之存在的依据、基础、创造性本原，也代表始源心性最原初的未分之汇集，心心即世界的本原之心与人的本原之心。这两个本原之心不是两颗心而是相通的一颗心。心心美学是心心相遇之学，以及由此而生的幽深（旷远）的意味（意韵、韵味、神韵）之学，以及在这些意味中浮现的形象 - 心象 - 意境之学。心心美学也可以说是意味整体之学。

天道 - 天心言说是原型性言说，也是根本的限定方向性言说。对这种言说的诚挚倾听让传统中国人几千年来在实践中保持“虚己”。天道 - 天心言说意味着天之存在中心、基础与根据在言说，意味着最基础的大全在隐蔽言说，也意味着创世始源性初心在言说，其也代表原初之一或“本无”，代表天心之终极性实在或天之心性——最高单纯、无限、永恒、光明、空静、自由等。通过天心之隐蔽目的的外化，源头心性渗透于世界之中，也可以说天心内在于世界之中。天道 - 天心代表世界之精神总体，代表世界存在的总体奥秘与背景。从有限的、个别的、特殊的事物中，敞开的人心可以领悟（通过理智直观，或直觉性体验等）天之心性。天心（及心性）作为一种始源性隐在力量一直在牵引人心的向往，这也构成了审美之始源性意向，构成了审美之最深的本性（及特性），这也是审美的价值核心依据，并通过人类直觉性体验显现、流露出来。

除了这种肯定性的理解与规定，我们更多时候需要在否定的意义上谈论天心，即天心（及心性）不是什么，或天心（及心性）能通过人心启示显现什么（包括知、情、意三个方向）。天心代表所有的、深潜着的未表现者、未显露者，而并非在任何特定的形式中显现出来的形式。天心更多代表的是其所非是，而非其所是。天心（及心性）从根本上说来源于众多不是，归结于众多不是。审美之难以言喻的深长意味恰恰源于天心（及心性）所不是，及未表现、未显露的无限潜能。不论天心以何种形式显现，其都既代表奥秘之一又代表无限多的显现。天心不是一般意义上的有限的大地之心，甚至也不是一般意义上的宇宙之心，而是创造了宇宙的那个初心本身，是使宇宙得以成为宇宙的创造性、始源性初心，及其隐蔽而有规律的显现。其虽然通过特殊的有限者显现，但其不属于后来宇宙的任何一部分，其是世界存在的内核之内核、中心之中心、支柱之支柱。人类之心——甚至所有的智慧之心——要想获得本心及本真状态，要想获得非凡的内在生机，就需要像庄子说的那样敞开，并谦卑地“虚己”（《庄子·山木》），并在“虚己”中相遇本原，获得和创造宇宙的那颗初心启示性对话、交流、相通以至同在，从而获得纯真之本心。天心使有形万物得以产生，并常以局部性的特殊形象显现在人类面前。重叠之“心心”的使用是基于动态的自上而下的视角。具体展开来说，重叠之心心有以下五个层次的内涵。

“心心”第一层意思是指创始天心（及心性）本原及特殊的多样性、差异性分有，这是从名词性命名意义上着眼的。这个意义上的心心关系是创始本原与分有—显现形式的关系，也是合一中的分离或分离中的合一关系。其代表创造始源本体及其言说，也代表根本性的真理与真实之最终依据，其尤其突出了人之本心——这一特殊的分有存在形式，突出了其不同于现象心（也是分别心、局部心、封闭心）之方向与根基。作为创造始源的天心是原初性的绝对第一主体，也拥有原初性的第一主体性（特性或属性）。所谓相遇与对话主体性也是与天心相遇相通的敞开性的心主体，也就是指人之敞开性的本心，也就是指基于这种敞开的本于天心之人心。有限有形世界有一个共同的起源——共同的创世性天之初心，或者说有限有形世界具有共同共通的本原心，或者说世界拥有共同的存在奥秘与神奇的起源性背景。天心是本体之心，是天之为天的本体依据与核心，是存在之终极性本原，也是人类世界的各种精神精灵的真实性、深度性与价值性的最终依据。人心主体性归根结底是与天心相遇、对话之结果或效应，是天人贯通性相遇与对话在人的内在存在的投射。所谓人心（本心）则是人之为人的主体核心，其归根结底还是天心播撒的潜在的灵明之种子，也是特别的智慧性分有之心。天心之神奇的始源创造潜能神奇地外化对象化为可见现实，神奇地有了多种外在差异性显现，也神奇地、先验地把灵明种子播撒在人心里。在我们的著述中，在天人关系视野中谈论的心心，就是指本原性天心与分有人心的对应相通关系，是世界之存在中心对人之存在中心、世界之存在整体对人之存在整体的关系。这也是非佛教意义上的“心心不异”、“心心不二”或“心心一如”。天心显露于（在场于）人心的地方（有形或无形之中介）就有美的显现，就有深长的存在意味，也具有超越的内在真实性。

“心心”第二层意思是指天人贯通性相遇及对话的动态过程，也是从动词过程意义着眼的，这是始源无形本体在场于人之敞开之心的相遇、对话与贯通的过程，也即心心启示性相遇及对话主体性显露过程，其也表达了人心敞开接受始源牵引的状态。这是心主体的显现过程，也是世界基础与源头特性的隐蔽显现过程，并由此而产生人心内在真实性，而不是虚假现象心（分别心、局部心、封闭心等）。在垂直层面上，心心代表人之本心（及心性）与心本原（及心性）的趋向性关系，也即同在、合一之趋势、趋向性关系，这一合一性的趋势、趋向，也显现在心心启示性相遇过程里。在平行的层面上，其也代表人这一特别智慧的分有与其他分有之心间的相遇与对话，包括人与自然、人与社会、人与人、人与自己之间。心心交流过程也是现象心（也是分别心、局部心、封闭心）之遮蔽去除过程，也是真理、善与美的渐次显现过程。这一相遇贯通与交流过程伴随着

“源头心性闪现”，伴随着深长幽深意味之涌现。这也包含了并非完全佛教的意义上的“心心相印”、“以心传心”或“心心相通”。这种心心相遇对话也如海德格尔在多部著述中所言的具有“冒险”的性质，需要一种内在的敞开性的勇敢。在这种相遇、对话过程中常常会发生瞬间显现出来的妙悟或灵感。这里需要指出的是：人之本心代表人之存在整体、中心、基础与背景，但其并不因为其所具有的基础性就虚幻起来，其和人的理性、情感、行动等外显形式并不必然矛盾。源头心性是一种内在的常常也是隐蔽的基础性引导力量。基于此，审美中的所谓理是心理合一之理，并通过直觉直观显现，情也是心情合一之情，也是纯粹直觉性情感，行是心行合一之行，基于本心的行是内在的具有超越性的行，其并不外在于心。

“心心”第三层意思是从本质与现象、真实与幻象区分意义上说的。天人内在贯通性相遇、对话得以进行之域才有真实力量，反之则是精神幻象，缺乏真正的实在性。真实表示现象心（被遮蔽之分别心、局部心、封闭心）被克服。这里体现了心实与心幻之动态转换性，也是在否定人的现象心（也是分别心、局部心、封闭心）的层面上展开的。这与王阳明的严滩问答“有心俱是实，无心俱是幻。无心俱是实，有心俱是幻”（明·王阳明《传习录·下卷》）的思想视角是一致的。心之真实的根基在源头、在整体，在天心或本心，虚幻的是局部分别基于物欲世界的现象心。王阳明关于心之“实与幻”说法里有一种动态的转换法。天心（及心性）－人心（及心性）启示性对话交流，伴随着人之各种现象心（也是分别心、局部心、封闭心）的退却。心心贯通性相遇、对话与拘泥于现象心的交流、对话有本质区别。在否定的意义上，我们同意道家、佛学关于心的思考，尤其同意道家、佛家对人心之现象性虚空、虚假的领悟。现象心之交流——诚如佛教“一心三观”说所言——具有“虚假”“惑”的性质，具有“遮蔽”与“无明”的特点，而心心贯通性之启示性交流对话过程——不管是垂直层面还是平行层面——都包含了现象心（也是分别心、局部心、封闭心）的克服进程。心心贯通性对话交流是中心对中心之内在的整体性的交流，不是现象性的外表的局部性层面上的交流。心心之贯通性交流对话——可以在人与自然、人与社会、人与人之间展开——具有内在的精神真实性，是最实在、最真实核心间的交流对话，从根本上迥异于终极实在性匮乏的现象性、局部性、虚假性存在表面之交流对话诸形式。人之本心敞开受源头心性内在地、隐蔽地牵引，由此，才可去除倒空现象心（也是分别心、局部心、封闭心）之遮蔽，心心之富有内在生机的动态性和解才能实现：

> 今者吾丧我，汝知之乎？（《庄子·齐物论》）
> 唯道集虚。虚者，心斋也。（《庄子·人间世第四》）

“心心”第四层意思指向天人之贯通性中介，也是纯粹内在的沟通中介性，也即代表天心本体与人心主体之贯通性中介。贯通过程是人心敞开的过程、天人关系的复归性过程，也是天人之动态性和解过程，伴随着真正的价值性意味显现，伴随着从意味中浮现的心象－意境。心心相遇实现了源头之基础性、统一性、同一性与现象性、差异性、个体性的动态复归性和解。心心作为一种中介性的纯粹的情感直觉经验，沟通了天—天道－天心—天之最初原型言说与人—人道—人（现象心）—人的可见性言说之鸿沟，实现了无限与有限、绝对与相对、永恒者与必死者、不朽与短暂、神性与人性、存在与存在者两个方向的相遇、相通乃至同在。这两个有冲突的方向在直觉性存在经验中获得了具体生动的统一性或同一性。心心相遇与对话性审美是自上而下、由内而外之审美，这个上和内是一致的，其核心相通相同。在这种内在的相遇与对话里，源头心性（或本源特性）如其本然地呈现于个体直接性经验里，在这种直接直觉性中介性经验里，源头心性（包括其统一性与同一性等）自明地显露，转化为个体存在的富有价值深度的意味，转化为富有意味的意境整体。心心贯通性相遇与对话，代表了内在个体原则与超越性普遍原则的动态统一或同一，或者说代表了天人在启示性相遇与对话交流中获得统一、同一与和解。与之相对的是心心（天心－人心）沟通不顺畅，作为直接性中介发生了破裂、隔绝与分离，心心通道被现象堵塞。这也是人心被遮蔽与“昧”造成的天人中介性关系的破裂、隔绝、分离与堵塞。

“心心”第五层意思指向内在超越之合一境界。东西方古老传统均以存在的合一、现象“我”的消失为最高境界。这种合一被命名为“神我合一”“梵我合一”“天人合一”等。天人合一的最内核就是心心合一。合一的内核基础是“共同的心”或“超心”，“共同的心”或“超心”作为创造始源（或源头）在中国传统中被命名为“天心”。“去蔽”“涅槃”“无我性沉思”“无我性冥想”等是其现象学层面上的表现。这种境界也是最利于人的身心的存在境界。心心合一最高境界是具有整体性的最有价值意味的境界，也代表个体的最完满的呈现状态。

本心是敞开联系性的心，是能映射人的更深邃意愿或意志的心，其也是人之存在的主体依据和核心。其与一般意义上的感性感官与理性并不必然矛盾，但本心扬弃并超越了感性感官与理性的局部性、局限性、分解性，将其纳入存在中心与存在整体之中。人之本心是与创造性源泉关联贯通之心。心心审美是超越现象性之内核性审美，是用“心”审美——通过自然现象、社会生活、个体存在与艺术等中介。这是从价值视角的自上而下的审美。后现代审美则是自下而下或自下而上的审美。在后现代背景下，审美没有一个最具根基性的共同的内质，在后现代的背景下，没有了真正的价值性内核，人遗忘了来自上面的精神方向，缺乏来自上面的源头特性浇灌，也就缺乏了真正重要的灵性。所谓灵性是人之本心的一种倾向与能力。这是人之存在的更为重要的精神性倾向与能力。其不同于与五官感觉相连的感性，也不同于基于逻辑抽象与证实的理性。这是人心敞开的与源头特性（或属性）发生启示性关联的倾向与能力，也是人领悟形而上的看不见事物的倾向与能力，或者说是人领悟根本之道的倾向与能力。对更为深刻的审美而言，心性—灵性比被人们经常强调的感性或理性更为重要。现代人谈论审美经常强调其中的感性，或强调感性与理性的统一等。实际上，对于有深度的审美而言，超乎感性与理性的灵性综合倾向与能力更为重要。灵性代表一种总体性深层把握能力，是人敞开性的关联存在源泉的能力，也就是贯通天（天道－天心）与人（人道－人心）倾向和能力。关于这种能力，许多哲学家也用了其他术语。普罗提诺与谢林用“理智直观”、康德用“先天综合”、胡塞尔用“先验直觉”等描述之。这些哲学家都肯定人类的一种先验性直觉倾向与能力。其以根基性、整体性领悟为特征。这也是人的敞开性本心的倾向与能力，是心心相遇、启示性对话沟通并趋同在的倾向与能力。

近代以来人们有意忽视、漠视这种重要的倾向与能力，但没有这种以根基与整体领悟为特征的灵性的参与，所谓审美只能在现象外围打转，只能算外围性、现象性审美，而不能触及真正的审美内核。这是人之存在中心（核心）联系世界存在中心（核心）、终极实在性的倾向与能力，也是人之存在的整体性倾向与能力。归根结底，感性与理性都属于局部性的倾向与能力，灵性（心性）却是带来基于天人内在贯通的整体性、中心性的倾向与能力。为什么人类的审美除了感性、理性还需要一种灵性能力，因为人之先验性存在中心与整体——本心——需要世界存在中心、整体与无形根基的支撑。人归根结底属于有限的、否定性的存在者，只有通过心灵敞开从有限中走出，才可以在中心处克服自己的有限性、非存在性，才可以以此获得圆满感及存在生机。心性—灵性似乎是人之存在的整体的先验性精神倾向（或叫天赋倾向），人类潜意识中存有顽强地寻找存在基础（中心）的倾向与潜能，也试图与那个存在基础（中心）发生关联，形成内在贯通感、一致性、同一感。这是人之根深蒂固的联系性精神倾向，也是寻找存在根基、努力与之相通同在的存在倾向。这是人精神上的被召唤的原型性愿望。在东方的传统习惯中，人们常常就是透过人之本心来谈论天道－天心（及心性）。这里暗含着一个思想预设：天心（天之依据、大全、基础与中心）与人之本心（人之依据、大全、基础与中心）具有先验性的对应相通性。“尽其心者，知其性也；知其性，则知天矣。”（战国·孟子《孟子·尽心上》）人就比动物多了这么一点“灵明”，并使人成为有精神尊严的人，使人成为具有内在精神及灵魂者。人的真正本质（包括精神本质）蕴含于存在中心、依据与整体里，本心就可代表人之存在的最深依据、整体与中心（核心）。人的种种根本性满足归根结底是整体性的精神满足，真正的精神性满足是存在中心与整体的满足，也即心的满足。任何自称以人为本的学说都需要深入思考这一点。

三 心心对话主体性及人的本质之界定

主体意识是绝对的环节。①

关于人之内在主体与创造源头的关联，西方哲学中有不少人予以关注，包括康德。他的实践主体性（不是纯认知主体）就深含这层意思，只是哲学家所用的词有所不同。美国哲学家保罗·蒂里希把这种绝对指向称为“终极关怀”。内在主体性事实上在天人贯通性相遇及内在对话中显现，其隐蔽显露了人的本质性内在意向。人的本质性内在意向—意念，会不断地在人之敞开的心中闪现。心心对话主体性是一个从不间断的敞开性的过程，也是可见与不可见、有形与无形之统一，可以显现于人之知、情、意三个方向，并具体地显露在人的内在化的行为与内在个体化的经验里，王阳明的所谓“一念之行”就是这个道理，在他的思想里敞开性的念就是行。心为中心、为基础，或者说是统一性之基础。理（或智）不是心外之理，情不是心外之情，行也不是心外之行。心心对话主体性可外显为立足于心的知、情、意表达，知、情、意与对话之心没有分离，而是内在地与心交融在一起的。

按照中国心学功夫传统（存心、尽心、修心、明心等）潜在的思想逻辑，人之基于源头心性的心性程度越高，人的所谓主体性也越强。中国传统中宋明理学、心学，及其所讲（王阳明等）的心学功夫，在我看来就是心心贯通性相遇的功夫，就是启示性对话、交流、相通与同在之功夫，也

① ［德］黑格尔：《宗教哲学讲演录》Ⅱ，《黑格尔著作集》第17卷，燕宏远、张国良译，人民出版社2015年版，第143页。

就是通达天人内在合一之功夫。这种心性体验在中国心学传统看来就是“本体功夫”带来的，也是“先天统后天”的一种功效。这种本体功夫的最终结果就是天心本体与人心主体获得统一，在这种统一中本心呈现，常常也是“虚己”的忘我之境的呈现。所谓本心就是敞开联系性的本于天心之心，本于物欲世界之心就是现象心（分别心、局部心、封闭心等）。中国宋明理学、心学传统中的所谓的道德修行，其本质就是使人心诚挚敞开、本于天心并传达内在的深邃的声音（意愿），这一道德修行的最高境界就是心心“合一”的忘我境界。这也是心心相遇与对话的主体性充分显现之境界。近代以来，人们喜欢谈论“主体”概念，但因思想家的视角不同，人们对“主体”这一概念的理解就会有很大的差异。所谓“主体”代表了人们对人的本质看法，随着视角的转移以及对人的聚焦点的不同，所谓主体也就变成了认识的主体，或是实践的主体，或是社会交往的主体，或是生命与伦理的主体，或是超验主体，等等。在世界各种古老的思想传统里，这种以人（尤其是人的某一局部功能）为核心的主体性的看法，绝对不占主流。在东西方古老的思想传统里，对人的理解（主体性、本质等）更多是自上而下的整体性视角：

> 主体性之自由形式，神圣事物的意识……在自由主体性之规定中无混淆地自为显露出来……主体性是无限的形式。①
>
> 认识就其原初本质上看，就是在者之在的觉在，就是在者之在的“主体性”。②

从更为古老的视角看人的主体性，差不多就是天人贯通性相遇的主体性，这也是本于存在源头（“无限”“绝对”等）之主体性。德国哲学家

---

① ［德］黑格尔：《宗教哲学讲演录》Ⅱ，《黑格尔著作集》第 17 卷，燕宏远、张国良译，人民出版社 2015 年版，第 4 页。

② ［德］K. 拉纳：《圣言的倾听者》，朱雁冰译，生活·读书·新知三联书店 1994 年版，第 45 页。

黑格尔在他的许多著作中都论述过类似的主体性含义，其也被德国哲学家莫尔特曼称为“超验主体性”。我们从他的敏感的论述中受到启发。人之真正主体性如果不是空乏空洞的，就需要自上而下的视角，需要立足于源头特性，需要与原初创造性本体源泉发生关联。人之内在主体性是与存在本体相通统一的“心主体”，反过来说，人没有来自上面的源头性力量的浇灌，没有基于此的本体力量的支撑也就谈不上有本心，人没有本心也就没有内在主体可言，本心是敞开联系性的心，是与天心贯通的能够显露人之深邃声音（意愿）的心，没有了这种本心的主体性只是外在的虚假的现象主体性，在这种虚假主体性里，真正完整的人差不多就消失了。虚假主体性不可能让人通向独立、能动、丰富、自主与自由。心主体是自上而下的，贯通性的相遇与对话交流性主体，也是动态和解与复归性主体。人之核心意向及本质也体现在这种敞开联系性的对话主体里。在这种敞开联系性的对话主体里，也有认知、理性、社会实践或生命等成分要素，也有内在的伦理道德性，但这种主体更是立足于天人贯通之整体，立足于整体的深邃意向性，其是人之存在整体——人之本心——的显现，其是基于本心之根的自由意愿的流露。

中国古老的传统强调自上而下的价值叙事视角。天心说与天说、道说、天道说、道心说、天命说、天地之心说、万物一体说等密切相关。由此，中国古老的思想传统视野才更具有形而上的色彩，才变得深邃而开阔，并有了宏伟的思想路途与画面，也有了潜在宏伟的精神（思想）发展的逻辑结构。这为天人贯通性相遇、对话主体性奠定了思想理论基础，也决定了关于人的内在本质论述的自上而下性质及方向：人的本质或主体性就包含在天人之贯通性的动态关系中。敞开联系的、不间断的天人贯通性动态关系既保证了源头性质（源头心性），也保证了个体化之直接经验（以直觉性情感为核心）。人之最根本存在核心、中心及其整体就在诚挚的敞开联系的心（本心、真心等）中。自上而下的对人的本质界定高扬了作为人之存在整体、核心与中心的本心，降低了构成现象人性（现象心、分别心、局限心、封闭心）的那些以局部功能为支撑的要素，或者说高扬了能够支撑意味整体的天人贯通之心，降低了现象人性或现象离散之心，但对本心的高扬未必就会忽视人之存在的个体化与具体化。

人的主体性或人的存在本质（及属性）无法被科学（包括自然科学、技术等）真正地理解，科学（技术）无法以自己的方式（实证性证明等）真正理解人之存在的最内核。人之存在的最内核只能存在于天人内在贯通性、相遇性整体里，只能在纯粹直觉性经验中呈现并被领悟，只能被先验性倾向与能力本质直观，也只能在意味整体的支撑中被理解。能凸显人之价值的理解视角是自上而下的阐述视角。对人的本质的自上而下的理解与界定，实际上也就是从垂直层面、从创造始源理解人，而不是从低处的平行层面理解人。具体地讲，自上而下对人的本质的理解与界定就是把人放在天人动态关系中理解与界定，由此认为人的核心本质就在天人启示性动态对话关系中。天心代表了创造性源泉及世界存在之核心、中心，代表具有终极实在性的方向，人心（本心）代表人之存在中心、整体与具有终极实在性方向。心心相遇与贯通就是世界存在之核心（中心）、依据、基础与人之存在核心（中心）、依据、基础获得内在的同一性、联系性、一致性。

从中国传统自上而下的心学角度看，人之基于源头心性的心性程度越高，人之主体性就越强，从而也就更能展现人的本质力量。这在伟大的艺术作品里表现得更加明显。越是伟大的艺术作品（包括文学作品），越具有自上而下的启示性质：这些艺术作品差不多就是试图越过时空性（或许这些作品也精到描写记述了时空中的人与事），让人领悟更为实在性之存在，也试图让人认识那些非存在——基于时间岁月的事物的虚幻、基于空间的占有行为的虚幻等。审美（及审美经验等）的最内核与局部性的代表匮乏的感性活动没有本质性的关系。人类的价值性审美同样体现了人的存在尊严，使人的精神性尊严降低的审美很难说是真正的审美。而所谓人的本质力量、人之主体性等也与人存在的尊严方向是一致的，是在敞开联系的贯通性相遇中显现的。这是一种不断被启示、召唤的相遇的内在力量。人之主体性、人的本质及其精神尊严就体现在不断地贯通性相遇，不断地被启示与唤起之中。伴随着这种贯通性相遇而生的意味整体是支撑着美学的核心，意味整体即是构成性的意味－心象－意境整体。这些具有整体性的意味，就包括我在《天人合一及心心美学》中谈到的那些意味：单纯的存在意味、永恒的存在意味、无限的存在意味、光明的存在意味、空静的存在意味、圣洁的存在意味、气韵的存在意味、自由的存在意味等。

人之整体存在是有形并有血有肉的，有看得见摸得着的形貌，也有现象人性的种种欲求，但人之存在的最内核，及最实在的价值依据、基础却是形而上的，或者说是无影无形的。人之存在的最具有终极实在性方向是形而上的、无形的，所谓本心也是敞开联系的深邃无名、无形之心，其能流露体现人的隐蔽的意愿或深邃的内在意志，体现的是上下贯通与交流性关系。所谓人的主体性、人的内在本质就体现在本心上。人之本心是敞开的联系的心，是与天心贯通的能够显露人之深邃声音（意愿）的心，其敞开面向本体、中心、依据或源泉，其核心依据在上面的天心及源头心性。按照中国传统的理学、心学潜在的思想逻辑，对人的本质的界定只有自上而下才算抓住人的存在根本。现代人遗忘了整全本源性存在，而执迷于种种属于局部属于流之现象，从存在者的角度对人之本质进行规定，这很容易导致种种偏颇狭隘，也容易导致种种对立与冲突。教育观念的冲突对立就是其中的一种。人文教育的最内核本来应该是形而上的，也就是重道的，而现在的教育却变成了形而下的教育。近代以来，人们习惯将人之本质不断下降，归向不同的形而下的局部的分解性方向。这种不断下降的理解（日渐下降的人道主义），导致了严重的问题：

> 每一种人道主义或者建基于形而上学中，或者它本身就成了这样一种形而上学的根据……一切形而上学的特性都表现在：形而上学是“人道主义的”。与此相应，任何一种人道主义就都是形而上学的。①

---

① ［德］马丁·海德格尔：《路标》，孙周兴译，商务印书馆2000年版，第376—377页。

这种不断下降的对人的局部性、肢解性理解趋势如果不能被遏制，人的存在形象就会不断下降。在《关于人道主义的书信》中，海德格尔认为现在的人道主义把人理解得不够高，他认为还有待思索的是：为什么关于存在之天命的问题从来没有被追问过，为什么这个问题从未被思考过？所以，他在信中写道："假如人将来能够思存在之真理，则他就要从绽出之生存出发来思，人绽出地生存着置身于存在之天命中。"在他看来，"对人之本质的最高的人道主义规定尚未经验到人的本真尊严"，"是因为人道主义把人之人道放得不够高"。[①] 很显然，海德格尔也把真纯的人的本质视为从天命而来的。

对人之本质的理解的正确方向与秩序应该是：自上而下，由内而外，从先验到经验，从隐蔽本体到现象显现。这里上与内在本质上是相同相通的。这实质上与中国思想传统心学功夫论是一致的，也就是自上而下的转化功夫。这种转化立足于心的诚挚地敞开，及相遇贯通性体验。其是包括德国古典哲学在内的西方传统哲学的基调，也是包括中国传统心学的思想在内的中国传统思想的基调。对审美的理解也包括其中。价值性审美的最核心内核（或核心秘密）是自上而下的，在天人贯通性相遇与内在对话方向、趋势里。审美恰恰能够体现以天为核心精神参照坐标的人本主义，而不是以人为核心精神参照坐标的人本主义。以人为核心参照坐标的人本主义最后必然通向感官的感性物欲或人为性的工具理性，而基于此的审美实际上就是对人的整体本质的扭曲性显现，其间接地肯定了人的匮乏性感性需要或人为的工具性的理性。以天为核心精神参照坐标的人本主义却与深长的意味性整体有着逻辑上的必然性，其显现了人的如下存在趋向：即超越封闭狭隘的人走向广阔深邃之天空的趋向，这也是从理想性而来的对人之本质的界定，体现的是人的内在的最高的价值向往。

西方的主流传统对人的本质的解释是自上而下的，其最伟大哲学家大多是自上而下理解人之本质的，而后现代美学思想拆解了审美对象与非审

---

① ［德］马丁·海德格尔：《路标》，孙周兴译，商务印书馆2000年版，第380—384页。

美对象的各种界限、樊篱，并由此无限扩大了审美的范围。后现代美学思想的发展历程就是一个不断下降、不断扩大范围的历程，同时也是走向封闭、局部肢解，并向感性感官刺激、感性功利现实妥协的过程。这种看起来很适应世俗时代多元主义性的审美，日渐丧失了使审美成为审美的最内核基质，使审美失去了最幽深、最美妙的韵味的支撑。从体验角度看，后现代审美有了向感官动物性“文明”返归的倾向，但封闭性的感官肉体欲望并不能真正满足人。从人类精神发展历程来看，追求单纯的感官满足只会让人陷入“空虚”，只会让人“失心”，长久地停留在感官之功利性之中，人们就会得“空心病”。所谓“空心病”就是无中心存在之病，就是失去天之依托之病。人成了无精神中心的存在。当人类失去存在中心之后，人类的空心病征就自然显露了出来。

四　心之敞开性相遇、审美与非审美生活

审美生活是敞开性的、联系性的、总体性的，或者说是天人内在相遇贯通性的，是基于敞开的联系的心而不是基于封闭的感性感官。所谓审美不是局部性的、肢解性的，而是意味整体（或总体）的流露与呈现，即意味－心象－意境整体流露与呈现，审美不是局部性感性形式带来的效应，感性形式不具有基础性地位。审美生活的核心是诚挚之心的敞开，然后贯通、意味－韵味涌现，并形成意味－心象－意境整体。审美生活是被意味整体支撑、环绕的生活，没有意味整体内核支撑的生活只能是局部性的、肢解性的、物化的或精确化的。这种缺乏内核的生活难以被称为审美生活，审美生活尤其指向原初意蕴或原初性。当下的人们所爱谈论的生活恰恰缺乏这一内核，从当下人们的生活总体来看是缺乏审美价值的。当下的人们爱谈论看得见摸得着的具体生活，似乎一种生活看不见摸不着就不配是生活，但所谓“生活”——尤其是审美生活——并不是这么简单。虽然人们对生活的理解差异很大，但似乎都同意这一点：真正的生活不是基于外在的虚假的多样性，而是基于内在的体验深度或价值深度，以及由此而来的精神性生机。这种内在生活才是最重要的，而这种内在性是敞开的联

系之心带来的，或者说是心的敞开带来的。“心”并不像人们想象得那么玄虚，其既普遍又具体，既可以是理性的，也可以是神秘的，既可以是清晰的也可以是微妙的，也可以与具体的生活或微妙的情感紧密融合在一起。更为内在的更具精神价值的生活就是心心相遇与对话性生活，在这种相遇与对话中，心关联了根本的实在性（源头特性），并带来存在意味及意味整体。

就一般情形而言，当形貌生活与心灵生活发生矛盾时，需要改变的不是内在心灵，而是那种外在的貌似生活。20 世纪初德国著名哲学家胡塞尔提出“生活世界”的概念。其后不同人带着不同的文化思想背景及其解读动机，对他的“生活”概念进行阐发。其实这个概念没有人们想象得那么外在与客观。这里的生活恰恰是以“主观”意向为基础的，以通向存在根基的“主观”意向为基础。由于阐释者背景的差异，导致人们对其理解的分歧加重。实际上，所谓“生活”本身就包含了众多方面，每个人都根据自己的意向性倾向与立场阐释“生活”内涵，这再自然不过了。胡塞尔的“生活”概念，绝不是外在的客观性的生活形态，而是具有浓烈的先验性质，基本上自上而下性的，也是内在的、主观性的。直观的自明的体验是个关键词：

> 生活世界被胡塞尔描述为“前科学的”“被具体直观的”“前所与的”“永远已经存在着的”“在身边的”“熟悉的”以及“视为当然的”世界。①

这肯定不是以物欲为核心的世界，而是以心（纯粹意识）为基础的世界，甚至可以说是以本质心为基础的世界。这也是一个具有首要感与基本性的世界。他尤其谈到“生活世界的不变特征”，或者说生活世界的本质同一性特征。这个本质是直观中的本质，是体验中的本质。在他看来，所

---

① ［爱尔兰］德尔默·莫兰、约瑟夫·科恩：《胡塞尔词典》，李幼蒸译，中国人民大学出版社 2015 年版，第 147 页。

谓生活世界是立足于直觉直观的世界。不同的人通过不同的直观直觉体验领悟生活的那个核心本质。就一般的情形看，人们关于生活有两个最基本的取向：以人的自然感性意志为基础、为尺度、为目标和以天人贯通性关系为基础、为尺度、为目标。这两种生活取向最终折射的是人的看似矛盾的内在本质：现实感性的本质与理想精神的本质。人的理想性本质是在天人动态的贯通性关系中显现出来的，是天人存在关系与存在状态的总和。

现代人赋予生活以更多感性色调（感性或新感性，感性的解放或非压抑的感性，等等），其基本代表了局部性的感性的感官真理要求。时代因素造就了感性生活观念的流行，这种感性生活观念遵循自下而下的原则，主要是通过感官解放（或释放）、物欲感性的满足来界定自身，以人的自然感性（及幻象、想象等）为基础、为尺度、为目标，并通过感性的快乐与不快乐（感性愉悦与否）领会生活，通过基于生物感性的本能释放理解幸福（尼采似乎也有此类看法）。把虚浮的现象当本质，把物欲性手段当目的，这种生活观念倒是具有滑稽或喜剧美学品格，但胡塞尔心目中的所谓生活是通过人的意识之纯粹意向性发挥作用的。他所谓的意识之纯粹意向性差不多等同于我们所说的心的纯粹意向性。总之，生活不是事实性的，不是感官性的，也不是复杂的社会关系，不是房子、车、事物与女人的堆积，不是纯然客观的，也不是有了一些物质性指标加持后，一种生活就会比另一种生活更好更美。生活以心的敞开联系性为基础，通过人的意向性直觉发生作用，也与人的意识状态（包括人的体验）交融在一起。所以，人人都在谈论的所谓的生活，要和每个人的总体感受（尤其是本质经验）联系在一起，要和每个人的心灵特性联系在一起的。生活属性及品质层次最终还是与人心的敞开联系程度及源头心性之显现相关。这也决定了审美生活与非审美生活的界限。审美生活是以意味整体为核心的直觉性生活。审美生活与非审美生活的核心区别点在于你的心是否动了，以及心性的显现程度。

现代生活形态下的现代人，着眼于可见的有形的“器”之生活。相对漠视或遗忘了纯粹意味性经验，而这却是内核价值性审美的关键。在信仰衰落的现代社会背景下，物质自然人似乎变得越来越多，这些人被自然意志（及欲望、嗜好等）支配，属于本能性较强的人。这些人看重生活的自然物质属性，把附着于生活的自然物质性及功能理解为生活。这些人的自然性欲望占了上风，自然物欲突出、旺盛，生活的物质面会更多地吸引他。他会把房屋车马、吃喝睡玩理解为生活的基础，他会说："生活嘛，不就是房子、车、吃喝睡吗？难道还有别的？"由此他会把生活的价值奠基于种种生物性欲望的满足。消费的物质的东西越多越高档，越能给人带来感性快感，生活在他的眼中也就越显其美。人类中还有众多人基本属于社会人，拥有社会性集体人格。这些人会有意无意地重视人的社会性，把种种社会关系、社会活动理解为生活。这也是中国文化传统看重的方面。把集体性的社会生活、别人眼中的生活、舆论中的生活看得很重。这些人常常会把"光宗耀祖""衣锦还乡""荣归故里"之类的结果看成生活的重心，这类人看重生活的社会属性或社会关系属性，把附着于生活的社会性本质与功能（包括政治）理解为生活，把拥有面子、地位、权力、名声等叫作生活。这些人也把被别人羡慕、巴结当作有价值生活的标志，似乎不被别人羡慕、巴结就不足以显出自己的价值。

有些人被现代物象（物欲）遮蔽得少些，他们喜欢过相遇性"心生活"，也即充满精神意味性的生活。他们依赖纯粹有意味的经验及其心象－意境获得存在的支撑。这些人对自然物质较为淡漠、社会集体性的人格特征也较少，具有很强的心性，看重生活的向内的、超越的面，看重生活的内在心灵属性。他或许相对孤独或忧郁，喜欢闲暇而幽静的日子，喜欢静静地坐在一个角落里沉思，寻找各种神秘的、隐性的对话者，对话者可以是自然、社会世界，也可以是自己的内心世界。他们有意无意地把内在意向性（纯粹情感、想象、思想等）指向的状态叫作生活，把以纯粹情感为核心的内在世界看成生活的集中展现或生活的精华，把心看成人之存在的精神价值的源泉与根据，但这个心主要不是现象心。有一些人适合过更加形而上的生活，对生活之无形的看不见的方向、方面更为敏感。纯外在的以物性为基础的生活——在严格的意义上——很难被称为审美生活。在感官感性喧嚣的时代，各种自下而上（或自下而下）及外在性的生活观念占了上风。而真正的审美者通常更多从内在的超越的角度领悟、理解生活。英国小说家、文艺理论家伍尔夫也是如此。她认为内心生活才是真正的生活。人文学者需要更多地亲近生活之“文”的方面，所谓“文”主要指向生活的心灵性属性。这也是人文学者的长处优势之所在。人文学者应更多拓展生活的内在方面，他能够拨开各种表面的嘈杂，专注地倾听内在的、深处的声音（本心发出的声音）。

所谓本心是基于敞开之联系性，是基于敞开的始源性心性显现，其可代表上与内的方向，既代表上又代表内。人之自上而下之心才是审美的真正的、富饶的大地，其也可以说是审美的隐形发动机。所谓人文精神从根处说是满足人的总体性的精神，是满足心灵的需要的精神。人有什么样的心，也就有什么样的生活。基于敞开联系的本心，人才能真正形成意味性存在整体。同样，没有心的时代也形成不了能代表那个时代的真正有意味的整体。这个时代人们获得了更多知识，被各种表面的需求幻象遮盖，但日渐失去了本心，忘却了内心的真正的声音，忘却内心的真正的声音之后，人就更容易屈就各种肤浅的现象心（分别心、局部心、封闭心等）需要。海德格尔在《诗人何为》一文中说：

> 里尔克喜欢用“敞开者”一词来命名那种整体的牵引……“敞开者”一词是里尔克诗中又一基本词语。用里尔克的语言来说，“敞开”意指那个没有闭锁的东西。它没有闭锁因为它没有界限。它没有设立界限，是因为它本身摆脱了所有界限。敞开者乃是那一切没有界限的东西的伟大整体……如此这般被吸引地吸引着之际，它们便融入无界限的东西之中，融入无限的东西之中。它们并非化为空洞的虚无，而是进入敞开者整体之中而兑现自己……乃是敞开者本身，是非对象性的东西的整体。①

① ［德］马丁·海德格尔著，孙周兴选编：《海德格尔选集》，生活·读书·新知上海三联书店1996年版，第423—424页。

> 当人把世界作为对象，用技术加以建设之际，人就把自己通向敞开者的本来已经封闭的道路，蓄意地而且完完全全地堵塞了……由于把世界对象化之故，他更加远离了“纯粹牵引”。人与纯粹牵引告别了……在一切对象性中，总是要远离这种纯粹牵引的。[①]

心心相遇与对话意味着敞开，体验源头的纯粹牵引，意味着内心更多的原初性质，及其普遍的情感直觉性、意味整体的显现。深长、幽深的存在意味更多是非对象化的心心之纯粹牵引的结果，而对象只是纯粹牵引的中介。具有精神性的生活基于被纯粹牵引心、心心相遇、源头心性闪现，这也是具有价值性的审美生活。这种富有灵性的审美生活看起来似乎无影无形，却能够把人带向意味整体的环绕中，把人带向存在之精神高度。心心相遇与对话性审美生活是充满精神深度的生活，也是一种充满灵性感的生活。其核心不在感性，也不在理性，而在心及心性。这种审美意味着存在中心（核心）在动，立足于最重要的简单的精神支点，指向具有奥秘感的精神方向、方面，这个奥秘面也代表精神的深邃面，其对有精神价值的生活来说并不是可有可无的。没有这个伟大而充满奥秘感的存在背景的支撑，人的精神生活可能就会渐渐萎缩、苍白，最终失去内在生机。从这点也可看出，人的存在充满了人自身难以理解的神奇性。就这点而言，那些忘我、执着、虔诚、专一于精神者，永远值得人们尊敬，那些像先知一样孤独的哲学家、艺术家、静修者、祈祷者，永远值得敬重。基于天人贯通性关系的内在倾听，可为人的灵魂找一个方向与出口，可使人的存在被意味环绕、支撑。

五　审美经验：自上而下与自下而上

审美经验是一种敞开的联系性的总体性经验，是基于敞开的天人关系

---

① ［德］马丁·海德格尔著，孙周兴选编：《海德格尔选集》，生活·读书·新知上海三联书店1996年版，第433—434页。

所形成的总体性的、有形式的意味性经验。其更有价值的内核是基于天人贯通性关系，其是具有整体感的意味性经验，这种具有整体性、深长与幽深的意味（意韵、韵味）主要不是来自物性的感性感官层面，而是来自超感性感官的方向，即来自天之源头心性的浇灌。在领悟秩序上当然是自下而上的，但在价值判断梯次上却是自上而下的。现代性倡导在某种程度上恰恰割裂、分解化了这个整体，也割断、堵塞了天人相遇相通的关系，并使意味整体趋弱乃至消失。现代性倡导是一种激进与断裂性的倡导。现在文化的方方面面——包括审美经验等——总体来说是离天（离根）的，是自下而下或自下而上的，也可以说是漂浮的现象性的，并形成了无中心之多样性与差异性。基于现代性的种种审美经验差不多失去了深度价值意味。现在文化的各个领域都流行所谓的现代性，包括美学领域也是如此，但此现代性之“现代”是以隔离、堵塞天人关系性为标志的，也被认为是离根性的。这是与过去观念断裂的观念，也是面向基于理性未来的意识形式，同时其也意味着和源头性的存在根基，与过去信奉的某种告别。新的革命性文化主角是自立性的，立足于人的“自我意识”“自我立法”“自我确证”，但这种以人为绝对主角与核心的现代性现在似乎日渐陷入困境：正日渐陷入“虚无主义”的境地，陷入缺乏中心支撑的空虚境地：

> 现代不能或不愿再从其他时代样本那里借用其发展趋向的准则，而必须自力更生，自己替自己制定规范。①
>
> 我们必须还“自我”以主体间性的意义……对社会地产生的自我的这一主体间图式做彻底地思考……②

哈贝马斯的自我主体间性，代表了现代性的观念。现代性意味着对立

---

① ［德］于尔根·哈贝马斯：《现代性的哲学话语》，曹卫东译，译林出版社2004年版，第8页。

② 转引自［德］得特勒夫·霍尔斯特《哈贝马斯传》，章国锋译，东方出版中心2000年版，第94页。

足于人的当下社会历史的现在与将来的肯定，也意味着对立足于天的古老历史传统的某种否定。这种现代性的思维方式与东西方古老的传统决裂了，同时也因为这种决裂失去了来自上面的创造源泉浇灌，失去了那个推动世界产生、发展的存在依据，在逻辑上也必然因为反对更为深邃的存在根基，及过去形成的古老传统，最后陷入无根状态，陷入因无根带来的"虚无"之境。单就审美而言，种种虚无主义特征体现得很明显。种种扩大化的"破界""无界"性审美越来越带有肢解性的异化性质，愈益远离了"审美本性"。这正如印度诗人泰戈尔所说："基于空虚的欲望所宣扬的美，那只能是海市蜃楼。"

> 道德涉及避恶从善，美学只涉及享受……美也是快感的协作……美是客观化了的快感。①

尼采的富有现代性视野的美学观思想更是一个典型：

> 我们身上的动物性存在就以上述那一切快感状态所寓的那些区域的兴奋来作答。而动物性的快感和欲望的这些极其精妙的细微差别的混合就是审美状态。审美状态仅仅出现在那些能使肉体的活力横溢的天性之中。第一推动力永远在肉体的活力里面。②

尼采所说的审美经验感官性强，也很符合现代物化背景下人们追寻快感的现状。当下流行的娱乐主义式的审美观——及消费主义性的美学趣味——应该与这种强调感官快感的审美观密切相关。感官现象性层面上的审美确实强调感性愉悦，但缺乏以心（或灵魂）为基础的肉体活力（及动物

① ［美］乔治·桑塔耶纳：《美感》，缪灵珠译，中国社会科学出版社 1982 年版，第 34—35 页。

② ［德］尼采：《悲剧的诞生：尼采美学论文选》，周国平译，生活·读书·新知三联书店 1986 年版，第 351 页。

性快感），很难说不是漂浮性的，很难说其触及了审美的内核，也很难说其具有真正的审美价值与意义。所以，相比较而言，还是以柏拉图为代表的强调“本原”的众多哲学家看得深远些，也更深刻些。动物性活力与快感属于大的自然意志范畴，在外围的现象性审美中可能突出些，在真正的富有价值的审美中，其顶多只能算审美的伴生现象。真正激发起美的潜能的动力——尤其是第一推动力——在生物感性的背后发生作用。从更为古老更为悠久的传统视角看，审美从根本上讲不靠外部有形感性（及快感）的支撑，而是以天人沟通性关系作为其根本性基础，其是自上而下性质的，审美不能以表面的感性发端作为理解依据。通过外部感官感性能够真正理解崇高吗？从严格的意义上讲，感性感官视角只能看到现象性的、驳杂的、缺乏纯粹含量的所谓美，而看不到真正的具有深远稳定精神基础的美。有一个看起来似乎不是问题的问题：我们这个日趋现代化的世界的确越来越感性了（包括感性快感似乎也越来越多了），感性认识方式似乎也愈益丰富完善，但这个世界变得越来越美了吗（还有与美相一致的爱的问题——世界越来越被爱笼罩了吗）？我的答案基本是否定的。在严格的意义上，女人未必就像她们穿的衣服那样——感性完善的一个侧面——越来越美（或许越来越漂亮了）。这就涉及对美的更为深入的看法与思考：

> 所谓美不是视角上的美丽，而是由心灵产生出的一种光辉。也就是说，美是精神的产物。①

今道友信的观点符合东西方古老悠久的思想传统，但在现在以物性为核心的文化潮流中未必占主流，甚至已被边缘化。感官感性—感性生命—感性之维被以尼采、马尔库塞为代表的众多哲学家竭力张扬，其遵循的是以人的匮乏性满足为中心的、可见的感性感官路线，但古老的思想传统似

---

① ［日］今道友信：《关于爱与美的哲学思考》，王永丽、周浙平译，生活·读书·新知三联书店 1997 年版，第 314 页。

乎认为：失去心的时间（历史阶段等）就失去了真正的美（审美），同样失去心的地方就失去真正的美（包括失去对美的真正的领悟与洞彻）。说到底，所谓美（审美）是基于心，是基于源头心性在敞开的心中的显现。关于这点，我们后面会有更为详尽的论述。按照当下的通俗理解，所谓审美和人类在长期的实践活动中的演化相关，是人与世界之间的一种感性的、观照的、形象的和情感的关系状态。在审美生活中，有“审”、有“美”两个方面，似乎人只要一“审”，审美活动就产生了。其实，真正的审美是临在性的，不仅是感官的随意之审，更重要的是“心审”，是敞开的诚挚的心在“审”，也是“乘物以游心”（《庄子·人间世》），人之五官官能性感觉只是“心审”的辅助，感官性也是待扬弃的方向方面。人的五官感觉也只能起到局部性的作用，更为重要的是基于心的整体“意向”：作为人之存在中心的“心”“审”（或“游”）。心审的过程并不一定是随着解放感性的过程，也不一定非要有可供感官“审”的感性形象，“心审”是一种内在的打开与交流过程，是基于敞开联系之心的内在的交流与对话，常常是临在性的。

审美经验的深长意味（意韵、韵味）主要不是来自自然物质性或感官感性，而是奠基于源头心性，其蕴含更多的是原初的统一性经验，其会与感性感官发生直接的关联，其意味基础却是超感性感官的。在东西方占主流的古老思考体系里，人类本身（尤其是人类的种种感性活动表达）代表局限、局部、匮乏、依赖与短暂，由此，一切有价值深度的精神活动，与人的种种外在现象性作为都无本质性关联。人的种种基于现实对象合目的性的实践活动（包括外在的自我装扮等）甚至还会成为真正精神体验的一种障碍，其常使人心陷入有限的局部现象里，从而使人心成为现象心、局部心、封闭心，也由此会使人的体验远离深度精神方向。可以说，人类有深度精神价值的活动差不多都不会以感性或物质性为根本基础，通常也会以超越人自身的局限为指向。深度精神体验更多来自无形之根基面，这个面和封闭于人类的形而下活动无根源性关系。偏重感性感官的审美路线只能通达审美的表层与外围。基于人类封闭性活动自身的审美（或美学）是自下而上或自下而下的。内核价值性审美的真正动力是创造性源头，来自基础性的存在之力。价值性审美（及经验）的核心动因不是来自人为根源（人类的社会实践活动等），而是来自原初的创造性始源。

由此，人有两种不同的领悟美之价值的次序：自上而下（由内而外）与自下而上（由外而内或自下而下）。所谓自上而下审美就是以创造性始源为主要依据的审美，其对创造性源头（源头心性）有着核心的依赖关系，这也是依据审美的本质性、基础性、重要性、真实性之领悟秩序，也是以“心领”为中心之领悟秩序，在直觉直观中领悟中心、基础、依据，在直觉直观中，领悟意味中浮现的心象－意境及其背后的无形的支撑性精神力量。这也是真正价值型（源头型、纯粹型、内核型等）审美与外围泛化型（封闭型、物欲型、偶然型、驳杂型等）审美的区别。内核型价值审美是心之敞开性之动，是心之面向“上”之敞开性领悟之动，而不是感性感官之面向“下”的对应性刺激（感性愉悦性或震撼性）活动。敞开联系之心主体才是真正的审美主体，这个审美主体是以人之存在中心——“心”——而不是局部性的“感官”为中心的，虽然在表面上审美常常以感官感性为发端。天人内在贯通性关系代表上下之整体存在的相遇、启示性沟通交流关系。所谓“上”就是天道－天心、源头心性。所谓“下”则关乎人之具体化的现象存在（物质自然性、物质社会性、感性欲求、外观等）及其活动。从东西方古老的视野看，审美就其本质看是天人内在的贯通性活动、状态及其意味整体的显现，而不是一般意义上的看或听或触等，或者说不是一般意义上的感官性经验活动。实际上，所谓爱也是如此，甚至可以说，一切真正有精神价值的生活，一切能给人带来精神尊严的活动，本质上都是自上而下，由内而外，价值领悟秩序也是从无形先验到有形经验的。

据此，自上而下与自下而上两种审美经验形态（所谓爱的经验事实也是这样），是偏重垂直层面与偏重平行层面的两种审美经验形式，也可以说其是境界性审美与相对缺乏境界之审美之别，也是有精神深度与相对缺乏精神深度的审美之别。自下而上之审美立足于平行层面，也是以人的封闭的现象性意愿为中心、为基础的，这也是目前世界上最流行的经验形式。立足垂直层面审美以天人内在关系为中心、为基础，有超感官感性验的趋向。由此也就有两种基本的趋向性的分歧。鲍姆嘉登意义上的审美经验代表的是感性路线，柏拉图意义上的审美经验代表的是超感性路线。在第一条路线上有鲍姆嘉登、尼采、马尔库塞等。在第二条路线上，有东西方古老传统，有柏拉图和新柏拉图主义者，有谢林、黑格尔、海德格尔等。近代以来，由于人类中心主义倾向的日渐推进，审美（或美）被主流观点看成感性的，看成知觉和感觉经验，看成能够被感官感知的活动，看成感性认识的完善，美学也被称为感性学。基于此，审美生活基本上是一种自下而上的感性生活，但这种说法总体来看是有缺陷的，也是在特定的时代背景下的很有局限的说法。

自上而下的审美经验是敞开的联系性总体经验，也是意味深长的经验，其蕴含了更多“原初性意味”，蕴含更多纯粹的普遍性情感意味，其是源头心性“纯粹牵引”的结果。审美（或美）的根本性基础、依据与秘密不在被物质活动遮蔽的有限的人自身上，或者说不在人类的那些封闭性的外在实践活动里。从人类的几千年的思想史来看，世界上绝大多数超一流（伟大）的先知性思想家，都基本认可精神价值的根基在上面，即在创造性始源里。他们对美的领悟与价值判断秩序也是自上而下、由内而外、由无形先验到有形经验。所谓美（或审美）的根本性的源头与基础不是人或人的各种外在客观性实践活动。审美是心心相遇，是内在地活在意味整体里，而意味整体的最核心基础是那个具有终极实在性的心（及心性）。审美活动本质上是超越单纯感官羁绊的，并不是一般的基于自然经验性的，而是以拥有本心（核心、中心、基础、依据、创造性、终极实在性等）为核心、为基础的敞开性活动。本心不是一般的心理学或生理学意义上的心，其关乎人之存在整体、基础与核心。

天心本体力量如何转化为人心主体力量？这是东西方思想传统共同的核心问题之一。以中国传统道家、佛教视野来看，其就是一个去蔽去昧显现内在道性、佛性的过程；以西方的基督教的视野来看，就是创世性本体

（上帝）从不在场到临在的过程。在这一点上中西方思想立场可以统一起来。内核价值性审美也是以直觉直观方式呈现出来的中介。真正推动了审美的力量来自世界存在中心，来自其源头特性通过“人心”的领悟的在场。这也是自上而下、由内而外、由无形先验到有形经验领悟秩序，其认可在天人内在的贯通性关系中，天的基础性地位，也认可其作为核心与依据的坐标位置，也即强调存在之一的基础地位，这也是东西方古老精神传统的标志。从西方的思想史来看，强调存在之一的线路上有众多大智慧者（巴门尼德、柏拉图、普罗提诺、奥古斯丁、阿奎那、谢林、黑格尔、海德格尔等），尽管他们对那个“一”的理解不同。这种立足于垂直层面，强调存在之一为基础的审美经验，其触及源头之终极实在性，也是具有终极实在感的体验。尽管海德格尔认为柏拉图代表强调存在者而漠视存在之传统，但实际上古希腊的柏拉图已为审美划定了——在具体的认识领悟秩序上——一个由低向高的认识阶梯，其在价值判断上却是自上而下的。最高级的审美接近领悟了创造性源泉，其也是逐渐脱离感性羁绊的。

这也是中西方古老传统的共同视野。在古代中国与古希腊人的心目中，真正的审美就是在天人内在关系中展开的，就是天人交感性的。古希腊的天神代表存在之原初的创造性密码，中国文化传统的天神或“天道－天心”也是如此。在天人贯通性相遇、交感与对话中，人心克服了种种流变性、相对性、条件性、偶然性，源头心性（或神性）闪现于其中。德国哲学的集大成者黑格尔在《美学》中把美定义为绝对理念的感性显现。其实他的美论从精神实质上承接了柏拉图的思想，重心还是在理念上。我们从他所描述的美的发展历程中，可以看出美的历程（艺术的历程）是人类深邃精神历程的一部分，精神的历程（包括审美）就是感性因素不断被超越扬弃的过程，也是绝对理念因素深入人心的过程。虽然审美从总体来看与感性表象（或感性显现）相关，但其最实质处却是超乎感性的。在天人贯通性相遇过程中，深邃的意味产生，并浮现出包括形式在内的意味整体。内核价值性的美（或审美）不是一般意义上的基于感性的漂亮，也不是有意味的形式，而是有形式的意味整体，感性形式不具有基础性地位，其是物随心转（相由心生、境由心造）而生的。感性之维常常只是一个工具性幻象，其也被称为境。从更大的视野来看，人类的价值性文化（或文明）叙事核心实际上也是围绕着天人贯通性关系转的，文化或文明只是这种关系的某种呈现（及其象征形式）。由此甚至也可以说，人类文明的历程就是天人贯通性动态关系的发展历程，就是不断超越也不断和解的复归性历程。

六　审美之词源学理解及深长意味整体

我们还可从词源学角度对审美做一个考察，以便说明审美之敞开性、联系性及总体性特征。立足于本体论（存在论、总体性）的审美理解视角，近代以来不断受到质疑甚至被嘲讽。相反，立足于可证实（看得见、摸得着）经验的审美视角却日渐受到信任甚至被推崇。近代以来，随着以科学理性为代表的现代化的日渐发展，随着传统的各种信仰的渐渐衰落，审美（或美）被更多限制在有限的感性世界，并立足于感性之“有形”方向。由此，美学（或审美）也被认为是基于人的认识层面上的事情，是人的认识的一种方式，也即感性认识的完善。美学的概念是德国学者鲍姆嘉登在 1750 年首次提出来的。他认为，美学就是研究感性认识的完善，与此相反的就是感性认识的不完善，也就是丑，其也是一种低级认识论形式。就这样，美学日渐成为感性学，日渐成为与感性感官相连的学科，并与感性的低级的认识方式发生了本质性关联。用审美代替美学的翻译用法据说最初来自日本。审美这个词本身似乎具有感性活动的含义，“审”作为一个动词，差不多表示有人在“审”，那就有包括视角在内的感官性介入。同时，也隐含着一个感性的审美形象或对象。拉丁语“aesthetic”即感性学，也即希腊语 asthetik，后者源自 aisthetikoa，意指感知、感觉。所谓感知与感觉，只是揭示了审美的直觉直感特征，未必就一定停留在感性感官的层面上。现代现象学意义上的直观直觉恰恰是本质性的，是对某种本质的揭示：

> 意思是能够被感官所觉知的各种事物。美学……研究关注的内容

是觉知与感觉经验。[①]

总体来看，近代以来，建立在人自身感性匮乏性与感性需要基础上的美学观念成为主流，感性及感性认识的完善成为衡量审美的尺度，认识论美学视角代替了本体论美学视角。但关于美学（审美），在18世纪以前是另一个样子。西方自古希腊起更为传统古老的解释是：其不属于感性匮乏与需要的隐蔽满足，也不属于对有限对象世界的认识，而属于原型世界的显现，属于虔诚的类神性的智慧，其是天人沟通性的或贯通性的中介，也基本属于本体论性质的，是自上而下的。所谓审美（或美学）也属于大的爱智慧视野里的事情。哲学（包括美学）的原始含义就是“爱智慧”，是对智慧的爱欲或趋近，是对智慧源泉的虔诚的敞开性联系性领悟，也是对智慧源泉领悟的思想（或理论）显现，而智慧源泉不仅不立足于感性，甚至还是感性的依据，其也不属于感性自然世界。智慧源泉在超感性的上面，本质上是属于神的，或者说是属于本体世界，而所谓本体就是创造性的本原性本体。真正的智慧立足于敞开性、联系性与总体性。在柏拉图的《会饮》篇中，苏格拉底借用女祭司狄奥提玛之口把爱与美联系在一起，并由此认为，爱智慧与爱美是密切联系在一起的。她认为凡是精灵都介于不朽者与可朽者之间、介于神与人之间，厄洛斯也是一个居于不死的神与必死的凡人之间的精灵：

> 他们来往于天地之间，传递和解释消息，把我们的崇拜和祈祷送上天，把天上的应答和诫命传下地。由于居于两界之间，因此，他们沟通天地，把整个乾坤连成一体。他们成了预言、祭仪、入会、咒语、占卜、算命的媒介，因为神祇不会直接与凡人相混杂，只有通过

---

① ［英］克里斯多弗·库尔－旺特：《美学》，李晖译，生活·读书·新知三联书店2016年版，第2页。

精灵的传递，凡人才能与诸神沟通，无论他们是醒还是睡。①

在柏拉图看来，美与爱都属于人间精灵，它们都在天与人之间，是天与人关系的贯通者。精灵就置身天（神、神性）与人（人性）之间，其主要是向人传达天之隐蔽信息。在古希腊那里，善、美与爱（甚至包括真）都是居于神与人之间的精灵，主要向人传达天上（神）的信息，换句话说，在古希腊哲人看来，善、美、爱甚至真的秘密都在天人之贯通性关系里。实际上，所有人间的精神性精灵——包括艺术性创造、哲学性沉思、宗教性冥想、祈祷等——也都是居于天（神、天道－天心）与人（人道、人心）之间。价值性审美（或善、爱甚至真等）从本质上说是自上而下的中介性的，都是天人动态关系的隐秘体现。这个天可以是中国传统的天道、天理、天心（及心性），也可以是西方传统的神、上帝（及其神性）。关于那个不朽本原，古希腊柏拉图与亚里士多德常常用“神”来称呼。亚里士多德在《形而上学》中甚至把他的第一哲学称为“神学”，也即原初永恒的第一因之学。所谓美从根本上说也是“从神而来”，或从类神存在而来。美就是对神性由奥秘性隐藏到突然显现引发的惊异与惊喜。在西方思想传统中，美学属于大的“爱智慧”之哲学范畴，而智慧源泉恰恰是从神而来，或者说是从上涌流下来的，这是自上而下的视角。在西方更为古老的传统里，爱与美之精灵性事物属于智慧，智慧源泉来自“神”所居住的高处，来自上面。人需要做的就是去“爱”，就是真诚地敞开内心之门，向源泉敞开诚挚地接受浇灌或启示，接受其自上而下的入住。其基本领悟秩序是：爱而后被启示，再而后理解。这和诗人诺瓦利斯关于哲学的定义是一致的：哲学活动的本质原就是精神还乡，凡是怀着乡愁的冲动到处寻找精神家园的活动皆可被称为哲学。

智慧也是后来法国哲学家帕斯卡尔诉说的心灵理性，而不是感性活动或理智理性。中国上古时期的甲骨文“心”字，也是敞开性的，指向的是

---

①［古希腊］柏拉图：《柏拉图全集》第二卷，王晓朝译，人民出版社2003年版，第244页。

高处的“天神”，也可以说其指向与之相对的“天心”。“心”代表上下之贯通性关系：双手合拢捧出向上献给天心（天神），组成了“心”之会意字。心本身代表上与下的启示性沟通交流关系。近代以来，以人为尺度、为核心的认识论成为哲学（或美学）的主流，这种基于人的哲学，其关注点自然是在下面的人，其认识原动力也来自人的需要自身。在更为古老西方传统里，作为一种本原性的哲学（美学）智慧，从根本处说都是源自天人之沟通性关系，重点在天人之关系上，而不在人自身的认识（感性）需要或理智理性上。这也是西方近代以前的主流看法。众多的哲学流派及一流哲学家也基本遵循了这个思路。最著名的新柏拉图主义者之一普罗提诺就提出了“流溢说”，是典型的自上而下的判断打量视角。

西方美学思想史上最有影响的是柏拉图学说。前面谈到了他在《会饮篇》中的看法，其和他在《大希庇亚篇》中对于美的思考也是一致的。他的思考至今闪烁着真正智慧的光芒。苏格拉底求教希庇亚：究竟美本身是什么，而不是具体的美的东西是什么，请告诉我什么是美。希庇亚说：一个年轻小姐是美的。苏格拉底不满意，他说：“我要问的是：什么是美，而不是什么东西是美的?”在这篇对话里，希庇亚和苏格拉底尝试了好几种关于美的定义，例如美的就是适当的、美的就是有用的、美的就是令人愉悦的，但苏格拉底都一一予以驳难，最后得出的结论只是：美是很难解的。按照苏格拉底的意思，要理解美的本质或理念，就不能限于知道具体有限的对象，比如年轻小姐是美的，或一匹母马是美的，或者竖琴的美丽，或美丽的陶罐，等等。他认为最美丽的少女和诸神比起来也是丑的，而要了解诸神（神性）之美，就必须回答的是美本身是什么，这样才能为美之为美下个定义。柏拉图在《大希庇亚篇》中提出了三种美的定义，即“美是有用的”、“美就是有益的”和“美就是视觉和听觉所生的快感”。在这些有趣的对话中，柏拉图区分了“美本身”（即“什么是美”）和“美的事物”（即“什么东西是美的”）的区别，也区分了美的现象——“美的小姐”“美的母马”“美的竖琴”“美的汤罐”“美的黄金”——与“美本身”的不同。这些美的现象没能真正涉及“美本身”。他认为，美从根源处看，不是美的事物，不是使事物显得美的质料或形式，也不是某种物质上或精神上的满足，也不是恰当、有用、有益等价值，也不是由视觉或听觉引起的快感，等等。美是“美本身”，而美本身是无形之本体，又难以言说，所以，最后他只好宣布“美是难的”。①

柏拉图在《大希庇亚篇》中的美论，同他在《会饮篇》中的美论在本质上是相通的：美是有价值等级之别的，现象之美相对于美本身来说价值级别较低。狄奥提玛阶梯喻美论的具体内容是：先是爱上某个具体的美的身体，进而学会把心灵美看得比形体美更为珍贵。经过心灵之美，进一步导向思考法律和体制之美，再进一步，他的注意力应当从体制导向各种知识，能看到各种知识之美，然后凭借对美的广大领域的了解，他会用双眼注视美的汪洋大海，凝神观照，他会发现在这样的沉思中能产生最富有成果的心灵的对话，能产生最崇高的思想，能获得哲学上的丰收。一个人加入了这种爱的秘仪，按既定的次序看到了所有这些美的方面，也就最后接近了终极启示。到了这个时候，他那长期辛劳的美的灵魂会突然涌现各种神奇的美景。这种美是永恒的，无始无终，不生不灭，不增不减，因为这种美不会因人而异，因地而异，因时而异，它对一切美的崇拜者都相同。②

在柏拉图看来，真正的价值性审美关乎对美本身（美的本质方面）的领悟，对这种美的领悟靠的不是感性感官之“审”，而是心灵—灵魂的敞开及其对源头之美的回忆，这种对真正美的领悟恰恰是自上而下的，而那个“上”是审美的终极性依据、基础与本质，在具体的、表面的审美感知环节里，对美的认识与领悟秩序可以是从感性经验到超感性感官经验的过程，也就是由形而下之美到形而上之美。从精神实质上，从美对源头性根本依赖关系及本质性领悟秩序上讲，真正有价值的美或审美却是超感性

---

① ［古希腊］柏拉图：《柏拉图全集》第四卷，王晓朝译，人民出版社 2003 年版，第 38—61 页。

② ［古希腊］柏拉图：《柏拉图全集》第二卷，王晓朝译，人民出版社 2003 年版，第 253—254 页。

的，本体论的，是自上而下的，有价值的审美体验也是内在的心灵—灵魂性的，是心灵濒临美的汪洋大海，并由此获得终极感或终极实在性。柏拉图没有否定形而下的感性之美（诸如年轻小姐、母马、竖琴、汤罐的美等），他更在意的是感性之美背后的诸神所拥有的特性，那是更为根本的基础性力量，那是使美成为美的本质力量。美本身是美的依据、基础或根基。这种永恒的美才是灵魂（或心）的向往之地，也才是灵魂（或心）的渴望返归之地。在他的思想中，真正高级的审美生活恰恰是不断超越感官的，是与终极实在或终极实在性的相遇与内在对话：

我们还可从词源学角度梳理并弄清中国汉字“美”的含义，以便说明审美之敞开性、联系性及总体性特征。对中国象形文字“美”的解读可直接影响人们对美（及审美）的理解。我们可通过几种词源学的解读弄清其原始含义，由此帮助我们认识美之最基本的方向。关于中国汉字“美”，学者们有三个不同方向的解读。

首先是羊大为美。这是一种传统的说法，来自许慎的《说文解字》：“美，甘也。字从羊从大。”清人段玉裁《说文解字注》解释说：“羊大则肥美”“五味之美皆曰甘”，许慎将“美”与味觉美感联系起来。笠原仲二由此阐释性地认为，“中国人最原初的美意识，就起源于‘肥羊肉的味甘’这种古代人们的味觉的感受性”①。

“羊大为美”之“味美”的解读源于早期人类的味觉美体验，这种观点在中国现当代美学界有较大的影响。基于此，“美”的语义似乎是从美味中引申出来的。按照通常的说法，这种对美的理解侧重于美的现实的、功用的方面，侧重美的感官的感性之维。美不是非功利的，而是蕴含着基于功利性的现实快感。这种对美的释义与现实功利、肉体的快感联系在一起。所谓现实功利，归根结底还是与人的感官欲望或肉体满足相关。美味满足肉体带来感性快感，而且这种满足越多越美。这也是表面的最直观的理解，但所谓美之味其实没这么简单。美之味并不仅仅指向感性现实、感

① ［日］笠原仲二：《古代中国人的美意识》，魏常海译，北京大学出版社 1987 年版，第 2 页。

官感性，实际上其有更深的指向，其是天人贯通性关系的产物，也是这种关系创造出的深长意味整体，而不仅仅是感性感官之味。这种深长的整体性意味（意韵、韵味）来自天人相遇与内在对话：

> 我认为这个羊字一定要与论语“告朔之饩羊”（《论语·八佾》第三）这句话联系起来理解。这句话的意思是：每年初一祭庙用的活羊……羊是牺牲的象征……只有连为他人献出自己生命也不后悔的心才是美的……美作为精神价值比作为道德概念的“善”还要高一级。①

这个羊代表的是奉献的大羊，也是奉献给神明的圣物，可表达诚挚之心的指向。其更接近美学范畴中“崇高”的含义。这是从天人内在象征关系方向来理解的大羊。这让人想起德国哲学家康德在《判断力批判》中的核心美学命题：美是道德的象征。羊大为美之美代表的是人的敞开的虔敬之心，以及天人内在相遇、对话与交流。羊是这种天人沟通的象征。据此，美之味就主要不是让感官“爽”“甘”之味，主要不是其能给人带来感官快感之“甘味”，甚至是反“感官之味”的。羊大之味是在天人的沟通性关系中显现的，其也可以代表心之“至诚”，可进一步引申为至诚的具有神圣性的精神性意味。这种美显现的是敞开的心之至诚性及其状态，是天人动态关系所创造的意味（意韵、韵味）性整体，即意味－心象－意境整体，其显现的是由至诚而来的“源头心性”的浇灌。这倒接近纯粹审美体验的真谛。中国传统中的所谓“味外味”“韵外之致”“象外象”等就与这种深层精神意味有关。味与“味外味”、象与“象外象”、韵与“韵外之致”构成了味－象－境之意味整体。由此，羊大为美说和羊人为美说就没有本质的差异了。

其次理解羊女为美。这是马叙伦在《说文解字六书疏证》中提出的观

---

① ［日］今道友信：《关于爱与美的哲学思考》，王永丽、周浙平译，生活·读书·新知三联书店 1997 年版，第 315—316 页。

点。他认为，“［美］字盖从大，羊声……［美］盖媄之初文，从大犹从女也”[①]。在马氏看来，“美”字含义主要与“大”有关。他认为，这个“大”是“人”，而且是“女人”。因为，“美”是“媄”的初文。许慎《说文解字》云：“媄，色好也，从女，从美。”这不是一般的“女人”，而是一个“美女”。由此可以说，中国古代人的“美”的观念本源于观赏有姿色的美女。笠原仲二由此说：“马氏把所谓‘色’——美人所给与的美的感受性，看作是中国人原初的美意识形成的一个重要契机。”[②]

最后是羊人为美，是在国内较为流行的阐释。这是国内学者萧兵在1980年发表的《从“羊人为美”到“羊大则美”》一文中所提出的观点。他认为，“羊大则美”的“大”最初的意思不是“大”，而是“人”。“‘美’的最古解释是‘羊人为美’。”[③] 他在随后发表的《〈楚辞〉审美观琐记》一文中对这个观点做了更为明确的概括：美的原来含义是冠戴羊形或羊头装饰的“大人”（“大”是正面而立的人，这里指进行图腾扮演、图腾乐舞、图腾巫术的祭司或酋长），最初是“羊人为美”，后来演变为“羊大则美”。国内学者何新也在《说美》一文中做了类似的诠释：从古字形学的角度看，“美”字并非羊、大的合体字，其字形乃一个头戴羽饰的人形。羊人为美是中国古代关于美的概念。汉字“美”最初象征头戴羊形装饰的“大人”，同巫术图腾有直接关系。在崇拜羊图腾祖先的民族中，牧羊人所扮的图腾羊和跳的图腾羊舞，被认为是最美的事物。后来“美”的概念从“羊人为美”发展为“羊大为美”。美的本义来自以羽毛为装饰的舞蹈。这种舞蹈，在上古的图腾文化中，本来是一种祭祀太阳神的神圣之舞，用于种种神圣典礼的场合，所以“美”与“舞”紧密相关。

由此可看出，羊人为美与羊大为美是基于敞开性、联系性及总体性，

---

① 马叙伦：《说文解字六书疏证》第二册，上海书店1985年版，第119页。

② ［日］笠原仲二：《古代中国人的美意识》，魏常海译，北京大学出版社1987年版，第4页。

③ 李泽厚、刘纲纪：《中国美学史》先秦两汉编，安徽文艺出版社1999年版，第75页。

都是从天人（神人）关系角度来阐释美的，也是自上而下理解美的，其指向天人贯通性关系，指向上下之启示性相遇、沟通、交流、对话形成的意味性整体，即意味－心象－意境之整体。这个“美”是基于总体性，是天人内在贯通性的，也基本是出离现实物欲的。这种美代表现象自我的出离，代表感官自我的出离，也代表天人之启示性相遇、对话、交流、相通同在。其后所有的美或审美的谈论（包括文学艺术的谈论），都是从这些关于“美”汉字之基本含义中引申出来的。一个是感官的、现实的、功利的视角，一个是从超越的天人贯通性关系而产生的意味视角。

七　审美的两种类型及审美价值的重估

几乎每一个文化或思想性大时代——甚至是几百年来的周期——都会有价值重估的事情发生，而实际上价值的基本方向与最深根基并没有多大变化，只是人们想问题的视角变了，现象心的不断漂浮造成了价值评估的历史循环性特征，对审美价值的领悟也是如此。在东西方古老的主流传统里，所谓价值差不多都是从天人内在关系的大坐标中得到体现的，是以天（天道－天心）人（人心）贯通或沟通为基础的，并在这种关系中估量人的种种需要（包括自然感性需要及其满足）。近代以来，人自身被过分突出，人的种种现象性满足被凸显，由此自然感性价值就被突出，并产生了以人的自然感性的名义重估天（天道－天心）的趋向。随着现代性的各种弊端日渐显现，随着人心的不断“被掏空”，现在又到了重新思考、矫正的时候了。人类需要重新正视并树立天道－天心基础地位，并以此重估自然感性与工具理性价值。审美价值的重估是指，对近代以来过分突出人，过分突出以封闭人为尺度的感性倾向的重估，或者说对过分以感性作为审美价值取向的重估。从更深刻的哲学视野看，所谓感性代表的是“流”，代表的是匮乏、短暂与偶然。法国诗人波德莱尔是19世纪最著名的现代派诗人，也是象征派诗歌先驱，他对“美的双重性”充满了深刻的洞见。在《现代生活的画家》（浙江文艺出版社2007年版，郭宏安译）一书中，他认为：“现代性就是过渡、短暂、偶然，就是艺术的一半，另一半是永恒与不变。”他认为美永远是、必然是一种双重的构成……构成美的一种成分是永恒的、不变的，其多少极难加以确定，另一种成分是相对的、暂时的，可以说它是时代、风尚、道德、情欲……可以把永远存在的那部分看作艺术的灵魂，把可变的成分看成它的躯体。这被概括为：永恒的部分是美的灵魂，可变部分是它的躯体。[①]

诗人是敏感的。从历史上看，所谓审美有两个引导方向或者说有两个基本类型。

一种可被称为外围现象性审美。这种审美是封闭的、局部性的、分解性的，是以人的封闭的现象意愿为尺度为中心，尤其是以人的感性意愿、需要为尺度为中心。这是以与天道-天心基本隔绝与分离的人——尤其是以人的局部感性满足为尺度为中心——的审美，这种审美的核心秘密在自下而上的充满现象意愿的人，尤其指向那些感性满足中的人。这个意义上的所谓美学就是感性学，是以人为基础为尺度的感性完善学。这是以人相对局部的感性匮乏与需要为核心基础，审美的重点在感性层面之“多”，在感性层面外在之形，在局部表象，主要是通过感性的有限形式产生审美经验，或者说其是由感性对象、形象或形式触动、诱发的经验。这是以自然的差异性（及其偶然性、相对性、不确定性等）和形式韵律为基础——或自然感性差异性（及其所引发的快乐、愉悦感受等）为内在引导、为基本判断指标——的外围现象性审美（也是局部的流动的分解性审美），其常常以感性杂多的方式震撼或愉悦人的现象（感官）性心灵，并赢得现象心（或感官性心灵）的暂时的安顿性满足。随着人的自我膨胀愈演愈烈，随着以此为基础的所谓的“现代性”（也包括后现代性）愈演愈烈，这个引导方向的审美被愈加凸显，从而也越来越被打上了“异化”的痕迹。异化性审美远离自己的最深邃的稳定根基（或本性），分裂、瓦解、精确化或物化了自身，由此也就越来越远离稳定的价值基础，越来越远离“原初

---

① ［法］波德莱尔：《波德莱尔美学论文选》，郭宏安译，人民文学出版社1987年版，第484—485页。

统一性直觉经验”（或初心之经验）。从严格的哲学意义上讲，不能真正触动心（及其根基）的审美只可能是外围的现象性审美。

另一种可被称为内核价值性审美。这种审美是敞开性的、联系性的、总体性的。这种审美（或美）核心秘密在自上而下的敞开联系着的人，在基于敞开、联系的天人内在关系所形成的总体性有形式的意味，在由此而生的意味整体性。在这个意义上的所谓美学就是心心相遇而生的意味整体学。这个意义上的审美是总体性的审美，以心心相遇与内在去蔽，以人的内在整体意向——其被隐在的源头特性纯粹引导或牵引（常常被遮蔽）——为核心基础，其重点在相遇而后贯通去蔽，及贯通去蔽后的意味整体呈现，在象与“象外”、韵与“韵外”、味与“味外”形成的整体，这个整体只能由内在之心“领会”。这是自上而下的相遇贯通性审美，是以源头心性（比如单纯、永恒、无限、光明、圣洁、空静、自由等）为基础——或源头心性为引导、为基本判断指标——的内核价值型审美。内核价值性审美具有更多原初性质，其经验也更多是完整统一的“原初经验”，即“游心于物之初”（《庄子・田子方》）与“游心于无穷“（《庄子・则阳》）性的经验，其以纯粹情感意味-心象-意境整体方式向人直观性呈现，并常能使人获得内在心灵的持久性安顿及满足。其通向内在直觉直观同一性（或统一性、整体性）故乡或故园。在不同的审美情境下，这种“通向”是曲折隐晦的，常常需要通过新颖心象-意境达到目的。

李泽厚晚年提出审美“六悦说”。他对美感的这种分层性描述是有道理的，但他对后四悦内在原因的理解是有偏差的。实际上，前两悦与后四悦基本分属两个不同的审美世界，代表两种不同的审美引导方向，也代表两种不同的审美价值取向，虽然它们之间也有一些关联。自上而下的价值性审美是天人贯通性的，其更多是敞开之心面向始源性“纯粹牵引”或纯粹始源牵引的结果，伴随着心心相遇而来的心性闪现，及其纯粹直觉性意味-心象-意境整体。价值性审美显现的是敞开联系之心，及天道-天心原型言说的临在（在场）。从这个方向看，可以说，本心之外无真正的审美，也即无价值性审美。人们可以从源头心性的内含量（这种内含量也是通过敏感的直觉来判断的）来评判审美的价值品级，而不是立足于人的封闭的单向的感性意愿，及杂多感性特性来做审美判断。价值性审美（及其品级判断）并不忽略、否定差异（及其偶然性、相对性、不确定性等），但更加依赖审美中的那个核心，即源头心性的引导性启示。由此，我们反对审美中基于人的自下而下的单向意愿不断扩大化的“破界”，反对审美中基于感性欲求的那种无界性，反对由此造成的审美泛化与外在化，但这并不意味着否定感官感性（及感性形式），其作为能激发审美潜能的要素发挥了作用，但否定其作为审美的引导与基础作用。有深度的审美更需要纯粹先验性情感的“构成”，更需要超越杂多的感性感官羁绊，并使感性感官功能最终融合于心，融会于纯粹的直觉性情感经验，或“扬弃”感官感性于纯粹的直觉性情感经验之中，使审美经验作为内在的意味（意韵、韵味）整体呈现：

> 因这种先验而成为可能的经验是一种应该成为“存在”的经验。①

所谓存在经验是超越变动性的经验，先验性看破并觉知基于物欲经验的支离破碎性。价值性审美强调的是自上而下“心心相遇与对话”，及心心相遇与对话性心生活。审美的基础是天人贯通性关系，及其纯粹的具有先验性情感直觉形式，其是在纯粹直观中体验“源头心性”（包括单纯、永恒、无限、空静、自由等）。从中国传统哲学视野看，价值型审美关联着人之敞开联系的心。内核价值型审美是敞开的、联系性的，立足于敞开联系的总体性，其核心秘密在敞开联系的心，在天人内在的贯通性关系，在其从根本上受“源头心性”内在引导与牵引（内在的纯粹牵引）。审美直觉性意味整体是“通源头”与“有人情”之融合，审美的内核是在纯粹直观中体验“源头特性”。这差不多就相当于中国道家传统的“观道”“悟

---

① ［法］米·杜夫海纳：《审美经验现象学》，韩树站译，文化艺术出版社1996年版，第488页。

道”“分享道”，差不多就是“游心于物之初”“游心于无穷”，其不仅仅相似于东方佛教之“觉有情”（看破基于感觉物欲性的破碎的个体化之情），而且蕴含着更为普遍的源头性情感，蕴含着丰富、深广的存在意味。也可以说，这是王弼意义上的圣人之先验“通无”与常人之“有情”的融合或混合。审美之纯粹普遍的直觉性情感形式恰恰就是王弼之先验“通源头”与后验（经验）“有人情”之融合：

> 它难以亲身感受，但却是世界的实际内容；没有主体在表现它，却客观地存在着。①

这是“超流”性的纯粹普遍性情感。通无与有情之融合构成了纯粹直觉性情感经验之显现。这里我还想援引西方中世纪一个关于心的原则，以帮助我们理解心心对话之直觉性纯粹情感经验。西方中世纪的这一哲学原则即是灵魂（本心）与神（天心）的沟通交流是通过内在情感显现的，也即通过人的纯粹的直觉性情感经验——而不是感性或理性——贯通最高源头与人的关系。这种纯粹的情感经验并不排斥理性，但理性消融于纯粹的情感经验里。随着当下美与审美的“无界性”趋势愈演愈烈，随着美与审美的愈益泛化，我们需要重温东西方古老传统中的伟大思想或思路。古希腊哲学家柏拉图把美分为两个不同方向：

> 柏拉图把真正美的热爱者和那些只想去看和听，及那些在声音、色彩和形状中汲取愉快的人加以比较。他可能是第一个在真正的美和表面的美之间进行重要区别的人。②

---

① ［美］苏珊·朗格：《情感与形式》，刘大基等译，中国社会科学出版社1986年版，第36页。

② ［波兰］沃拉德斯拉维·塔塔科维兹：《古代美学》，杨力等译，中国社会科学出版社1990年版，第153页。

俄罗斯著名画家、理论家康定斯基有较为完整的“内在永恒需求”的思考。他的艺术思想就是建立在这种需要观念之上，并把其视为精神生活的最内核。他的线条和色彩形式的分析，也是基于这个精神基础。任何艺术作品只依据内在需求或内在力量，选定属于自身的形式，其精神性质是“通神”般的，发源于古代智慧。[①] 这与英国新柏拉图主义者夏夫兹博里在《论特征》中所说的“内在感官”（或“内在眼睛”）有相似之处。后来有人把他的这种说法称为“第六感官说”。他的内在感官说的依据恰恰是他对两种美的区分：“本源的美”与“再现的美”。他认为人的内在心灵美是神的心灵美的再现，直接把美的本源归入神灵之中。后来的美学大家哈奇生进一步发挥了他的思想；再后来的里德把夏夫兹博里关于美的区分修正成：“本源的美”与“派生的美”，他认为对象的美是派生的美，是从本源的心灵美中派生出来的。[②]

现在，封闭性、局部性审美——自下而下或自下而上性的审美（艺术）泛化——不断被破界以至无界的趋势明显。审美边界不断被拆除、拓展、审美与非审美也不断地“混同”，并日渐形成了审美外在化、无界化、物化、精确化特点，与此同时，审美内涵也日渐模糊与驳杂化。这种情形就像谈论黄金首饰，有些人指称哪怕只有百分之十的含金量的东西为金子。其实谈论黄金必须以趋近百分百的含量的黄金为核心基础，这才是纯粹意义上的谈论。关于审美也是如此。整体的审美就像树的年轮一样，有靠近最内核的核心圈的，也有外围的边缘化性质的，这也是相对缺乏内核特质的。外围的现象性审美是封闭在人的意愿之内的，也是支离破碎性的，属于被分解的局限现象性经验。最后其只能得到“大致近似审美”“某种含量的审美”，这相当于柏拉图所说的初级性审美。内核价值性审美是自上而下的天人贯通性的，也是去蔽性的，趋近原初统一性，其经验也

---

① ［俄］瓦·康定斯基：《论艺术的精神》，查立译，中国社会科学出版社 1987 年版，第 23—27 页。

② 参见李永胜《中西汇通中的当代意识与学术创新——2017 年文艺学学科概况及其发展态势》，《中国文学批评》2018 年第 1 期。

具有原初意味。在这一点上，审美与爱也是可以比较的，有外围性的现象之爱与内核性的本质之爱的区别。更具价值性的审美或爱是总体性的，触及源头之终极实在性，触及“美本身”“爱本身”，审美或爱之经验，其价值基调是自上而下的，或隐或现地散发着一种绝对的气息。近代以来，随着信仰的衰落及人心的快速异化（局部化、分解化、物化、封闭化等），种种基于人的实用性需要与考量不断“升级”，对外围性“破界”“无界”性审美的兴趣也越来越浓，这背后隐藏着人（以及）的自负与任性，但审美之王国不是人（以及现象心现象心、分别心、局部心、封闭心）单向意愿决定的，要想接近其更为纯粹的内核就需要抑制人之现象性自我（现象心）的过分膨胀：

> 较低级的美匆匆而过，迅即消失，它不会抛弃喜爱它的人，也将为他所抛弃。①

西方中世纪的圣维克多的雨果将美分为“看得见的美”与“看不见的美”，并认为看得见的美只是看不见的美的“模本”。看不见的美在本质上的“本有”，在形式上“纯一”；看得见的美在本质上“分有”，在形式上“多样”。在他看来，可见的美能愉悦人的眼睛，看不见的美却可真正满足我们的内在心灵。② 我们这里所说的内核之美实际上综合了他所说的看得见的美与看不见的美，并认为人的敞开联系的心更为重要，敞开联系的心面向的看不见的源头心性基础更为重要，认为审美的核心是天人贯通或心心相遇与对话。

李泽厚给美下了如下定义（与英国美学家克莱夫·贝尔的艺术论思想相关）：美是有意味的形式。这个定义似乎更偏重于平行层面的形而下的

① ［波兰］沃拉德斯拉维·塔塔科维兹：《中世纪美学》，褚朔维等译，中国社会科学出版社1991年版，第122页。

② 阎国忠：《美是上帝的名字：中世纪神学美学》，商务印书馆2015年版，第154—155页。

看得见的方向。实际上，看不见的方向、基础、中心及整体更为重要。在“破界”“无界”“混同”的大审美背景下，说美是有形式的意味或许更为深刻，更强调了美或审美的超乎形的根基作用。内核价值性审美的重点在包括形式在内的整体性的深长意味上，而不在不断被“破界”乃至“无界”的形式上。这个整体性的深长意味也就是中国古代所谓的“味外味”、“韵外之致”、“神韵”（“神韵”二字乃上古篆书，王士祯等只是倡导者）、“韵味”等。关键是那个难以言说的显现在直觉经验中的意味、韵味、神韵，这是比形式更为重要的方面，形式可以成为“味”的组成部分。外在形式可融会于纯粹的直觉性情感经验、内在意味、韵味与神韵里，而不是忽视内在意味过分突出形式。这种味、意味、意韵、韵味与神韵等来自一种内在去蔽之后的原初心性的显露。人类审美的核心秘密在人吗？这句话也对也不对，那就看你对人是怎么理解的。对人有封闭性的天人分离与隔绝性的理解，也有敞开联系性的去蔽性的天人贯通的理解。真善美的最核心秘密是建立在“封闭现象人趋弱”（或封闭现象心趋弱）的基础上的，也可以说是建立在人意识到自身的局限（或有限）而不是自身力量（包括所谓本质力量、理性力量、生命力量等）基础之上的。不知道这点几乎就等于没有形成真正的美学意识或善的意识（甚至包括真的意识）。意识到人的局限有限，然后敞开联系，这是真善美意识苏醒或觉醒的标志及基本前提。

第二节 审美始源：天心原型言说及心性密码

审美始源代表审美的基础源头，也代表美学（或审美）必须谈的那个最重要的最初的逻辑与因果起点，而非时空意义上的起点。哪怕我们谈论整个宇宙都要谈到其最初始源。审美始源代表那个看不见的又非常重要的存在潜能，其潜在密码在根本上决定了审美意味整体的基础与方向，其也代表隐蔽的始源性牵引，代表深层人心被隐在召唤牵引的源头，其也是人心之深层趋向、向往之源头。在中国思想传统中，天道 - 天心就代表那个隐在的始源及其原型性牵引。也可以说，其是始源性原型言说，在这种隐蔽的原型言说里深藏着源头性特性或属性。这种“原型”性言说，牵引着万物的方向，也牵引着人心的意向或向往，其代表无形之始源性存在密码。从中国思想传统的视角看，真善美的最终源泉都是天道－天心原型言说。这也是本体论（或存在论）视角：真善美有着同一个奠基性的基础或源泉。内核价值性审美是以纯粹直觉性意味（纯粹情感是核心）及整体方式隐蔽地显现了这个始源。人作为审美活动重要参与者是审美价值的构成条件之一，审美之最深的、看不见的面却是由根本性始源奠定的。在东西方古老的思考体系里，人类（尤其是人类的种种感性活动）属于有限或局限，代表匮乏、依赖、短缺与短暂。与之相对照，那个始源却代表创造起始，逻辑与原因起始，代表永恒无限、自足自存自有、自我丰富。被始源性支撑的美不同于被不断“破界”而生的漂浮现象美。各种驳杂的现象之美的核心依据是人的现象心（分别心、局部心、封闭心等）。东西方众多一流大思想家差不多都重视那个基础性的本体，他们的思想差不多也都具有本体意识的支撑，并把其作为探讨各种现象发生的依据。庄子之“游心于无穷”“游心于物之初”，其实就是游戏心于大道始源性，事实上，在整个中国传统视野里，“始源之美”就是“天之美”（包括天道、天理、天心之美等），由此，美的最终秘密也在天人之动态复归性关系里。天道始源之美在中国道家那里被称为“道之美”“天地之大美”等。这个始源在柏拉图那里被称为“美本身”，在新柏拉图主义者普罗提诺那里被称为“太一原初之美”，在基督教文化那里就是“上帝之美”，而在黑格尔那里被称为“绝对理念之美”，在海德格尔那里就是“存在”之美。在这些思想家看来，这个创造性始源才具有真正的真实本质。内核价值性审美从根本上来说源于一个源头性存在的支撑。这个本源当然不同于尼采等思想家所寻求的感性的现象性“本源”（酒神精神）。这个始源超乎感性，并与人发生召唤启示性的关系，并由此提升人的存在经验。

这个具有原初性、统一性或同一性的始源是万有之源，其不属于以人为基础的主体建构，包括不属于人的实践活动与意识活动的建构。世界的人类学转向并不能改变这一点：人属于有限、匮乏与短暂，其在逻辑及因果链条中的地位决定了人可以是审美不可或缺的条件及次级决定者，而不可能是根本性的决定者。那个根本性始源不依赖人的意识或人的实践活动建构。而人的精神性活动的根本与基础支撑也不可能是有限的人本身。内核性价值性审美不是仅仅属人的或内在于人的实践活动，即不是人的活动或人心建构的，也不属物质性自然生生之化育。根本性的审美始源（及成因）不属于有限之人，其反而可以超越人之有限，隐蔽地推动人趋向于始源，在中国思想传统里，也即趋向于天道 – 天心（其心性）：

> 有限事物……是被规定为偶性东西，这偶性东西不是自在自为存在的，而是在实体、一那里才有其真理，这个一不同于那些偶性的东西，唯有它才是神性的东西和上帝。①

审美作为人之有价值的精神活动，其根本性始源却不是来自有限人自身及人之实践活动建构，这是否存在不合理之处？按照东西方古老的精神传统——甚至也包括以黑格尔、谢林为代表的德国精神传统——的理解，人毕竟属于有限，属于黑格尔所说的偶性存在。偶性存在是处于不断变动中的，没有真正的必然性、绝对性与永恒性，由此也就不能成为精神真理的决定性基础，但可以成为与绝对根基相遇的承载性主体。强调这一点实际上并不意味着忽视人的现实个体经验，而是提示那个绝对基础对意味整体的重要性。审美本质上是人之敞开联系性精神活动，是人心敞开性相遇、去蔽与心心对话的一个显现，这种深长的意味整体不能在封闭的人自身之内完成。审美活动（包括思想或理论）中的人类学转向，从总体上来说提高了人在审美活动中的作用，扩大了审美活动的范围、实现了审美表现的现实差异性、多样性、偶然性等，却降低了审美的基于始源性的那种意味深度。审美确实不能离开人这一条件，但人只有处在敞开联系性的关

① ［德］黑格尔：《精神哲学》，杨祖陶译，人民出版社 2006 年版，第 389 页。

系中，价值性审美才会真正发生，毕竟人是有限者，而有限者意味着自己缺乏真正的实在性，意味着自身需要更深的依据与支撑，因而其不能作为人类精神的根基，有限者只有像庄子说的那样“虚己”（《庄子·山木》），面向创造始源敞开自身并与创造始源发生关联，才能显现人类之精神深度。说到底，审美是敞开的、联系性的，与人对世界整体、中心、基础的领悟相联系。

审美之根本性的始源与世界的始源相一致，或者说审美的这个源头性观念与世界的源头性观念是相通相同的，也就是说世界观与审美观在根本处的一致性。因此，各种人类中心主义（暂时不说自然中心主义）都有致命的问题：把自己当成自足自有的，忽略了自身赖以存在的根基，并会因此日渐导致人类精神的贫乏与价值意义的遗忘。人类自身无法创建自足的意味—意义世界（包括自足的审美世界），也不能在封闭性活动中建造持久的深度意义与持久的深度价值性体验。这是东西方古老传统（包括印度传统、古希腊柏拉图传统等）反复阐明的一个基本道理。这同我们中国传统（包括汉字“美”字所含道理）是一致的：

> 那些固执地与统一体理念相对抗的人，他们唯一做的就是为争吵而争吵，或者说他们活着就是为了争吵，如果说一切虚假的体系、艺术里面的堕落、宗教里面的混乱等等都只是那种偏执或抽象的结果，那么，为了让一切科学与一切教化领域获得重生，就只能从重新认识大全永恒统一体开始。[①]
>
> 啊，无限者，它起源于你的生命，因为一切生命都是你的生命，而且只有那具有宗教感的眼睛才深入了解真正美的王国。[②]

---

① ［德］谢林：《哲学与宗教》，先刚译，北京大学出版社 2017 年版，第 170 页。

② ［德］费希特：《论学者的使命　人的使命》，梁志学、沈真译，商务印书馆 1984 年版，第 215 页。

谢林与费希特的这个思想差不多也是整个德国古典哲学（包括美学）的思想核心。这个最初之一——本原性统一体——在中国传统中就是天道－天心。在中国思想传统中，天道－天心代表本原性创造性，也代表统一性或同一性。这是中国传统宗教与哲学，甚至文学艺术、政治等合法性谈论的根本依据。天的维度从根本上说就是创造始源性维度，而不是一般意义上的自然维度。天人合一的维度就是创造性始源与人合一的维度。如果天人合一失去这一神圣内核，那天人合一还剩下什么呢？倾听创造性源头（及其统一性、同一性）（天道－天心或用上帝梵等名词称谓之）的隐蔽言说差不多也成了真正哲学言说的最根本性依据与基础，也成了真正文学艺术言说的最根本性的依据与基础，当然也成了关于审美言说的最根本性的依据与基础。对美学而言，倾听天之初心的隐蔽原型言说应先行于一切美学思考。这也是中国传统“体无”（包括王弼的“圣人体无”或“通无”之神明论）及“尽心知性知天”思想的依据。没有这种先行的对关于“一”或“本无”（老子：无，名天地之始）的倾听，美学也将不成其为有内核的价值性美学。在德国哲学家雅斯贝尔斯的哲学思想中，西方传统中的所谓上帝就是一个难以言及的“存在密码”，同样中国传统中的天道－天心，也是最神圣的创造性始源“密码”：

> 解读密码是在悬而未决之中体会存在。①

一　天道－天心始源：纯粹牵引及始源力量

依据我们中国传统心学潜含的基本思路，世界有一个奠基性的创造始源：创世之天心或创世之初心，这也是人类精神（包括审美）之创造性始源。“世界有一颗本原创世性初心”，其难以描述、不可言喻，总体来说似乎也超出了人类的理性理解的范围，属于超越人类智慧层面的终极存在层

---

①　熊伟主编：《存在主义哲学资料选辑》，商务印书馆 1997 年版，第 709 页。

面。这个创造性始源——也就是创世性天道－天心——使万物得以产生。放在中国心学传统的公理—公设语境下，其就是世界发生发展的第一推动力与逻辑出发点，也是人类各种有价值的精神活动及体验的起源点，也是美学思考的源始出发点。离开了这个始源性出发点去思考人类精神的秘密——包括审美的秘密——肯定没能抓到最核心的奠基性要点。心心美学是以这个创造始源点为思考基础或思考基准的。基于此，所谓价值性审美的内核也就是人心敞开面向创造初心，也是心心之敞开联系的启示性相遇与对话，其也超越人类的各种封闭的与有形有限现象自然为中心的活动，其把审美视为心之敞开性、联系性、沟通性活动，并在不脱离感性的情形下，更为肯定世界共同的存在源头。这也使心心美学之心学不同于各种否定性心学，而属于肯定世界创造初心之心学，这种肯定性心学具有自上而下的性质，强调人心之属天的超越性及人心之敞开性质，其也肯定人的本心之敞开性、联系性及由此获得的实在性，肯定天心之终极实体性及终极实在性，也肯定了天心－人心的先验性对应相通的关系，及其启示性对话、交流、相通与同在。这同中国许多儒家、道家、佛家所谈之心有所不同。他们所谈之心似乎不太涉及心之本体，即不太涉及作为创造始源的天心，他们也大多是在否定心之终极实在性意义上来谈论心的。这样所谓“心”就缺乏真正意义上的始源性。而从根本处看，中国传统的创造性始源就是天道－天心。审美从本质上说源自天道－天心之始源性牵引，源自以此为基础的心心相遇与靠近，源自天心－人心的启示性对话、交流、回归与同在。人之现象心（也是分别心、局部心、封闭心）常常导致心心交流出现堵塞、隔绝与分离状态，当人心只关注种种现象呈现（自然社会与个体的物质性外壳），现象心（也是分别心、局部心、封闭心）隔绝也就形成了。现象心也是人的本心的被遮蔽状态：

> 我们看到了秩序与和谐，当然也看到了事物的神秘性与复杂性，这些性质连最深邃的科学和学问也难以了解其本质。初探科学的学者们，不管接触的是自然界的微观领域（尤其是生物界），还是宏观领

> 域，常会惊叹宇宙的美妙结构和显然的有意义设计……即世界上的有些事物，特别是生命有机体，它们的结构看来是有目的的或针对某种目标的。①

创造性源头（及其特性、属性）关乎东西方古老而又常新的发问：我们的世界（包括我们自己）为什么看起来似乎是被设计的，有目的的？我们的世界（包括我们自己）究竟来自哪里，我们的世界（包括我们自己）又去往何处，我们究竟是谁，为什么会这样存在呢？这种追根究底式的思想发问，在中国传统中被叫作“天问”，在西方传统中被叫作“存在之问”。这种思想之刨根问底性追问唤起了我们听故事一样的好奇心：最深远之根究竟在哪里？所谓审美生活，其最内核恰恰连及深邃的存在之根（或精神之根），多样的审美（文化）生活只是现象，在其下面深埋着看不见的根须，而且只有与根相通的审美（文化）才不是漂浮的，才不是离散的。这个无形的深远之根支撑着审美的看不见的深刻面，也支撑着整体文化向着有意味的方向生长。所谓信仰——就其精神实质看——也就是要和文化之根发生关联。文化中的根基叙事首先就是描述那个隐形基础，其次才是生生之自然根基。所谓的灵魂只能在根里得到实质性的安顿，而不可能在外在的现象感性现实中安顿。在多样的物化的现实中，人们得到的常常是分裂性的焦灼不安的体验，只要你还处在某种分散分裂性的焦灼中，就谈不上灵魂安顿，也就谈不上真正意义上的审美。内核价值性审美恰恰就是灵魂性的与根相连的审美。离根状态常常也是灵魂没有得到安歇的状态。

思想或体验中的根基叙事或叙述有时被称为元叙事或元叙述，这是关于最根本的文化根基的一元起点性叙事与叙述，或文化的源泉叙事或叙述，或者也可以说是文化的“同一性”叙事，或文化统一性叙事，或者说是关于文化的始源性起源叙事或叙述。这当然不同于文化多元性、差异性或混杂性叙事。这种叙事常常左右文化的最重要的基础、依据、标准、尺

① ［美］理查德·泰勒：《形而上学》，晓杉译，上海译文出版社1984年版，第153—154页。

度，而基础、依据、标准与尺度是以隐在的看不见的形式出现的。与元叙事或元叙述相反的是种种分散的现象叙事或叙述，也就是索维尔所谓的半路开始的叙事。我们这个时代的叙事或叙述基本上是无根的，也大都属于“反元叙述或元叙事性的”，或者说属于反源头性的叙述或叙事，也是反形而上学与基础主义的，但有一批思想家对此是清醒的，比如法国哲学家马利坦。他就反对现当代哲学思潮中取消形而上学问题的倾向，反对完全以实证、推测与经验为依据，强调形而上学具有重要的现实意义。他的思想依据和传统哲学的说法几乎相同，这就是：真正的哲学就是要研究一切事物的第一因或最高原理。他把这最高原理称作“作为存在的存在”，意即一切具体存在的物背后的那个本质的存在。这倒符合他新托马斯主义者的思想身份，也和海德格尔的思想有相似性。

审美中的最有价值的体验差不多都是指向始源性的，或者说是指向源头特性的。源头特性有不同方向的显现，比如超时间性方向的永恒感受方向。源头特性—终极实在性方向之一就是超时间性或永恒性叙事。这也代表了人类审美的最高价值追求之一。没有永恒性及其体验常常也就没有审美的最高价值感。审美的最高价值理想就与对终极性精神价值——比如永恒——追求相关，但人们常常把与源头特性（属性）叙事（与终极性追求相关的最高价值追求）和高高在上不食人间烟火联系在一起，这是一种基于常识幻觉的误解。如果人们把最高价值追求换成最具根基价值的体验，可能会觉得好理解一些。实际上，所谓始源性存在就是最根基性存在，其所代表的价值也就是最根基性价值。尼采说的最高价值的贬黜实际上就是最根基价值被连根拔起，让人的存在无根，让人变得无家可归。尼采的理解是对的。

依据中国思想传统的理解视野，天道－天心就是对那个本原性存在的中国式命名，就是创造性始源，其是思想借以展开的原始出发点与最稳固的奠基点，是世界的创造始源，也是世界的自足性始源点，也是人类的工具理性难以靠近的绝对存在中心。从中国思想传统式视野看，天道－天心是创世性存在（也相当于西方哲学家所谓的作为存在的存在），已成为人类思想的思考基准、思想公设与最核心坐标。其之所以能成为思想基准、思想公设与最核心坐标，除了其是客观世界的起点原因，还因为其蕴含着多重精神性潜力：可以从根本上实现人类思想的逻辑潜力、帮助人们有秩序地打开世界图景的潜力、解放人类的内在心灵的潜力，以及无限拓展人类思想想象力的潜力，其还有打通中西思想共属性的高度概括力，并由此为人类提供不断展开种种延伸性思想的最稳固的基础力量。其也有如下三个方面思想资源的强有力支撑。

首先，这个思想（也是种种价值追求与体验）基准被世界各种古老文化传统持久地认可（文化精神层面上的信奉），而且有很多文化现在依然坚定性地信奉创造源头性存在。这些古老文化属于人类悠久的智慧性的传统。按照人类进入农业文明时间来推算的话，这个信奉传统约有一万年了，而人类的所谓理性传统严格说来就是最近几百年的事。我们觉得人类古老传统所信奉的那些能够相对解决人类存在的最根本问题，解决事关人类存在的根本性的问题似乎不能依靠自然科学，人类存在的核心精神难题最终还得依靠东西方古老传统——大的智慧性信仰传统。这种延续几千年的直接的思想公理比理性知识的根基更稳固：

> 知识的牢固基础并不是推论思维提供的……要知道所有的人都承认，公理是不可证明……知识中的一切原初的东西都不可证明，原初的东西都直接产生，信它以为真。一切不可证明的和直接的东西比可以证明的和导出的东西都更稳固。实质上，所有的人都承认知识的基础是一种比知识本身更稳固的东西……①

其次，其被我们深层的逻辑理性需要（莱布尼茨的充足理由律等）及难以言喻的深度体验显明。人类理性的不断追问与回溯，最后需要设定那个始源性的创造源，从而为世界呈现的非偶然的秩序找到钥匙。人类最迷

---

① ［俄］别尔嘉耶夫：《自由的哲学》，董友译，广西师范大学出版社 2001 年版，第 36 页。

人并最被渴望的体验指向一个不朽的源头心性（神性）源泉。我们从与审美同源的爱的体验中也能领会这一点，深度的爱的体验与深度审美体验指向相同。人类到目前为止所发现的世界是如此神奇、如此精确、如此有秩序、如此符合设计原则，很难不让人相信一个非偶然性的源头动因，这个动因，中国传统倾向将之命名为天道－天心之初心，其是世界初始性存在中心，否则人类种种理性法则就缺少最基本的、最稳固的基础根基。

再次，基于如下情况：那些最应该相信人之自然理性传统者，在事关人之存在根本的问题上，也信奉古老智慧传统，或者说在最根本的关乎存在始源问题上，这些人倾向于相信古老的智慧传统。看了一个统计材料，世界上一流科学家绝大部分是有这种智慧信仰的，诺贝尔科学奖获得者似乎也是如此。即便到了 21 世纪，始源性创世存在依然被众多思想家（包括为数众多的一流科学思想家）所谈论所信奉，这也包括中国最伟大的物理学家杨振宁。在此之前有牛顿、爱因斯坦等。还有众多具有高度科学素养（与科学密切相关）的大哲学家也是持这种态度，比如被认为是摧毁形而上学的分析哲学家维特根斯坦，也有着很浓厚的创世始源思想。

内核价值性审美代表意味整体的呈现，并隐蔽体现了那个始源性纯粹牵引。审美是心心相遇而生的直觉性观照活动，其也让审美者活在存在核心里，活在存在整体里，活在本心里。心心审美摆脱感官感性局部之羁绊，摆脱感官感性表面之遮蔽，靠近创造性本原。在这个意义上，审美就是心之还乡，也就是人心回归天心（及心性）。审美极致之境就是敞开联系的心中的“源头心性闪现”，并呈现出与之相应的韵味、气氛、情境、形象等，这种所谓的审美境界不受有限感官感性事情的羁绊，不受感官感性的事情干扰，这种审美者活在中心（核心）与中心（核心）的相遇里，活在启示性对话交流及其消融之境里，活在任何理智、理性意识的无影无踪里，活在深邃的无意识里。这种审美的内核就是心与心发生内在引力及共融关系，凸显的是基于心的意味性状态，去除种种物性遮蔽，让本心或真心涌现。中国传统强调的意象只能是物随心转（或相由心生、境由心造）后的现象性涌现。美在意象之说抓住的只是美之为美的现象表现，而不是美之为美的决定性根本，其根本还在心之敞开联系性活动，心心相遇，其后才会物随心转出现意象，没有心心对话交流中的意味（意韵、韵味）的涌现，审美意象的涌现就得不到根本性解释，意象也不是看或听出来的。

二 审美本性：审美活动异化及返回心源

审美因具有本质（或基质）而如其所是，并由此而有如此之性：审美本性。所谓审美实际上就是审美本性的微妙地涌现、流露，这种涌现、流露带来深长的存在意味。这种本性植根于人之存在的整体性、贯通性倾向中，或者说植根于先验性的天人贯通性倾向里，这种潜在的贯通性通过心心相遇实现。其也是人之存在的基础性精神趋向，与人之为人的基础本性（本质）密切相关，但这个通过敞开联系性显现出来审美本性经常被异化性地遮蔽。有不少现代哲学家——尤以一些现代法国“解构”派哲学家为代表——是否定人的基本的存在基础的，由此自然也会反对审美的精神本性（整体性、基础性意向或趋向），这同他们反本体、反形而上学的思想一致。法国哲学家萨特有一个著名的命题：存在先于本质。他否定人的一切本质的或本性的存在，认为人只是通过不断地自由选择，从而自我创造定义自己。人除了自己认为的那样，什么都不是。人碰上自己并在世界上涌现出来——然后才给自己下定义。如果人在存在主义者眼中是不能下定义的，那是因为在一开头人是什么都说不上的。人的所谓本质或本性就是这一系列的偶然性显现或涌现。萨特否定了东西方古老的思想传统的思想方式，其似乎具有革命性与破坏性的力量：

> 问题之所以变得复杂，是因为有两种存在主义。一方面是基督教的存在主义，这些人里面可以举雅斯贝尔斯和加布里埃·马塞尔（Gabriel Marcel），两个人都自称是天主教徒；另一方面是存在主义的无神论者，这些人里面得包括海德格尔以及法国的那些存在主义者和我。他们的共同点只是认为：存在先于本质——或者不妨说，哲学必

须从主观开始。这话究竟是什么意思呢?①

事实上，应当首先指出，一个活动原则上是意向性的。②

虽然萨特与海德格尔可归属为传统视野中的“无神论者”，但他们对存在的理解似乎是不同的，比起他所说的有神的存在主义雅斯贝尔斯与无神的海德格尔，萨特的思想很前卫、有冲撞力但似乎缺了一种深邃性（或根须性），他没有从根本上意识到人之存在在根本处的局限性。人先验地被某种深邃之“意向性”牵引，或者说人有牵动着他的基本的方向，有奠定其基础的隐形引导力量。由此隐形引导力量，审美也才具有基本的基于“意向性”的深邃本性。审美活动从现象上看植根于人的深邃“意向”。我们还可追问，为何人类会有某种先验性“意向”，最后就会触及那个深邃的本原性存在根基。正因为这个精神奠基性基础隐蔽的召唤性作用产生的影响——那个基础内化到人就成了人的精神本性或本质性心性——凸显敞开联系的重要性，也才构成人之审美的基本倾向。在中国思想传统中，这是心心之先验性的对应相通的关系。中国思想传统把本原性存在称为“天道－天心（及其心性）”，人类以某种方式（心被触动）响应了其隐蔽召唤，心的响应就构成了心心相遇，以及在此基础上的内在启示性对话。基于此，我们才可说审美之直觉性观照性活动是关联实在性的，由此才会产生真正幽深的意味（意韵、韵味），才会产生意味性整体，即意味－心象－意境整体，我们也才可据此称那个活动为价值性审美活动，由此产生的经验才能叫作价值性审美经验。所以，所谓审美本性意味着心心之先验性潜在的契合关系及其所蕴含的潜能，并指向这种审美关系所蕴含的潜能性呼应结构：天道－天心（及心性）一直内在地牵引着（唤起）人更为深层的精神性向往与冲动，并等待着被召唤、被唤起的敞开之心的回应或回响，

① ［法］让－保罗·萨特：《存在主义是一种人道主义》，周煦良、汤永宽译，上海译文出版社1988年版，第6页。

② ［法］萨特：《存在与虚无》，陈宣良等译，生活·读书·新知三联书店2007年版，第527页。

由此形成更为纯粹的基础性直觉性情感。价值性审美更和这种自明的基础性直觉性情感相关：

> 美的这种相似性的因由，在于美属于“关于存在的感情或特性”这些超然物领域。①

审美（与爱一样）有其精神性本性，其和表层的显现物象有些关联，但其更多受无形之存在原初性的影响。审美活动受限于眼前呈现的形式，但对审美活动影响更大的是那个隐蔽的精神之根。审美的那个最坚实、最深远的根深深地扎在人的深邃的整体性“意向”里，其似乎也处在人类难以言及之域，因为那个隐形基础无形无影难以言说。那是天道 - 天心在呈现的形式背后隐蔽言说，也可以说是天道 - 天心在形式背后进行原型性言说。精神本性也奠基于本心。所谓本心就是敞开联系性的心，就是与天心贯通的能够显露人之深邃声音（意愿）的心，也就是本于初始天心之心，本于物欲世界之心则是现象心（也是分别心、局部心、封闭心）。不管具体用什么词语，审美的最深远的本性（本质、根等）都植根于敞开联系的心，植根于那个本原性初始言说及其隐蔽召唤，价值性审美是那个始源性言说与人的隐蔽回应之共显及流露。

与审美本性相背离向方向运行之审美就是异化性审美，异化性审美意味着封闭性，意味着分裂、瓦解、精确化或物化人们的经验，也意味着人之审美被局部化、表面化、工具化、外在化、物质对象化、肢解化。这种审美背离人深邃心性，向着相反的方向运行转化。审美活动的异化性表现说到底就是心的异化表现。现代社会基本是以人的现象心为中心的社会，差不多遗忘了本心，差不多遗忘了自己的存在之根，各种漂浮的现象心泛滥最终导致“失心症”。现象心（分别心、局部心、封闭心等）是被遮蔽

---

① ［法］雅克·马利坦：《艺术与诗中的创造性直觉》，刘有元、罗选民等译，生活·读书·新知三联书店 1991 年版，第 136 页。

之心，也是“无明”之心或“惑”之心，其基于有限的物欲性呈现，也在根本处被其牵引。在发达的科学技术与各种外在性社会力量推波助澜下，人之现象心更加驳杂，越来越分解涣散，也越来越具有虚假的性质。人心已经偏离根本的方向，日渐感官化、物欲化、社会关系化、技术化，并与各种各样的物欲（尤其是人造物欲）向往与满足纠缠在一起。总之，现代人的心在“异化”。异化（alienation）一词代表封闭化，也代表由此造成的疏离化、疏远化、外化、对象化、物化、精确化等。异化意味着封闭化、局部化、肢解化，离开自己本该有的敞开联系状态，离开了基于完整性、基础性的存在本质，远离最真实的根基，违背自己的最深邃的意向及其真实，向着和自己本性（及其真实）的相反的方向转化。心异化是一个过程。与异化概念相对应的概念是回归，也即回归到敞开联系状态中，回归到和自己的本性一致的状态中。事实上，人之存在的所有的所谓异化都是“心异化”，也就是存在中心的被遗忘、被遮蔽或被遮染，人活在封闭里，活在分散分化里，活在局限性的局部里。人心渐渐迷失，失去根本方向找不到返乡之路。

异化性审美奠基于“心异化”。由此其过度倡导差异化并日趋“无界化”，由此也就日渐远离了自己的心性基质，也日渐和自己最深远的心性本性背离。现代性审美渐渐成了离根性的、忘却源泉性的，其被各种漂浮的现象及现象心支配。而在东西方古老的视野里，人的离根受拘于有限的现象心一直是需要被警惕的现象。南印度释菩提达摩，被认为是禅宗的创始人，写过《无心论》一文，反对人生各种现象性妄心。他的学说核心就是破各种忘心（现象心）。“三界业报，唯心所生；本若无心，于三界中，即出三界。”他的著述包括《心经颂》《破相论》《安心法门》《悟性论》等。他所倡导的无心事实上就是指无“现象心”，而不是无人之“本心”或无“佛心”。心即是佛，佛即是心；心外无佛，佛外无心：

> 唯观心一法，总摄诸法，最为省要。问曰：何一法能摄诸法？答曰：心者万法之根本，一切诸法唯心所生；若能了心，则万法俱备。

（达摩《破相论》）

先生起行征思田，德洪与汝中追送严滩。汝中举佛家实相幻相之说。先生曰："有心俱是实，无心俱是幻。无心俱是实，有心俱是幻。"汝中曰："有心俱是实，无心俱是幻，是本体上说功夫；无心俱是实，有心俱是幻，是功夫上说本体。"先生然其言，洪于是时尚未了达。（明·王阳明《传习录·下卷》）

明朝哲学家王阳明的心学思想应该也受到佛教心学的启发，他在"严滩问答"中把这点说得很明白。这里就有"本心"与"现象心"之区别。现象心是虚假之"幻心"，是本于有限世界的种种物欲之心，而本心是敞开联系之心，是本于天心之心。中国思想（文化）传统一直重视的"养心""存心""明心""修心"之心是指"本心"，而对现象心（也是分别心、局部心、封闭心）却一直持"破"之态度，"破"的最好结果就是达到"无心"（无现象心）。基于此，中国古代的儒家、道家、佛家经常把"人心"（人之现象心）与"危"联系在一起。关于佛家前面已说，中国道家传统也把人之异化的现象心总结归类为"十迷心"。这个说法出自唐宋五代时周固朴的《大道论》。儒家也是同样。"人心惟危，道心惟微；惟精惟一，允执厥中"，这是儒学中著名的"十六字心传"。古文《尚书·大禹谟》《荀子·解蔽篇》中也有类似的引注，均称："人心之危，道心之微。"后来宋明哲学家也都一再引用之。心面向有限世界的充满物欲的人间，产生各种功利欲望导致心的异化。关于这一点，儒家和道家、佛家观点似乎很相似：

夫谓人心之危者，人欲之萌也。（南宋·朱熹《观心说》）

人心惟危，人欲也。（北宋·程颐《二程遗书》）

比丘，心将世间去，心为染著，心起自在。[1]

---

① 转引自方立天《中国佛教哲学要义》，中国人民大学出版社2002年版，第231页。

心性本净，客尘随烦恼之所杂染，说为不净。①

佛教天台宗“一心三观”说就是为了返回心源，也就是立一心破现象心之三惑。价值性审美是敞开联系之心返回心源性的审美，倡导心心相遇，但我们与一般佛教对心之净性的理解不同，心可以而且应该充满隐蔽精神性激情，心心相通也能唤起人的内在超越性激情。这种隐蔽的精神性激情与局部之感官物欲无关，而是源头存在的纯粹牵引所致，是心之整体性归入感、回归感、同在感，其常常也是在深邃的空灵宁静之中展开的，其拒绝种种外在虚假与被遮蔽的幻象。现象性摩耶只是事物外部显现出来的联系，是事物之表面的、多变的、漂浮的、游离的方面或方向，其与常在的、稳定的“本质”相对。现象心是表面的、多变的、漂浮的、游离的心理活动，其是缺乏与世界存在中心沟通的封闭性的主观心理或意识活动。现象心常常也被理解为虚假的幻化之心理活动。意识流文学的一些经典段落很好地诠释了这种现象心：意识的内容不断变化，向各个方向伸展，也不会静止不动。

价值性审美立足于原初统一性，是心心相遇与内在对话，也是“返回心源”性审美。周固朴的《大道论》认为破十迷心（也就是现象心）方能悟心、证心、修心，但在如何理解“心之源”上，中国传统儒家、道家与佛教有差异。西方思想传统中也有破现象心的假惑之说，其虽然与中国儒、道、佛传统思考有所不同，但也同样都是强调“返回心源”。返回心源需要保持敞开联系状态。在基督教的历史上一直有强调“归正”的思想潮流，比如加尔文就有“回到本源”之说。所谓归正也是这个意思，黑格尔与海德格尔都有系统的“返归”性精神学说，也可以说“返归”是黑格尔与海德格尔哲学思想的最内核。在他们看来，所谓的精神，其最核心含义就是返归本原。德里达在《论精神——海德格尔与问题》一书中谈论了这个问题。海德格尔在《什么是哲学》中说的一即万有，即是把万有转送

① 转引自方立天《中国佛教哲学要义》，中国人民大学出版社2002年版，第233页。

于一，让一拢集万有，而存在者或万有就其之为存在者而言须拢集于存在。存在是拢集，是所有言说的拢集。柏拉图的理念论的重要特色之一就包括“返回本原”。在他看来，理念就是世界的本原，也是人心（灵魂）之本原，要靠近这个创造性本原就不能通过感性感官，而必须通过敞开性的“回忆”来实现。这种深邃的精神性回忆，也伴随着灵魂的某种不朽与迷狂体验。这种体验也是灵魂还乡性体验，也是他心目中的真正的审美性体验。在《斐多篇》中，柏拉图认为，人在出生以前，灵魂原有了理念的种子，只是在灵魂和肉体结合出生之时忘记了。出生以后通过一些具体事物的认识的触发，人们便回忆起和这些具体事物相关的理念世界。人通过这种美的可感的具体事物，便回忆起绝对的、完全的、美的理念。人的灵魂来自天上的永恒之所，那是纯粹的理念或灵魂世界（也是永恒之美的世界）。

三　审美故园：美之内在光辉及人心还乡

价值性审美从根本上说代表整体的心灵渴望、憧憬与心灵之梦的实现。审美故园是始源性的牵引人心灵之地，其是形而上的而不是形而下的，其代表的是精神意味（意韵、韵味）最深邃的源泉。故园意味（意韵、韵味）由心心相遇、内在交流对话而生。审美故园是隐蔽隐在之园，也是隐蔽召唤牵引深层人心之园，也是人心之深层趋向、向往之园。审美故园散发着原初的统一性神秘意味，使人心趋近、向往。世界从根本上说属于有限，而从严格的哲学意义上讲，有限世界不可能真正引导人的最深层内心。从有限世界中诞生的人，属于更加微弱的更可能被牵引者。由此可以说，人类中的每个人都属于“波西米亚”人，内在地拥有一颗波西米亚式的漂泊心。这种流浪的无家可归式的生命情境决定了“人心还乡”的美学意义。这个柏拉图意义上的“乡”就是人的灵魂所渴求的终极性审美故地，也是内核价值性审美王国（意味整体）的根基所在，这个王国虽然并不排斥建立在有限性基础上的多样性，但其主要被源头特性（属性）所引导，通向直觉性体验——同一性（或统一性）心灵家园。价值性审美王国是建立在本己的同一性基础上的王国，是以源头心性为基调的纯粹意味－心象－意境王国。价值性审美不排除偶然性、差异性与不确定性，但这些只是漂动的浮桥，浮桥通向故园但本质上不同于故园，就如价值性审美不同于建立在差异性（包括历史差异性）基础上的外围现象性审美一样。审美故园标示出人类最深邃的精神本性或精神意向性：返归最原初、最本真的源头之地的意愿，那片精神故土散发着不随时光变化的实在性，散发着单纯、永恒、无限、自由、宁静、圣洁、光明的气息。审美故园是安顿人的心灵与灵魂之园。所谓审美归根结底只是那个故园的精神光辉的映射或折射。审美故园是由幽深的意味（意韵、韵味）－心象－意境整体构成，奠基于世界存在之始源（及源头心性），触及的是那个难以触及的本原、本体或精神性源泉，代表着人类精神为之敞开联系的方向与目标，代表着不断召唤人类心灵—内在精神的终极性精神力量，或者说代表终极性实在性。

用中国思想传统视野看，审美故园是心心相遇而生的意味（意韵、韵味）整体之园，这个精神性整体之园隐蔽折射了创造始源（及始源特性）。自天道—天心创世—始万物以来，其一直在以难以言喻的方式对万物言说，包括对人言说。天道－天心的言说是隐蔽的，属于雅斯贝尔斯所说的存在本体性“密码”，由此，人心敞开与其相遇而生的意味（意韵、韵味）也是难以言喻的，人心返回故园之路常常也是隐形、难以言喻的，这种返归常常要通过否定性的“虚己”方式进行，并常常通过否定现象性的经验—体验——比如空无寂静经验—体验——来实现。这一点东西方思想史、艺术史都有大量的生动具体的例子。这种看似“虚无”主义式的经验—体验—心象—意境，恰恰是一种如实的敞开联系方式，面对那难以言喻的创造性心性本原，那种难以言喻的内在之“思—感”与故园的内在隐蔽光辉就交融在了一起。古老的东方宗教的哲学观念会说：

> 如果存在（Being）就是永恒的统一性/整体性，那么，不仅仅宇宙，就是客体的多样性也是虚幻，而且多元化的精神也是如此……事实上唯有一种存在——梵——是实存的，当圣人通过瑜伽坐禅在经验

上把握自己的自我时，他便在一种永恒当下的光明与福乐中觉醒。①

人们可以在不同的层次上来谈论审美，而现代文化倾向于从外围现象层面理解它，关于其感性、感性形式，以及与此相关的差异性等。这种谈论或许是必要的，但人们更需知道：审美之真正根基在感性形式、多样性、差异性背后的发生隐蔽作用的故园里。近二三百年来，人们普遍强调审美中的感性形式、客观对象属性及其差异化的多样性——当下的中国更是如此。这种基于感性的理解却忽视了那个使这些感性放射美之光辉的隐形面，或者说忽视了“形外形”“味外味”“韵外之致”，忽视了无形的根本动力因与基础。那么使感性对象发出内在光辉的核心要素与动力是什么呢？主要不是封闭的感性对象自身，而是使感性形式成为美的无形而实在的内在。按照东西方更为古老的主流传统——除了印度婆罗门思想传统及中国道家传统，包括古希腊传统、诸多柏拉图主义者及中世纪诸多思想家（狄奥尼修斯、阿奎那、拜占庭美学等）等，都认为真正的美是内在之光，是一种内在和谐和解发出的光辉，而美之内在和解和谐的光辉虽然常常离不开感性表象的触发，但更主要的是对源头特性（天之心性）的映射。“摩耶幻有”之感性对象或感性感官对象之美也是次一级的外在之美，其在佛教中被称为“色相”之美，而从根本上来说所谓审美是心与心的一种特别的相遇，是这种相遇而生的幽深的意味（意韵、韵味）整体，事关人的敞开联系的心与存在之源头的交感。天人之动态的复归性和解合一关系，及关系中产生的幽深意味（意韵、韵味）整体，恰恰是审美（或美）的真正故园的显现。美的感性的外在光亮归根结底不是最重要的，最重要的是来自源头性内在的使之发生光亮的隐蔽推动力量。人之单纯的感性感官无法领悟美之内在光辉，这个内在光辉需要人用敞开联系的心来“领会”，需要使用内在的感官——内在眼睛、耳朵等——来领会。

---

① ［美］米尔恰·伊利亚德：《宗教思想史》，晏可佳等译，上海社会科学院出版社 2004 年版，第 493 页。

> 所有的美都具有统一的基础，所有、超自然的本质……美的事物都具有单纯的一切由美统辖。作为一个动因，美是万物之本。①

价值性审美单纯地亲近存在本原或始源。这一精神故园在东西方哲学中——包括印度商羯罗等——被称为“存在”（印度“梵我”）。在西方的基督教文化语境中，其常常被描述为散发着神性的无忧无虑的“园”，在东方文化里被描述为“梵界”“极乐园”“净土之地”等。而在古希腊的柏拉图那里，所谓“故园”就是灵魂的真正归属之地，但人类现实实存却经常处在“遗忘”与被放逐的异乡状态中。这种“遗忘”与异乡性在印度哲学中被称为“无明”“无觉”，而在柏拉图那里则是“遗忘”，因为来自肉体的困扰与羁绊，灵魂忘记了返回故乡的路。德国著名诗人荷尔德林在《帕特莫斯》第一节中说：“请赐我们以双翼，让我们满怀赤诚，返回故园。”

海德格尔认为思想家与诗人都热衷于倾听领悟存在，思想家与诗人有相似的敞开动机。他说的倾听存在的状态也就是我们所说的心心相遇与对话状态。这种倾听会产生“还乡意味”或还乡感。荷尔德林的诗说的也是其消除异乡性，消除心心之隔绝与分离，带着赤诚心返归久远的家园。所谓还乡就是以某种方式回归存在之根。真正的审美实质上就是以隐蔽的方式——比如通过感性表象——寻找源泉性存在、存在中心（心），就是在寻找过程中被某种幽深的意味－心象－意境整体环绕。审美生活就是被幽深的意味－心象－意境整体环绕的生活，这幽深（深长）意味（意韵、韵味）的核心体现之一就是还乡感。这种心灵的还乡或快或慢。海德格尔说：

> 还乡就是返回与本源的亲近。②

---

① ［波兰］沃拉德斯拉维·塔塔科维兹：《中世纪美学》，褚朔维等译，中国社会科学出版社1991年版，第42页。

② ［德］马丁·海德格尔：《人、诗意地栖居》，郜元宝编译，北京时代华文书局2017年版，第127页。

返乡就是归根，就是与根亲近，就是心心启示性对话，就是接近“心源”。故乡最神奇美丽之处恰恰在于它的始源性或原初性，在于其本源性质。另外，唯有这种本源性故乡才可算真正的故乡，而那些被迫离弃本源之人，总是带着莫名的惆怅。精神故乡的本质在于其能激发游子的幽深的亲近源头感及其原初意味：

> 诗人的天职是还乡，还乡使故土成为亲近本源之处。①

心灵还乡也体现了原初意味的重要性，其也是为了靠近本源，也就是靠近源头特性，同时去除了种种虚假的现象性幻象，并以这种方式获得了精神实在性。文学艺术作为一种审美形式，在其深处也是以种种方式——肯定性的或否定性的——追寻那种特别的幽深意味，还乡感就是意味之一。具有审美价值的文学艺术也由此使人获得精神上的安顿感。这也是诗人的天然使命，诗人就是带领大家“返乡”“还乡”。返归心灵—灵魂所渴望的家园。内核价值性审美体验常常就是活在那种返乡的情绪、感觉、形象、情境、韵味与氛围里的体验。通过纯思也可以达到这一点。诗歌与哲学拥有共同的精神性源泉。这或许就是海德格尔也把诗与思联系在一起的原因吧。还乡的真心或本心因向创造性本原敞开而将分散归于一，其经常以“梦”“回忆”的形式进行。价值性审美就是带着乡愁，以返乡方式趋近审美故园。那个故园常常就坐落在心的还乡的路途（或历程）中。可以说，源泉性存在、终极性实在（或终极实在性）才是文学艺术的意味（包括美）的核心基础。

四　始源性意向：倾听天心原型密码言说

> 知游心于无穷，而反在通达之国，若存若亡乎？君曰：“然”。

① ［德］马丁·海德格尔：《人、诗意地栖居》，郜元宝编译，北京时代华文书局2017年版，第128页。

（《庄子·则阳》）

吾游心于物之初。（《庄子·田子方》）

价值性审美是由敞开联系性总体关系构成的，其奠基于始源性敞开意向：倾听天心原型密码性言说。存在原型密码遍布于因源头创造而生的世界里。人心里也被播撒了“源头心性”的种子。由此人们可以通过对自己内心倾听，间接倾听到创造源头发出的原型性声音。这种倾听也成为人的存在的始源性“意向”。这个始源性意向或始源性牵引——我前面说了——是天人之间先验性内在相通关系的折射。这种基于内在倾听的审美经常给人带来内在的难以言喻的价值体验。这种倾听恰如柏拉图在《大希庇亚篇》所言，是很难的。价值型审美从根本处说主要源自本原精神浇灌，体现在人之始源性的内在意向里，以及通过这种意向带来的隐蔽的憧憬、回忆、向往及其精神安顿里。价值性审美差不多就是这种始源性意向由隐形潜能呈现为直觉经验的过程，差不多就是对本体原型密码言说被倾听过程，在这种内在性的倾听中，心性之奥秘性隐藏逐渐显现自身，唤起人的惊异、惊奇与惊喜，引发存在性喜悦，这是隐蔽地与存在源泉相遇与对话一种的方式。固然人们可以从外围现象性层面上——包括从多元视角及差异性着手——谈论审美，但这种谈论归根结底属于漂浮性、“缺根性”（包括缺逻辑根基）谈论。失去天人关系贯通性的视角的审美谈论在最根本的意义上缺乏真正的审美合法性，从而也缺乏真正依据与深厚的精神价值基础。在很大程度上，价值性审美经验就是天人相遇而生的意味性经验及始源性经验，也是基于此的纯粹直觉性经验，也是具同一性、统一性或动态和解性经验，而所谓同一性、统一性与动态和解性经验就是天人之贯通性经验。价值性审美更多的是人对审美深远之根的领悟，这个根在我们的审美经验中自明地显现出来。最原初的根也就是本原性统一体——中国思想传统称之为天道-天心。

倾听创造性源头（及其统一性、同一性）隐蔽言说差不多成了真正哲学言说的最根本性依据与基础，也成了真正文学艺术言说的最具根本性的依据与基础，当然也成了关于审美言说的最具根本性的依据与基础。对审美（及美学）而言，倾听创造始源的隐蔽言说——在价值梯次上——应优先于感官性观察及其愉悦。这也是中国传统“体无”包括（王弼的“圣人体无”或“通无”之神明论）及“尽心知性知天”思想的依据。没有这种先行的对关于“一”或“本无”的倾听，美学也只能是局限的肢解性的感性学，而不是天人相遇的贯通学。内核价值性审美的根基绝对不在基于感性的多元之杂或杂之多元上。流行于现代的各种审美思想（或理论），其指导思想似乎就奠定于各种封闭的有限的世界基础之上，但这些关于审美的思考，其基础本身就是摇晃的、不牢靠的，虽然其有可见可感的优点。

所谓心学，其核心本义就是领悟“天道－天心”，就是倾听天道－天心的原型密码言说，并通过自身之“存心”“养心”“修心”“明心”，而去蔽，以期达到与天心相遇相通，由此产生幽深的意味（意韵、韵味）。天道－天心本体言说作为一种“密码”（雅斯贝尔斯语）或“无”（《道德经》第一章）难以被倾听，试图通过感性途径接近更是难上加难。唯有敞开联系性的本心才可能听到其秘密的声音。这个本体之“无”或“空无”能生世界之万有，具有超绝的创造力、蕴含着世界的真正秘密。由此，黑格尔才会认为哲学的第一任务，就是要认识绝对的无。关于这个创造性始源与万有之关系，可以用钱钟书在《谈艺录》中的用词来表示：“体匿性存，无痕有味。”始源性心性虽然没有占有具体的空间与时间，却遍布于万有之中，尤其存在于事物之整体与内核之中。审美的核心就是以直觉方式领悟“体匿性存”之心性。

中国思想传统的各派差不多都注重“心性修养”，这种修养的背后事实上是肯定心性的绝对性与真实性。佛教修心似乎暗含着一个思想前提：人心及心性背后还有作为最终依据的“佛性”，虽然佛教的各教派对“佛”“佛性”的理解差异很大。总体来看，佛教没有一贯地肯定作为万有本原的“心性”或“佛性”。佛教经典《金刚经》的核心就是远离诸相，心“无所住”，佛教之所以宣扬心“无所住”，远离诸相是因为诸相性空，但诸相性空未必意味着始源性空，未必意味着“心”或“心性”也是空。佛教净土宗的核心思想之一“唯心净土”。大慧珠海禅师说：

> 若心清净，所在之处，皆为净土。①
>
> 佛言，菩提心为因……云何菩提？谓如实知自心。②

撇开一些理解前提的差异，佛教关于心的领悟我们是赞同的。心净、明心见性才能趋达最高真实。心即菩提，菩提即心，唯心净土，而我们现代人的心在流动漂移，随物、随形、随欲而运转。这些随外界流转的现象心（也是分别心、局部心、封闭心），在精神本质上不是人们真正需要的，更不是人们的本心所渴望的。在这个日益复杂的现代社会里，现象心漂移、泛滥得更为严重。从始源性视角看，所有的现象心都具有虚假的不实性质。人心渴望摆脱虚假的工具性幻象，返回最符合自己精神本性的故乡，在精神故乡里人们可获得归一性的单纯明净感。

道家思想传统讲究“清虚心”，也与佛家的空寂心相似。中国儒家传统讲如何“存心”“养心”“明心”“修心”“悟心”，也和佛教一样讲“明心见性”。为什么明心就可见性？因为本心通向最真实绝对源头，通过种种始源性倾听意向，人心就可返回“心源”。人的敞开倾听状态也就是返回“心源”状态，也是倾听最内在的、绝对真实的声音的状态。中国南北朝时期的梁武帝萧衍倡导“心性佛学”，实际上他是把“心”作为儒、道、佛三教共同的“源”，写了《述三教诗》，提出了“三教同源说”。他提出“穷源”穷的也是“心”。他提出的这个“源”就是不二的“心”，也就是“心源”，心为三教——道教、佛教、儒教之源。③

---

① 方立天：《中国佛教哲学要义》，中国人民大学出版社2002年版，第211页。

② 方立天：《中国佛教哲学要义》，中国人民大学出版社2002年版，第241页。

③ 潘桂明：《中国佛教思想史稿》，凤凰出版传媒集团、江苏人民出版社2009年版，第491—492页。

> 观万法为一心，一心即万法。所以彰万法为教，标一心为禅，名常异而体常同……混入一心之灵源而已。(《天目中峰广录》卷一八下)①

心之所以可以成为三教之源与万法归一之处，是因为心的根处与灵源在天道-天心上，其是世界与人之存在的中心（核心），其看似无（无形无影）又最为真实。其也是万有之创造性的支撑与基础，是万有之中心，也可代表整体与基础。对一个人而言，只有心可以代表人之存在整体、中心。你的心不在我这儿，差不多就等于你这个人不在我这儿了。所谓心绝对不是心脏、大脑中枢之类的概念。心是形而上的本源性概念，而不只是佛教诉说的“心所”，其是超越性的概念，是超时空的本源性概念。心也不是人之主观意识或主观活动。人之主观意识与活动不能代表心。心代表的是存在本原、中心、基础、依据与存在整体。整体世界有超越性的共同的起源性天道-天心；人有与之对应的内在共同的起源性本心。不管我们置身其中的外在世界如何演进——包括自然科学及其技术如何发达等——人之存在的基本心性是不变的。人心具有始源性意向，具有古老的敞开性、联系性、趋向性，人们需要基于联系性的敞开，倾听本原发出的“心跳”的声音。价值性审美也是基于始源性的倾听性审美。

第三节　审美中介:天人贯通及内在意味整体

从严格的意义上讲，审美是天人贯通性的，也是天人贯通性关系的中介。意味整体恰恰来自这种中介性的内在贯通。人沉浸于心心相遇而生的意味整体里或被其环绕，这才是审美的关键。从形式特征上看，其是直观直觉性的，是心心直觉性相遇而生的多层次意味，即意味-心象-意境整体。从核心本质上说，其是天心（及心性）在场于敞开人心的显现。中介

---

① 转引自潘桂明《中国佛教思想史稿》，凤凰出版传媒集团、江苏人民出版社2009年版，第1109页。

性的审美精灵属于天人（天心人心）共属精神之域，也是天人和解的纯粹情感经验性的标志，其也代表无形本体与直觉认识—体验的交会之域，伴随着难以言喻的意味显现。其无法用物质的技术性的外在性媒介——精确的概念或工具理性语言等——表达。审美作为中介性意味整体，体现的是存在源头特性与人之内在特性的共属关系。审美中介具有基于敞开联系的对话性、共属性与过程性特征，也即心心相遇性、对话性、共属性、沟通过程性特征，是天心本体透过共属之域在人心之显现。审美中介从形式特征上看与意大利哲学家、美学家、历史学家克罗齐与英国的鲍桑葵、科林伍德等的“直觉即表现”思想有相似之处。按照圣托马斯·阿奎那的观点，所谓审美介于真与善、认识与欲求之间，这个思想被后来的德国哲学家康德接受并加以发展。康德认为所谓审美具有沟通中介的性质。通过《判断力批判》，康德试图把两个分割的世界沟通起来：自由的、绝对的道德律令要在感性的现实世界中实现，要使判断力在知性和理性之间搭建起一个沟通中介，使想象力、情感（快感和不快感）在认识与实践活动（道德活动）之中搭建一个中介。中国现代美学家李泽厚的实践美学也基本延续了这个思路：“实践”是沟通主观与客观之中介，审美在真（合规律性）与善（合目的性）之间扮演着中介角色。虽然这些思想家都强调审美的中介沟通性质，但沟通什么与怎么沟通，他们的理解是不同的。对什么是真、什么是善的理解也有所不同。德国哲学家谢林也指出“艺术直观”的中介作用，但其沟通的是个体与绝对，后来的德国哲学家黑格尔似乎也延续了这个思路，他在《宗教哲学讲演录》中说：

> ……从有限的内容到绝对的内容之过渡。这一过渡——其中中介所特有的东西被确定地表达出来了——具有双重性。[①]

① ［德］黑格尔：《宗教哲学讲演录》Ⅰ，《黑格尔著作集》第16卷，燕宏远、张国良译，人民出版社2015年版，第117页。

审美中介是一种动态性的过渡，具有双重性，其代表两个方向的动态性和解，也代表动态性的内在复归，也即绝对的内容与有限的内容的和解，有限的内容向绝对内容的动态性复归。审美是沟通性的有形或无形中介，显现为纯粹的直觉性情感意味经验及意味整体。就内核看，其是无限与有限、绝对与相对、永恒者与必死者、不朽者与短暂者、神性与人性、存在与存在者共属之域。审美是两个方向的同一性或统一性的内在显现。

一 中介贯通：天心本体与人心主体统一

价值性审美是由敞开性总体关系（及意味）构成的，集中体现于天人内在贯通方向上，也即体现在天心本体与人心主体的贯通与统一方向上，这种统一性经验产生的意味及意味整体是审美的关键，其经常显现为立足于直觉的“原初经验”。这种原初经验或意味是天人贯通的标志，也是人心避免空泛或救赎的关键。康德在伦理学与美学中是很重视本体力量的。他的伦理学与美学的精髓差不多也是自上而下的，伦理与美学的最深的根基就是本体（所谓物自体）进入人心，有多少本体力量隐蔽进入敞开人心，也就代表人有多少内在主体力量。这和我前面说到的心心对话主体性是一致的。人心避免空洞与救赎的关键就是使源头性本体力量转化为人心内在主体力量，做到天心本体与人心主体的贯通与统一。虽然对那个作为创造始源的本体，人们有不同的命名。康德在《实践理性批判》的“结论”开头就说：

> 有两样东西，人们越是经常持久地对之凝神思索，它们就越是使内心充满常新而日增的惊奇和敬畏：我头上的星空和我心中的道德律。①

康德很重视内在的具有绝对色彩的“道德律”，但这个道德律不是以

① ［德］康德：《康德三大批判合集》下集，邓晓芒译，人民出版社 2009 年版，第 172 页。

符合个人或他人的幸福为目的，而是绝对的、普遍的、永恒的，其是人心中存在的本体性的动机与命令，是“应当如此”的“绝对命令”。这个道德律令也可以说是内在上帝的命令，其是内在上帝的一种映射，是上帝本体进入人心主体。这也是中国思想传统关于“良知”的核心内涵，没有以天道－天心为根基的绝对力量推动的“良知”不能算纯粹的良知。同时在《判断力批判》中，康德又单辟一个小节论述了“美是德性的象征”。可见在他的心目中，从最根本处说，美关乎本体力量的显现，关乎本体力量与人心的统一。真正的善（及伦理德性）与美（及直觉性情感体验），其深处都以绝对的本体力量为基础，其纯粹经验深处也蕴含着更多原初性的牵引。没有这种原初性，没有这种蕴含在深处的绝对力量，善不会真正感人，美也不会真正动人，也不会有真正的内在光辉。善与美的区别只在于：美偏重以直觉性的意味整体唤起了人的内在情感，而善则是通过意志—伦理之行显现，并激发人的道德情感，但美与善就其最内在的方面看没有必然的界限。人心避免空洞与救赎的关键是让人心拥有这种本体的绝对力量。从这个角度看，审美救赎与道德救赎就其内核看也没有必然的界限。这个具有绝对力量的本体在中国思想传统中被称为天道－天心。人心要避免空洞、获得救赎就需要克服人的自我孤立性，建立起天人沟通乃至合一关系，让天道真正进入人道，让天心真正进入人心。这是敞开性的动态的天人贯通性关系，其既包括在社会历史里的在场也包括其在个体的瞬间性显现。所谓建立天人沟通关系，其实质也就是天心本体与人心主体达成内在统一。审美中介作为一种救赎形式，本质上也是天心本体与人心主体的统一。

内核价值性审美是非封闭的、向着存在源泉敞开的，这也意味着隐蔽的绝对力量进入人心主体。直觉性的意味整体沟通的不单是人的感性与理性，或主观与客观，而是联结天之初心与人之本心。这种心心启示性对话沟通过程包括现象心的渐次克服。从这个意义上看，审美中介也能避免人心空洞拯救异化人心。避免人心空洞救赎人心也就是去除种种现象性（包括时空、物欲等）遮蔽，使人心获得天心之本体力量，但在异化状态下，心心启示性对话交流的中介被污损、损坏或通道堵塞了。审美即人心救赎，其是一种去蔽性的治愈视角，这也是否定性视角：现在人心日趋空洞，已经变成虚空现象心，其远离了敞开联系性状态，远离了相遇与对话状态。治愈或救赎就是要恢复天人贯通性对话状态，回到一度失去的“对话之本质乐园”的状态，通过对话治愈、克服虚空的干扰，也通过对“对话之本质乐园”的憧憬、回忆与追寻，使人心获得内在生机。但丁的《神曲》，弥尔顿的《失乐园》《复乐园》，雨果的《悲惨世界》，托尔斯泰的《复活》，等等，均可视为天人内在对话的果实。在这个意义上，那些内在的、真诚的忏悔者与祈祷者，也可看作救赎性审美的一种显现形式。其蕴含着东西方最富有天人贯通之纯粹直觉性情感形象：

> 如此看来，救赎似乎是神性计划的消极侧面。它设定了一种不正常的、悲剧性、“反本性”的现实……但赎罪不是目的，而是手段，是达到唯一真正的目标——神化的手段。拯救本身只是一种否定性因素：唯一的本质现实依然是与上帝的合一。①

所谓审美救赎就是在有意味整体中实现天人和解，这也是以直觉性意味总体为中介的贯通。审美性救赎常常带有忧伤的精神特质，也常以悲剧性情境展现出来，其是宗教性、道德性与审美性合一。所谓宗教性常常就是以超验性、终极性为背景，其也是宗教能够获得世界各种古老文化支持的原因之一。救赎的核心是救心，就是要把人从异化的现象心状态下救回，修复其与终极源头的关联，使其与本体力量获得同一与贯通。现在各种现象心泛滥，人心处在日渐局部化、封闭化、精确化、物化及分裂、分散、分解之中，需要重新获得对终极实在性敞开联系状态，需要恢复其完整统一的本质状态，需要获得内在的联系性生机。现象心泛滥导致存在整体危险、摇晃、空洞、虚无。拯救人心就是拯救人的存在之根，就是拯救

① ［俄］弗·洛斯基：《东正教神学导论》，杨德友译，河北教育出版社2002年版，第92页。

人之存在中心、核心、基础、依据。天道－天心本体与人道－人心主体获得统一，是人避免存在空洞获得救赎的关键。这也是东西方古老传统的基本思路。西方有众多伟大的思想家，包括柏拉图、普罗提诺、奥古斯丁、托马斯·阿奎那、谢林、黑格尔、海德格尔等，都曾有相关论述。东方的儒教、佛教、印度教、道教也都有关于这种救赎性的种种实践。《薄伽梵歌》第十七章写道：从事祭祀、布施与苦行，而无信仰，这是“不真实”，无论是现世或死后，阿周那啊，都没有价值。

最真实的是那个创造性始源，即天道－天心。人心的真实需要在与其发生关联中获得，也就是在天心本体与人心主体的统一中获得。这种统一代表种种非存在的感性流变性、种种虚幻实有及现象心被克服，包括种种虚假的感性感情及其意绪被克服。只有在某种程度上克服了种种虚幻的流变性，一种情感才可以说是普遍而纯粹的，也才可说其拥有原初心性，也才谈得上原初经验，也才谈得上形成意味－心象－意境整体，也才谈得上真正的审美救赎。反过来说，任何基于虚假现象流变的相对性存在或事物都是驳杂的或混杂的，都不能使人心（或灵魂）获得统一与完整，也不能使人心产生真正的精神性满足。价值之爱与价值性审美的满足归根结底是整体性满足，也是纯粹的精神性满足，这种纯粹的精神性的满足需要超越以人的感性匮乏、需要天道－天心为尺度、为中心，需要以天人动态性关系为尺度、为中心，这样才会有某种绝对的底色。人作为短暂的流变的肉身存在，终归需要获得更为实在性的本体力量，这样才谈得上精神上的自我救赎。审美就是以纯粹的直觉性意味整体为中介使人心归本。佛教总体来说是缺乏肯定终极本体力量的倾向的，其主张修行的内在化，也就是静定慧，最终达到最高境界——涅槃。

天人内在贯通可使人心获得来自天道－天心的本体力量，从而获得了存在之内在实在性，或者说让人能体验到超越变动变化实在性——终极实在性。在东西方古老的传统中，这种救赎路径都很明显。这也是柏拉图的审美性视野。在他看来，真正的审美生活是具有精神终极感的生活，也是超感官性的，审美也是心灵为了获得实在性的救赎形式。这也是克尔凯郭尔的真正的审美视野。他所说的宗教生活方式，就是要克服感官感性的差异驳杂性、相对性、偶然性与不确定性，就是要克服感性的飘忽性，并与终极性的本体发生真正的关联。他与柏拉图主义者的审美追求是一致的。从柏拉图——柏拉图主义——视角看来，克尔凯郭尔的宗教生活方式和自己的超感官的审美生活方式是一致的。关于东西方的宗教，如果我们撇开它们的各种教义形式，单就精神的内核来看，差不多都是围绕人心救赎——也即人心获得终极性、本体性力量——转的，也就是为了让心获得终极实在性，也就是让人之存在获得终极实在感，或者说都是为了获得终极性的肯定存在的力量。

二　中介联结：赫尔墨斯、摆渡与审美净化

东西方古老传统一直都强调完整性经验（宗教的、道德的、审美的等），其也是“原初统一性”经验，这种具有原初性的统一完整感来自哪里呢？其不可能来自封闭的人本身，封闭的人不可能创造出这种经验，封闭的人本身就代表匮乏、欠缺，这种完整的统一性经验只能来自天人贯通与沟通，来自天人共属的那种中介性质及中介之域。东西方古老传统一直在探讨那个能让人的存在经验变得完整及具有原初感的神秘中介，其也是能使人与实在性发生关联的秘密中介。这个中介能把人从分散瓦解性状态中解救出来，也能把人从被遮蔽的虚幻状态——虚空状态——中解救出来，并最终使人获得完整感、统一感、原初感、实在感，获得基于原初性的纯粹的直觉性经验，以及意味整体，即意味－心象－意境整体，以及获得基于此的自由解脱感：

> 任何知识，如果它不去探索人类的解脱便毫无价值……“解脱”就意味着超越人类的处境。印度文献用束缚、锁链、囚禁、忘却、痴迷、入眠或无明等想象来象征人类的处境，而为了达成消除（也即超越）人类的处境——自由、解脱——印度文献使用了挣脱束缚或撕破面纱（除去蒙住眼睛的覆障），或者唤醒、使人想起什么，以及诸如

此类的想象。①

东西方的众多思想家也都遵循了这个古老的思路。价值性审美中介是联结原初的，这种中介性也是宗教先知意义上的或先知性的，或者说是赫尔墨斯意义上的或赫尔墨斯性的，其是敞开性的，是面向始源及始源性（源头特性）而在的使者，用西方的术语说就是神性的使者，其是道路之神，也是机缘和遭遇之神，其传达的是始源创造的秘密或源头特性密码，或者说其传递的是神性彼岸的信息。用中国传统术语说，其就是天道－天心之秘密信使或使者。这一审美中介性蕴含是：将源头此岸与现实彼岸沟通起来。现实此岸以可见的物欲为核心的现实世界（及现实精神）为中心，源头彼岸则以不可见的基于源头创造（及源头心性）为核心的神圣精神世界为中心。富有精神深度的审美就是在天道－天心之源头彼岸与人道－人心之现实此岸之间的摆渡者——帆船，这个摆渡者——帆船把与天道－天心之源头彼岸与人道－人心之现实此岸联结起来。这个摆渡者——帆船给人们传达了更为超越美妙的具有原初性的精神秘密。富有精神深度的审美就是摆渡者——帆船。甚至女人之真正的美也是我们进入那永恒故乡的帆船，其也扮演着摆渡者——帆船的角色。外围现象心审美差不多已把精神彼岸与现实此岸断裂与分离，基于现代性（后现代性）的审美（包括艺术）是缺乏精神深度的。美国诗人爱伦·坡认为审美是帆船性的，其把人们载入永恒的精神故乡。他在《致海伦》一诗中把海伦之美比喻成通往故乡的帆船：

> 普罗提诺把艺术置于此岸世界与彼岸世界之间。它属于此岸世界，因为它表现了真实的事物与可见的形式；但它又属于彼岸世界，因为它来自艺术家的心灵……因为它们使他回想起遥远的、永恒的

① ［美］米尔恰·伊利亚德：《宗教思想史》，晏可佳等译，上海社会科学院出版社 2004 年版，第 490 页。

理念。[①]

德国诗人策兰在《从黑暗到黑暗》一诗中提到了摆渡人意象。

随着人类自我中心欲的膨胀，人类的精神性活动愈益封闭，因而有愈益入迷与陷入无明之趋势，割断了其与存在基础天道－天心的联系，这造成了人的存在被遮蔽，并造成人心前所未有的“虚空”或“空虚”。和心相关的活动（知识）愈益疏离实在之根，根基日渐被疏远甚至被遗忘。人心由此趋势性地往下游走，失去了向上的动力。心心相遇及启示性对话与交流变得愈益艰难。现实此岸与源头彼岸就此被疏离。德国诗人策兰认为诗人就是“摆渡者”。他的这个摆渡意象受到哲学家海德格尔的启发。在《存在与时间》中，海德格尔描述了现实此岸的“忧”与“烦”，特别提出了“操心”概念。他所谓的“操心”状态恰恰是此岸到彼岸的摆渡者缺席的一种状态。“操心”一词在《存在与时间》中首先出现在第十二节第十二段里。海德格尔把“操心”定义为“存在论的结构概念”，说它与“忧郁”“沮丧”“为生计操心”不是一回事。现实此岸在世存在本质上是操心、操劳和关心，也即此在与种种事物和他人的存在关系，并代表了操心的不同维度或方向，在以这种方向为方向出现的操心中，存在的意义日渐被遗忘。总之，在海德格尔那里，“操心”被视为“此在”的本质。[②]

那个被遗忘的意义根基需要拯救性的沟通中介，需要借着各种沟通性中介使人重新与之发生关联。这也是人摆脱“烦”重新复活的核心途径。而所谓“复活”归根结底是“心的复活”，是“虚空心”被复活。人“更心”之后就可获得新的意义存在，也即获得新的被带向心性高度的意义存在。在这个意义上，价值性审美就是将人心从虚无中拯救出来。其实，在

---

① ［波兰］沃拉德斯拉维·塔塔科维兹：《古代美学》，杨力等译，中国社会科学出版社 1990 年版，第 415 页。

② ［德］海德格尔：《存在与时间》，陈嘉映、王庆节译，生活·读书·新知三联书店 1987 年版，第 70—71 页。

18世纪末，德国哲学家雅可比就提出了“虚无主义”问题。不过，他的“虚无”含义指向“信仰”的匮乏与欠缺，尤其指向思想之概念化、知识化趋向（当然也包括现时代技术化、数字化等）。他认为把人心从虚空状况下拯救出来的是信仰，而与此相关的是现代科学主义思潮的泛滥，否定超自然方向所具有的价值。尼采与海德格尔意义上的“虚无”，就是“最高价值的贬值”。在尼采看来，这个最高价值损害了感性生命存在的实在性。尼采认为应该容忍上帝死后留下的虚无，做一个积极虚无主义者，也就是做不断超越自我的超人。他心目中的实在及实在性就是所谓的充满意志（力的意志）的生命。后现代的现象心虚空就是建立在“上帝之死的体验”上。伴随着科学现代技术发展，种种疏离与虚空表现得更加明显，对心之面向实在性敞开那面的遮蔽愈益加剧。遍及现代世界的技术趋势更加重了非个性的机械化、数字化、标准化、同质化、齐一化，这也加重了人之存在的“虚空”。拯救的秘密在于人心联系性敞开，恢复与实在或实在性的某种联结，恢复与创造源头的启示性对话、交流，这样才能避免人之内在虚空。在现代世界，心之种种虚无主义有了更加多样化的表现。所谓虚无主义归根结底为“空心”主义，是心的一种空洞状态，这种空洞归根结底是缺乏心的封闭造成的，是缺乏心心启示性对话、交流造成的。所谓生活的空虚归根结底是“心的空虚”。《海德格尔论尼采之虚无主义》一文的作者认为：

> 易言之，曾经的“最高价值”，现在对许多人而言已是“虚无”，他们没有将此解释为巨大的丧失或缺乏，更没有受到这一事实的影响，而这种关乎他们的实情恰恰就是一种意愿的减少，而意愿的减少早已落入虚无主义怀抱。①

① 刘森林、邓先珍选编：《虚无主义：本质与发生》，邓先珍等译，华东师范大学出版社2020年版，第221页。

归根结底还是那个中介性联结点日渐消失了，人类要想重新获得精神生机，就需要重新建造那艘能贯通天人的帆船。要通过中介性联结加强与最高价值的真诚对话与沟通，也就是恢复人心之敞开性，恢复心心联系，用海德格尔的话来说就是增加对存在的领会。所谓对虚无的抵抗也是心之层面的抵抗，也就是通过其与终极实在性发生敞开性的关联，借以抵抗“虚空”“虚无”。心的原本含义就是无私敞开，即对“天心”根基的无私性、奉献性敞开，失去了对面向实在性的敞开性关联，心就不再是本心意义上的心，而变成与物欲对象相关的“现象心”，任何现象心都带有虚无的影子。中国传统所谓的省思——严格地说来——就是对现象心泛滥与坠落的省思。人的本质显现于天人相遇与对话中，显现于不断的敞开性之中，也显现于不断被唤起与生成之中。审美体验是一种从失衡、失序、失联状态中被唤起的体验，也就是从失衡、失序、失联的现象心中被救起的体验，也是一种重新敞开，建立关联并获得了终极实在性的体验。保守向着源头敞开的心是获得实在性的基础。《圣经》箴言书 4 章 23 节，神说：“你要保守你心，胜过保守一切；因为一生的果效，由心发出。”为什么要保守我们的本心呢？因为其关系到我们一生的与终极价值的联系。这里要保守的心是人的内在灵魂或本心，而不是人们习惯上认为的那些现象心显现。人们习惯上说的“心”指向其现象（比如“心所”）方向，指向现象性意识或思想器官等。中国心学传统——尤其是宋明心学传统——中的天心概念，具有联结万物并使万物于一体的存在力量，代表世界创造性本原，代表创造源头的实在性，代表第一存在或终极性存在。当代中国有一首通俗歌曲叫作《死了都要爱》，里面有一句歌词：“宇宙毁灭心还在。”实际上其是以誓言的方式说了超越有形世界的本体之心，说的是心的那种终极实在性，而不是一般意义上易变易逝的现象心。

这个中介性的帆船（或摆渡者）也成了一种审美尺度（标准），即其成为衡量事物是否具有审美价值的尺度，或者说价值性审美尺度（标准）差不多都具有摆渡者——帆船特征。这个尺度不具有外在的形式精确性与标准性。最能代表人类深刻审美体验的是哪些人呢？恰恰是那些中介性交流沟通者，他们既被源头精神之光引领，又具有饱满的富有生机的内在个体化经验。从东西方古老传统视野看，那些耽于感官与感性者几乎不能算是深刻的审美者。价值性审美经常显现出内在的净化与升华的功能，即对各种基于“私欲”的现象心的净化。这种审美净化是亚里士多德意义上的，更是阿奎那意义上的，即对基于物欲之感性的漂浮的、离根的、物欲的、经验的净化，同时也意味着向源头之精神原型的回归：

> 当我们说一个事物不够纯净的时候，总是意指它混杂有较低级的事物……当他们通过爱恋从属于那些无常有形的事物时，他们就会变得不够纯净……信仰就是纯净心灵的第一步。①

真正深刻的审美体验是具有联结性的，并由此具有了深层的心灵净化功能。从根本上说，审美感性之维（及其愉快快感等）缺乏基于源头特性（属性）的深刻性。能代表审美深刻性的正是那些古往今来的最伟大的诗人哲学家、音乐艺术家、诗人以及文学家等，能代表审美深刻性的正是几千年来人们最为传颂的经典。其拥有把源头特性（神性）与有限个体化经验（人性）统一起来的力量，其内核正是基于天人沟通性或摆渡性，也即把天道－天与人道－人心深刻地沟通统一起来，并由此真正净化了人心。真正伟大深刻的审美都具有这个特征：其立足于统一性，并净化了内在个体化经验感受。美国哲学家汉斯·昆在谈莫扎特音乐时指出：

> 通过单簧管协奏曲柔版之纯净，完全内在化却又萦绕于我们耳际的无字乐音在我们自身之中听到全然的另一种东西：那美的乐音之无限性，即超越我们和超越“美”这个词所表征的品格的那唯一的无限者之乐音——密码，即超越的踪迹。②

---

① 何光沪编：《信仰》，生活·读书·新知三联书店 2017 年版，第 37 页。
② 何光沪编：《信仰》，生活·读书·新知三联书店 2017 年版，第 189 页。

审美中介性联结归根结底涉及人的存在本质。人的存在本质是什么？关于这一点，我们前面做了论述。德国哲学家舍勒认为：人就是敞开的祈祷的X。在我看来，人之敞开性倾向与能力，就是与源头本体存在力量之启示性对话交流倾向与能力。真正的审美是中介性的、沟通性的，扎根于人的内在开放性本质，扎根于人的存在之根，扎根于人的先验性精神潜能，也扎根于人所拥有的心性种子。世界上的每个智慧性存在（包括人）都具有心性种子，都具有与天道－天心启示性对话的潜能。真正的审美触及源头性存在，被源头性存在及其特性唤醒，而不是仅仅触及了感性物的形象或形式。更为纯粹的审美体验来自内在的敞开联系性，来自那个始源存在及源头心性的召唤，正如更为纯粹的爱来自敞开，来自那个始源及源头心性的召唤一样。

三　中介指引：天人式样及复归和解经验

价值性审美是由意味整体（或总体）支撑的，其常常有一些特别的中介指引性象征符号、路标，也可以说是有一些代表性的指引性象征符号、标志。在这个纯粹的中介象征符号或路标里，人们能够生动直观看到创造性始源特性——源头心性（或神性）。这种审美中介之指引性象征符号、路标显露于天人公属之域，呈现为天人贯通性式样，其用西方的传统思想术语来表达就是神人式样。这种中介指引性象征鼓号、路标是联结性的，也是赫尔墨斯意义上的或赫尔墨斯性的。西方文化还有一个最典型的也是深刻的表达符号：受难者耶稣。可以说，他们通过神人耶稣式样更为具体地诠释天人关系，即天人之复归和解性关系。正是他沟通了天（神）与人、神性与人性、绝对与相对、无限与有限、存在与存在者的隔绝。在黑格尔的阐释里，整个人类的存在都是道成肉身的体现。道成肉身就是天道－天心显现于人之存在，其代表了天与人的本原性和解。可以说，所有有价值的审美活动都是如此，都具有两个方向的对立与冲突动态和解性质，其中包括历史上那些有价值的审美经验——比如文学艺术创造等。天人（神人）式样就是中介性、和解性的沟通式样，其是两个对立方向的内在对话与沟通。这是内核价值性审美的基本范式。

美学范畴中的所谓崇高（或悲剧）在天（神）人对话沟通中，偏向“对话中的冲突”一面，而所谓优美偏向天（神）人对话中现实和解一面。一般意义上的所谓内在真实是偏向天（神）人之冲突的和解，而外在性真实则是偏向人之现象性存在分裂与冲突这一面。总体来说，后现代审美忽视了这种冲突、对立及其背后的更为深邃的和解基础。后现代审美偏向封闭性的现象物欲人性，偏向人之感性欲求之多元及其理性工具（及其延伸物技术等）这面。不管哪种类型的内核性审美，都不能偏离天人内在贯通之基本式样，都不能偏离其天（神）人中介沟通之基本性质。失去这种中介指引性象征符号、路标，就等于迷失了基本方向，就等于失去精神价值深度，包括人类的爱也是如此。人类之爱失去了这种中介指引性象征符号、路标，就差不多等于迷失了基本方向，也就差不多等于失去精神价值深度。所谓审美与爱有着本质上的一致性。按照基督教的思想，天（神）人隔绝导致人自身的迷失。其与西方传统中的爱智慧之爱也是相通的，智慧就是沟通绝对者与相对者、无限者与有限者、神性与人性、永恒者与必死者、不朽者与短暂者、存在与存在者，使这个联结性中介畅通，使人类对本源性存在的领会还存有可能，这也是海德格尔思想核心之一。通过天人之沟通性中介，真正的审美与爱才得以产生：

> 耶稣基督乃是上帝的言词、形象、表达和阐释……他是他所表达的东西，即上帝，但他又不是他所表达的这个神，即圣父。这悖论无与伦比，它构成了基督教美学的源头，因而也就成了一切美学的源泉。[①]

这是中介指引性象征符号、路标，能代表有深度价值的精神体验的基本式样。包括审美体验在内的有价值深度的精神体验都是联结天（神）人

① ［瑞士］巴尔塔萨：《神学美学导论》，曹卫东、刁承俊译，生活·读书·新知三联书店2002年版，第51—52页。

性质的，也就是无限—有限一体性体验，或者说是源头在场性的体验，就是天心之本体进入人心主体引发的体验。这是一种纯粹的直觉性中介体验。天（神）人体验满足了人之整体性的心灵渴求，体现了人对原初存在的领会，也能使人被意味（意韵、韵味）充满或笼罩，在这种天人式样中，美就是有形式的意味整体——不同于有意味的形式——意味来自心心之沟通联系性对话。天（神）人相遇交感而生的整体性意味（意韵、韵味），才是审美之真正基础与核心，其是心心相遇及启示性对话交流创造的。

中介指引性象征符号、路标差不多代表了天人之动态的和解，也即天－天道－天心的最初言说与人－人道－人心的可见言说之和解。这种和解也是一种内在救赎。通往救赎之路就是靠近“心源”之路，其经常以否定性方式体现出来。所谓“心源”，从最根本的意义上说就是天道－天心之创造性始源，可以把西方人格化的“主”换成作为存在中心之无形的“心”，这样就成了天心。审美就是以直觉方式把人从感性功利的羁绊中解放出来，回归更具有根基感的源头世界。由此，审美方式（文学艺术的方式等）才可以帮助人们超越存在的虚无，也超越单纯感性快感、感性功利的掌管。要想避免人心空洞获得救赎，就只能以特有的方式触及源泉性存在，这也是审美意味整体的核心支撑。尼采、马尔库塞等支持感性救赎论。当上帝死了之后，唯有感性的艺术才是一种自我救赎的力量吗？尼采的救赎是通过肯定生命的方式来实现的，也基本可以说是用感性的方式来实现的，但基于感性之维的审美常常带来基于感性匮乏的动荡。单纯的感性救赎不了人的心灵，失去了天人沟通样式中介，失去了天人联结的性质，人无法实现救赎目的。

天人式样常常就是“虚己”“去蔽”式样，这也是以否定的方式沟通天人关系，其也是天人关系内在和解的一种方式。甚至在叔本华的心目中，真正高级的审美都代表个体意志消隐，尤其代表感官意志的消隐。个体意志遗忘了自己，沉醉在本质之根中，这相当于佛教的“无我之境”。人在超感官的感性意志的自失里，能体验到基于存在根基的宁静。这种审美生活不是感性的彰显，而是超感官的。近现代美学家在谈论美的时候，强调或凸显了感性，但把美育看成感性教育是片面的。蔡元培提出了“以美育代替宗教说”，实际上也是试图通过艺术教育—感性美育方式拯救人的精神，这同胡塞尔的现象学思路不同。胡塞尔的生活世界绝不是事实世界或物质对象性世界，而是本质经验显现流露于其中的世界，没有本质经验（与本质心相关的经验）显现于其中的世界，不能叫生活世界。胡塞尔生活世界中的那些感性要素只是通向本质经验的桥梁。在东西方传统文化的语境中，感官感性不能被超越，源头特性（属性）就不能显现或在场，就会被遮蔽而无法显现。

东西方宗教都强调“虚己”“无我”，事实上也是间接强调天人合一式样。“无我之境”也可属于天人合一之境。在基督教中的“与圣灵同在”“与耶稣同体”都属于天人式样，这也是“无我之我”的集中体现。祈祷就是天人贯通与联结的方式。东西方都在寻求与源泉性存在（及源头特性），寻求以此为基础的智慧性启示，但人类从根本上说没有自我启示的智慧，人类单靠自身的各种“人学”努力，是没法触及精神的那个最深的根的，或者说没法触及最高存在源泉。人类的理性，人类的劳动实践，人类的语言（失去了信仰，人类的语言都会处在衰败中），总之，人类无法通过“本于己”的方式达到触及本体的存在境界。基于此，东西方都倡导动态复归性和解存在态度，延伸出天人和解性存在式样。价值性审美体现的也是天人之动态性和解。审美经验归根结底是动态和解性经验，这种经验使两个充满矛盾冲突的方向获得了统一或同一，并建立起内在的心心存在秩序与结构，这也是意义体验秩序与结构。如果现象心没有渐次退却，没有真正地“虚己”，那就很难进入真正的审美状态。

天人式样是天人之动态性、和解性式样，也是“去昧”“去蔽”性的。东方传统中的所谓“三昧”就是一种沉思状态。“三昧”一词所表达的状态就是指意识中没有了有限物象性，而不是指人心的绝对空无。相反，沉思意味着基于心之意识中充满了对于存在的直接的、整体的直观。在这种和解性经验中，人获得了统一感或同一感，获得了神秘的知识，也向着太初状态复归，并由此获得了绝对自由的意识。这种基于宁静的和解，是以外在的感性自我的欲望的否定——虚己——为代价。静修就是天人动态性和解的体现形式。在西方的文化语境中其也被称为“灵修”。这是锻炼心使心静定慧的方式。印度有传统的瑜伽行法：静静地采取端坐的姿势、谋求精神沉潜。这个在佛教成了坐禅，累积坐禅的窍门，以期达到豁然大悟的体验。通过种种修行中介，引导人进入神秘体验境界。称名或唱题也可以算作神秘修行的一种。基督教的神秘修行，有冥想和祈祷形式。冥想似乎对应于坐禅，祈祷似乎对应于称名、唱题：

> 波颠阇利把瑜伽定义为“抑制意识状态”……瑜伽派为自己规定的任务就是把不同组合、不同种类以及不同形式“意识状态”——灭除。除非一个人开始“亲身”知道即将被灭除的结构、起源和强度，否则是不可能将其灭除的。在这里“亲证的知识”就是方法、技术和实践……人们若不能亲证意识的状态（其字义为意识的旋涡），便不能驾驭它而最终灭除它。只有通过亲身经历才能获得自由。造成心智之流的漩涡的原因当然在于无明……要成功地灭“意识状态”，就必须打破潜意识—意识的循环。瑜伽坐禅的出发点就是心注一处。①

四　中介仪式：羊—羊人—捧心—祈祷者

> 和解的过程本身包含于崇拜之中。②

中介性仪式的功效是基于敞开联系之心，其是贯通性的，更多是原初性的。天人贯通常常需要中介性仪式的助力。这个中介仪式可以是有形的，也可以是无形的。在东西方古老的文化传统中，审美性仪式性是敞开

---

① ［美］米尔恰·伊利亚德：《宗教思想史》，晏可佳等译，上海社会科学院出版社 2004 年版，第 500—501 页。

② ［德］黑格尔：《宗教哲学讲演录》Ⅱ，《黑格尔著作集》第 17 卷，燕宏远、张国良译，人民出版社 2015 年版，第 165 页。

性的，面向源头而在的，常常与非物欲的神圣气氛联系在一起。“大羊献祭之美”是中介仪式性的。有一种算是权威性的解读：羊之美与基于羊的献祭意味整体相关，这个献祭象征产生了神圣的韵味。羊之美是基于象征的救赎之美。大羊献祭作为中介性仪式，代表的是天人贯通性对话及由此产生的奉献意愿。中国古老传统中的这个牺牲的羊形象，与西方的被钉在十字架上的耶稣有相似的含义，都是代表献身及献身中体现出来的崇高及神圣意味，代表基于崇高与神圣意味的美与爱。羊的牺牲代表短暂者的有形那面的消失，却留下了忘我的无形永恒的精神韵味。羊是天人动态性和解的标志与中介，是天（神）人动态性和解的象征，这是一种超出有限有形趋近无限无形精神的崇高性的形象，基于此，羊才是美的，这是基于其神圣牺牲之崇高美。所有古往今来的基于崇高之审美精神也都有这个特点。所有与此相关的“味”都包含幽深的神圣韵味，也即包含着人心的联系性敞开，包含着基于这种敞开的源头心性的显现，这是偏重“神韵”意义上的，而不是感官味觉意义上的，也不是感性快感意义上的。中国传统中的“羊人之美”也有仪式性背景。在西方的文化语境中，他们的神——耶稣或一般牧师都可被称为“牧羊人”。这与中国传统的羊人为美之说在精神实质上也是相通的。羊人之所以美是因为羊人或类羊人就是祭祀者是祈祷者，或是忘我的朝圣者，是从事天人之间联系的沟通者或中介者，或者说是从事天人之间的交流对话之中介者。这和我们前面所说的“摆渡之帆船”在性质上是相通的。在传统的天人（或神人）的对话交流通道被堵塞之后，在人立足于此在实际经验，而忘却神圣维度之后，人们更需要新的顺畅性的天人内在关系，以挽救人日渐萎缩的精神。审美（包括文学艺术等）需要以纯粹的具有原初感的直觉性经验为基础，这样才能从精神上避免种种基于现代性的肢解或瓦解，也才能据此拯救自己的日渐空洞的内在。在我们的精神经验日趋物化的时代，以天人内在贯通为内核的审美是最可靠的救赎人心的方式之一，其可将感性杂多统一于“一”，归属于“一”。

价值性审美是心心相遇，是心心相遇而生的意味整体。单就人这方面的态度显现看，其应像在神圣仪式中一样“至诚”，至诚就是敞开，就是交心、捧心，就是心心相遇与启示性对话中的祈求。甲骨文中“心”的原始含义就代表敞开，代表敞开的对话性祈求，也代表一种敞开性的主动的奉献，奉献给天之神明。这也是真诚的祈祷者的姿态。羊、羊人、捧心者与祈祷者都是天人内在沟通性显现中介，都代表天人相遇与对话，代表基于人之感性扬弃的天人之动态性和解，并使天人之间拥有了统一性或同一性。这一审美中介性的仪式，其真正内在价值在于基于敞开联系的天人之动态性、复归性和解。从中国汉字“美”之语源来看，美之意味与向着神圣存在源头敞开密切联系在一起。这一美学蕴含着内在敞开性、联系性、对话性、过程性与神圣性。

中介性仪式是心心相遇并贯通的仪式，也是人心救赎仪式，从某个角度可以说，价值性审美即人心救赎。其使人心获得源头心性实在性的支撑。其中，最爱被人谈论的就是其超时间的“永恒性”。意向敞开中的永恒感受或体验是心灵救赎的核心之一。价值性审美常常以凝视永恒为核心。让人更多在永恒面前驻足，并获得基于永恒的审美喜悦。在西方的文化语境中，所谓救赎与获得永生、永恒体验密切相关。万有都是“时间之子”，都是基于时间及其短暂性的现象性存在。时间性存在最大之内在向往就是超越时间的羁绊。人与一般怠惰的万有不同，人以存在中心的敞开——通过救赎性信仰——越过了种种物理现象性遮蔽，通过心心启示性中介超越现象性羁绊，与本原性源头（天心）发生感应、对话，把人从种种焦虑、分裂、不安中解救出来。

人有众多虚假的洞穴性幻象：其中之一就是用封闭的自然性替代敞开联系的心性，也是用局部的生物性替代整体存在的意向性。其中，自然性性爱就是一种很重要的生命幻象。性是人之现象性存在的生物中心，也是一个重要的现象性工具。自然之性有时能产生基于短暂生物性快感的价值幻觉、幻象。这是大自然的狡计之一：可以在人的现象心里留下永恒之幻象。《滚滚红尘》歌曲叙说了男女之爱中刹那阴阳的交流。这是自然感性（或现象性）幻觉的集中性表达。《薄伽梵歌》被誉为印度的“圣经”，其核心思想说的就是这个。英国科学家赫胥黎认为此书是永恒哲学的最清晰、最全面、最系统的精神表达。其实这和西方“存在”哲学传统表达的思想相似。其在第十八章写道：“通过它，在一切众生中，看到一种永恒不变的状态；在一切可分中看到不可分，你要知道，这是善性知识。”

中介性仪式通往不变的根基，通向创造性始源。这只有通过敞开的至诚，通过“虚己”之忘我方可实现。羊作为短暂者奉献了自己，捧出了自己的诚挚的心，由此也融会于永恒里，实现了天人内在关系之动态性和解，实现了天人对话通道的畅通，也弥合了天与人的断裂、分离。基于天的源头性（或始源性）视点是价值性审美之根本性视点。所谓价值在核心处就是和源头实在性（属性）显露相关。人类精神的最高需要之一就是产生原初感、源头感，或者说是产生基于源头心性的真实感。对存在之源头特性的向往、憧憬及其冲动最具精神性，也最能体现人的精神气质。价值性审美也是基于原初性感受的审美。克服基于时间的短暂性（包括基于死亡的焦虑）对人是最重要的精神事件。真正的审美生活——就像真正的爱的生活一样——背后也蕴含着我们对死的抵抗性拯救，真正的爱的经验，就像真正的审美经验一样，包含着对死的某种程度的征服。

价值性审美的中介性仪式是天人贯通性的仪式。天心代表存在中心、创造性源头与终极实在性。真正的爱的生活（或爱的体验）或审美生活（包括审美体验）差不多都是天人中介性的。在这种中介性仪式中，人心得以克服杂多之流变，超越了非存在带来的种种分裂性焦虑。当死亡没有真正来临时，我们经常活在基于杂多的快乐中，短暂的人生以此获得某种欣慰。另外，感性感官之死终究要到来。在这中间还夹杂着各种自我保存欲，及其所带来的生存性竞争压力，还有各种类分裂焦虑体验也会削减腐蚀意义感。感官感性之杂多所带来的快乐，最终也会趋于幻灭。感性的最终的结局就像尘土一样消散。如何克服这种衰亡带来的无序与无意义性呢？坚实的价值与意义感只能从敞开联系性中获得，只能从基于敞开的原初性统一感中获得。通过种种中介性仪式、形象、路标，可以让人和存在根基联系沟通起来，并由此获得基于“一”的终极实在感，获得基于联系敞开的终极性体验。在中国心学传统看来，这也就是“心心相遇”“心心相通”“心心同在”。真正意义上的审美就是基于“心心相遇”之意味整体显现，即意味－心象－意境整体显现。审美即以某种方式实现了基于感性物欲被扬弃的和解：象征性地救赎了感性物欲带来的种种忧烦、焦虑、分裂、不安等。各种战胜时间性死亡的象征性形象都属于天人内在和解性的：

> 祈祷是一种直接作用于神圣事物的口头宗教仪式。[①]
>
> 在祷告中，建立了一种交流。正是通过祷告，神与世俗之间的鸿沟被填平了……人的存在也可以回溯到他的精神源头。正是在这个源头那里，发现了人的拯救。那些祷告的人是世界上最有力量的人，因为他已经转变成了神圣领域的存在，成了神的领域的存在，成为最有潜力的和参与到使人分享其力量的神中……人把自己退回到其精神基础上，并在这种精神基础上获得了真正的自由，因为他已经摆脱了世界对他的控制。[②]

人之祈祷本身就是中介性仪式，就代表天人之动态性和解，这种和解通过“诚”之内心与愿望显现出来的。或许正因为如此，小说家卡夫卡才说：“写作是一种祈祷的形式。”祈祷在基督教与伊斯兰教中也被称为“祷告”，一种中介的象征性仪式，向自己心中的神圣存在—神圣源头默告自己的愿望。祈祷是面向源头性神圣存在而在。可以说，祈祷是天之初心—人之敞开诚心之内在对话交流沟通形式。祈祷需要“心诚”，也需要基于“虚己”的专注、崇敬及信赖。真诚的内在祈祷是天人内在动态性和解的象征性表达。与祈祷相关，专注地冥想也是内核价值性审美的一种中介性表达形式，也会产生由此而生的意味整体的支撑与环绕，这也正是中国“美”

---

① ［法］马塞尔·莫斯：《论祈祷》，蒙养山人译，北京大学出版社2013年版，第66页。

② ［意］马利亚苏塞·达瓦马尼：《宗教现象学》，高秉江译，人民出版社2006年版，第288—289页。

字“羊大”“羊人”所蕴含的。

第四节　审美依归:始源心性在场及境界显现

价值性审美作为一个内在的敞开联系性的精神活动与过程，其有着隐在而纯粹的倾向或趋势，由此趋达更高层次的审美境界。审美之依归被隐在的纯粹之始源心性牵引。其趋近归向哪个更为隐在的价值根基，或者说其最终趋向性价值着落点在哪里，停留在感性刺激、观赏状态或始终停留在感性快感或愉悦里吗？否。审美的起点可能是从感性开始的，但决定审美价值的则是其后审美领悟的超感性倾向，也即不断地向深层或高处寻求归依的倾向。内在的价值审美趋势线或归向线差不多都不会停留在感性之点上，而是会不断加深、上升或超越，最后触及存在本源或始源特性、属性或始源心性，比如单纯性、永恒性、无限性、圣洁性、光明性、气韵性、空静性、自由性等，或始源心性的综合显现。创造始源或始源心性——通过人心的敞开性联系——隐在地引导价值性审美的归向。审美中的凝神与妙悟状态，临在与合一状态等是其体现，其被隐在地引向天道－天心始源心性显现的方向。温克尔曼认为“单纯、静穆”是古希腊艺术的隐在性依归，这同柏拉图与黑格尔认为理念是审美的最终归向是一致的。在这种隐在的归向性审美状态里，人之自我与现象心趋近消融，明心见性、进入无蔽之境。由此审美才最终成为有境界的审美，而审美境界恰恰是审美之引导性、限定性、根本性与方向性呈现力量。所谓审美境界就是敞开联系、明心去蔽或明心见性，审美的过程就是敞开联系、明心去蔽、明心见性的过程。这个性就是源头心性，或者说是内化于人心的源头心性。这也是审美之最终的依归。

审美境界是人被意味整体环绕支撑的境界，也是天人关系之贯通性境界，审美达到高境界的标志就是人忘我地置身意味整体（或总体）中。不是所有的审美都能产生价值性意味，也不是所有的审美都能达到高境界。审美境界是一种潜在方向性的引导力量，其实际上也在隐蔽地引导、指引着审美方向，并构成审美的最内核及最有价值的部分。缺乏境界的审美依旧是审美（就像缺乏境界的爱依旧勉强可被称为爱一样），但几乎可以肯定的是缺乏境界的审美没有触及审美的核心基质，就像缺乏境界的爱没有触及爱的核心基质一样，尽管人们对境界的理解有所不同。审美境界代表审美的潜在的纯粹目的性更高程度的实现，代表审美之潜在趋向性有了最终的归依，也代表审美之驳杂分散走向最后的真正纯一。谈论价值性审美如果不以审美境界为核心坐标、思考指向，那总会在某种程度上偏离审美的核心。这也是中国思想（包括美学）传统的重要特色之一。所谓美育不是娱乐主义式审美观教育，也不是消费主义性美学趣味教育，美育从本质上说是敞开联系性的心育，是以心为核心的境界教育，也是敞开联系性的更好体验原初的情感教育。谈论美育却不重点言说以敞开的心为基础的审美"境界"，那肯定偏离了方向与靶心。所谓审美境界也是自上而下性的，不是自下而下或自下而上的，其是心心相遇而生之境（境由心造），其可以是和谐优美型的，但更多指向忘我之崇高。审美境界是源头心性闪现于其中的境界，是天心本体通过人心中介现实地显现、流露、在场之境界。

审美境界是天人贯通（心心相遇）而生深长意味整体的境界。境界有无或高低是由心性之有无高低决定的。境界论在中国思想史上占据着显目的位置，也是中国思想传统思考的核心问题之一，甚至可以说，其是贯穿中国思想传统的一条红线。上古文献、先秦诸子、两汉经学、魏晋玄学、宋明理学及现代新儒学中皆有关于境界之论，20 世纪新儒家学者，包括冯友兰、唐君毅、方东美、牟宗三等也都谈论过境界。在中国传统思想经过各派佛学的冲击洗礼之后，境界就更多地与"心""心性"联系在一起，并形成了所谓的"境随心转""境由心造"的基本性论断。唐君毅在《生命存在与心灵境界》（1977）一书中提出"心灵九境"之说，他的最高心灵境界恰恰是克服主、客观二分的神圣境界。在何以具有境界、境界的核心是什么的问题上，古今学者们的回答并不相同。在我们这里，所谓境界是自上而下的，是心心相遇与对话而生的意味整体，总称境界。真正意义上审美境界是临在性的，也是原初性的、一元性的，也是动态复归和解性的。这也是天心本体进入人心主体，或天心本体与人心主体的交融同一存在状态。本来隐藏着的源头心性倏然呈现（或显现）于敞开的心灵中。这是基于心心相遇的“心性闪现”。这也是审美境界的核心。

一　审美凝神：虚假现象心遮蔽渐次退却

富有境界性的审美经验是含蓄的意味（意韵、韵味）无穷的经验。这种意味的显露与呈现以审美凝神为特征。中国哲学史上最伟大的哲学家之一庄子说：“用志不分，乃凝于神。”（《庄子·达生》）凝神观照（或观道）是庄子审美思想的核心。这是人之审美中的高度专注状态，也是审美深化的重要标志。现代性审美的最大问题就是缺乏基于心的专注性，缺乏基于一的集中性，缺乏散漫现象心的忘却，这也就导致审美散漫。没有那种仿佛是突然降临的专注性，没有这种专注心的参与，也就等于没有真正的审美惊奇及喜悦，也就没有柏拉图意义上的真正的回忆，没有这种专注性凝神，就不会有心心相遇与内在对话，也就不会有深长的意味（意韵、韵味）呈现。这种突然而至的专注与瞬间的惊奇之心，是人心敞开的标志，也是源头心性从奥秘隐藏到显现的标志，还是本心觉醒的标志。本心是照心，是净化之心，还是过滤现象心之后的纯粹之心。纯粹本心的离场就是本于天心之心性的离场，也就是心心对话主体性的离场。缺乏凝神之专注性，也说明纯粹心性依旧被虚假现象心遮蔽，人的现象心在狂欢中遗忘了自身的心性源泉。真正的审美发生状态是一种凝神专注状态，从否定的方向看，凝神专注代表人之虚假现象心的渐次退却。在现代社会不断“破界”“无界”之花样性审美中，任性的现象心取代了本原心。所谓审美也几乎成为各种现象心的狂欢表演。

价值性审美被意味整体支撑，其也是在凝神专注状态下发生的。这种状态常常也是在人进入“虚己”时呈现出来的，虚己状态就是种种现象心“倒空”状态。“倒空”现象心是发生审美专注状态的条件之一，也是审美深化、趋近忘我进入境界的条件。虚假现象心遮蔽的渐次退却为心与心的相遇创造了可能。这就像爱之临在状态一样，在真正的爱深化时，现象心

（分别心、局部心、封闭心等）会渐次退却。审美凝神状态也是敞开的状态，是趋近于心心对话、交流及相通状态。关于这种审美凝神状态，中国古代文论典籍《文心雕龙·神思篇》也有描述："寂然凝虑，思接千载……神与物游。"审美专注说与流行的审美距离说既相通也相对立。审美距离说是瑞士审美心理学家布洛在《心理距离》一书中提出来的，他认为心理距离是审美活动的基本前提，审美个体必须和审美客体保持适当的心理距离，才能产生审美经验。所谓保持适当的心理距离，就是既有我又无我、既参与又远离的一种状态，距离太近功利性或功利心就会占上风，审美者的实用功利心就会压倒审美之心，从而不能进行真正的审美活动。距离太远则审美者与审美对象失去了联系，也无法产生审美经验。审美距离必须适当，才能产生审美活动，获得美感。审美凝神专注说不从否定的方向强调主体与功利距离远近，而是强调的是审美者的心是否敞开，是否与源头心性发生贯通性的内在状态，也即心心是否发生相遇、感应、对话与交流，是否由此带来的"心之一"。审美者的惊奇、惊异、惊喜恰恰是审美凝神专注，以及心心趋近性相遇时发生的。

所谓审美现代性差不多就是封闭性、肢解性，就是着眼于局部性，从某个角度看就是心的分散性、散漫性，其与审美凝神恰恰有种对立性。其表面的外在多样分散性伴随着"虚无"的阴影，伴随着缺乏精神根基的种种现象心泛滥。建立在感官物欲基础上的娱乐主义审美观以及消费主义性的美学趣味现在大行其道。我们这个世界越来越被虚假现象心遮蔽，在此基础上形成诸多心理异化：物性十足、整一被分解、时间被加速、空间性被分割、宁静的消失等。我们整体的存在被封闭在狭窄的空间里，由此存在变得异化，向着和自己本性（及其真实）相反的方向运行。这种异化首先体现在我们的心理层面上。我们这个时代是各种现象心（分别心、局部心、封闭心）大崛起的时代，数字化的心、原子化的心、机械化的心、同质物理化的心等纷纷崛起，但活在这种物化、技术化的虚假的现象心泛滥的文化气氛里，人们越来越感受不到价值、意义，越来越感受不到存在的光亮与尊严，越来越感受不到来自存在源泉的生机。

审美凝神与专注状态是敞开状态，也是现象心异化的渐次消除状态。在这种审美凝神与专注状态中，源头心性通过敞开之心隐蔽在场、显现。从中国传统的心学视角看，心外无道，心外无理，心外也无真正的审美发生。一切审美均在心内——在与理合一、与情合一、与行合一之心内。内核价值性审美（或意味性审美）来自相遇、对话性心主体。这就像佛教所说的：万法皆在心中。心心相遇、对话相通，感应、呼应，并趋向合一与同在。现象万法（法相）融会于心，见诸法相也就是见心。因此所见诸法（万法）都唯心所造，心即万法，万法即心。但这个心不是现象心，而是天之超心，超心内化于人就是本心。在审美凝神状态中，意味涌现，心造之境（六境）、心象浮出。虽然唯心是真如，而无一切诸法相，但诸法相依旧以“象”“境”的形式，在心心相遇中浮现。这和一念三千说讲的是同一个道理。其也是佛教天台宗观法之重要理论之一（见天台宗《摩诃止观》卷五上），三千性相都具足于一念之中。佛学的这个核心理论彰显了心的奠基性作用，彰显了心心之对话性主体，彰显了基于心的纯粹直觉性情感的重要性。审美凝神是真如心的显现，是对现象心的任性游离状态的超越，也是虚假现象心的渐次退却：

> 人的主体性的基础从纯粹自我转变到“无我”，这是真我的另一个名称。空因而在人的主体性的最深核心处或无限深处实现了。它比人自己的自我更深奥，更深邃……我，作为真我，动态地和空本身融于一体。①

在审美凝神观照中，真我渐渐在场，真正的存在性真我涌现，这也是本体意义上的真我，真我的出现导致离散现象心遮蔽渐渐去除。不同于佛教的否定性视角，心心之对话性主体性离不开那个“心源”的隐蔽浇灌，

---

① ［日］阿部正雄：《禅与西方思想》，王雷泉、张汝伦译，上海译文出版社1989年版，第189页。

其也是对种种自然必然性因果链的突破。现在谈论生命及生命主体性的思想潮流很热门。这与我们古代典籍《易经》所讲的“生生”之原理相似或相近。其实，真正的审美境界和自然生命性显现无本质性关联。基于“生生”的所谓生命性依然处在自然必然性之中，而处在自然必然性支配下的生命可以是美的，也可以是不美的。用更为本质性的眼光审视，所谓生命状态与审美发生状态没有必然关联。审美植根于更深的存在根基，是心心相遇而生的深长意味，以及延伸出来的有形式的意味整体。审美把人从自然必然性因果链条中解放出来：

> 臣以神遇而不以目视，官知止而神欲行，依乎天理……（《庄子·养生主》）

南北朝时期南朝山水画家宗炳的“澄怀观道”论最有代表性：

> 老疾将至，名山恐难遍睹，唯澄怀观道，卧以游之。（《南史·隐逸传》）

庄子的天理在哲学层次上等同于天道-天心，其超乎基于“生生”的自然必然性。他心目中的天地之大美源自无形之大道，领悟大道之美当然只能“凝神”而后“神遇”。画家宗炳所谓的澄怀观道说的也是“神遇”之道。这里的“观”不是用感官之眼看，而是用内在的眼睛“观”。澄怀的本质是超越自然必然性及外在感官的束缚，让内在的中心凸显，并将各种感官功利性杂念去除，也把各种虚假现象性遮蔽揭去。观道，就是用敞开的心去领悟观赏美之本体，透过各种“法相”领悟背后之“道”，也即透过种种外在自然之“形”领悟“道”。归根结底，各种感官的感性之“形”不是审美真正追求的目标。好的山水画展现道，展现道所蕴含的始源心性，其也是领悟“道”之后的创造性结果，也即领悟存在之神韵的创造性结果。这同传统道家的基于“心斋”“坐忘”之“观道”说是一致的。在中国道家看来，真正的审美恰恰是“凝神观照”，透过感官感性表象触及存在本体——道。所谓心斋体现的就是一种超感官感性的与道合一的存在状态。这是审美凝神状态，也是道家心目中的富有境界的审美状态。“心斋”语出《庄子·人间世》：“虚而待物者也，唯道集虚，虚者心斋也”，其又被称为“庄子心斋法”。“坐忘”是超感官的心心存在状态，也是一种物我两忘的存在境地，其源自《庄子·大宗师》，原文是：“堕肢体，黜聪明，离形去知，同于大通，是谓坐忘。”“凝神”性审美使意味性整体浮现，其也是敞开联系之心接受“纯粹牵引”的结果。价值性审美主要是“心领神会”而不仅仅是目观耳听性经验。在这个意义上，所谓美育本质上是“心育”（心性教育）或“心遇”、“神遇”（心领神会用庄子的话来说就是“神遇”）。天人贯通性心心关系带来真正的“凝神”，并带来具有原初感的统一性经验。

二　审美临在：创世初心临在于敞开人心

创造始源性存在作为核心潜能先在于审美发生。价值性审美的发生基于心的联系敞开，是天心本体与人心主体的统一或同一，心心相遇是临在性的，所以有价值的审美也是临在性的。审美不是随着人的单向意愿随叫随到的，有价值的美也不会向暗昧与怠惰之心呈现，价值性审美伴随着“明心见性”，伴随着人心的单纯、自由、宁静、空灵或光亮。老子在《道德经》第二章说：“天下皆知美之为美，斯恶已。”这里所谓的恶就是不美，因为天下皆知的事已经“同质化”，只对暗昧与怠惰的心起作用，而价值性审美却需要以天人间贯通性关系为基础和前提，要建立这种关系就需要人诚挚地敞开，并专心倾听（或聆听），以便让潜在的能激发审美情感的源头力量悄然露面。就像柏拉图在《大希庇亚篇》中所说，领略美是难的，同时也如他在《会饮篇》中所描述的，审美临在状态是迷人的，那是对诚挚敞开专注倾听者的回应：隐蔽的创造性始源（或源头心性）临在于（在场于）敞开人心。审美的高峰就是人被意味整体环绕包围之时，这也显示了审美的迷人的发生发展过程。价值性审美是境界性审美，是饱含原初统一性经验于自身的审美。其临在境界是源头心性闪现于审美活动中的境界，也是源头心性临在于人心之境界。审美临在状态是天人内在相遇贯通的最直接体现，其不是人通过某种方式刻意寻求得来的，倒更像是长期修心、养心的一个不期然之果实，其与审美之平静的日常性、内敛性表现并不矛盾。

审美临在状态是天心本体（源头心性）与人心主体的贯通统一状态，是本体论与直觉认识论的统一或同一。这种状态的发生显而易见不是靠单纯的感性或理性能够达成的。创世初心（或其心性）透过自然、社会、个体、艺术等隐蔽临在于敞开人心里，显露于审美者——通过种种中介性意境整体的唤起——的联想、想象、回忆与内在激情之中。在这个意义上，审美临在意味着心心相遇性发现、对话与联结，意味着审美者以有形或无形事物为中介发现领悟了源头心性，发现并领悟了隐藏着不轻易显露的天心及其属性、特性。本来隐藏着的心性倏然呈现（或显现）于审美者的心灵中，并唤起审美者的深长的存在意味，伴随着心象－意境的浮现。这是相遇性的审美临在。

审美临在状态是趋于合一状态或趋于合一境界，其也是对各种二元性分裂的克服，也是对各种多元性倾向的扬弃与拢集，可以说真正的审美都是临在性的，都是人心敞开，源头心性降临的境界，包括单纯、永恒、无限、光明、圣洁、空静、自由境界。审美临在之境也是人心之内在自由之境，但人们不能狭隘地理解这种临在，似乎始终是神圣化、神秘化的，其也可以在平常人的日常的专注忘我性状态中流露出来：

> 我们必须意识到自己是普通的寻常之人……并意识到上帝的奥秘显现于寻常之中——显现于我在本书中论及的“初始经验”之中。①

---

① ［瑞士］H. 奥特：《不可言说的言说：我们时代的上帝问题》，林克、赵勇译，生活·读书·新知三联书店 1994 年版，第 9 页。

源头心性显现于寻常人的敞开性的本心修行之中，也即显现于寻常人之“存心”“修心”“养心”“明心”之初始经验里。其中，自由的经验就是这么一种和寻常结合在一起的“初始经验”，自由的经验是“游心于无穷”的经验，是“游心于物之初”经验，是心心相遇与内在对话的经验，但其常常通过平常的生活中介显露出来。自由经验是敞开的临在性经验，也是一种和我们的日常经验融合在一起的一元性经验。平行层面的自由就是和人们的切实的现实经验联系在一起的：没有外在的内在的羁绊、不被各种现象约束（尤其是不能被有形强制性约束），不被各种有形现象奴役。在一般的平行层面上，作为内在自由经验的一种延伸，个体可以按照自己的内在意愿自然自发地敞开，这种自由感是能够被我们捕捉到的，人相信自己发自内心相信的，喜欢自己发自内心喜欢的，做自己发自内心想做的，等等。审美自由是通过意味性整体显现出来的，是基于心性的敞开联系性的自由，其与外在性束缚的解除有关，但其更关乎内在自身与源头特性的统一，即心心相遇。自由是心心相遇带来的去蔽性存在状态。

> 真理的本质乃是自由。①

价值性审美是自上而下的，也是天心在场、本心显露。价值审美是自由的临在性审美，而不是随着人的单向意愿随叫随到的。自由的核心本质就是本心自发性地敞开，就是随着这种自发而生的无蔽状态。审美临在的喜悦体现在人心自由敞开的方向上，这种临在就是天心（及心性）临在于敞开之人心。这种临在性自由是一元性自由。审美自由就是无蔽的敞开联系性自由，也是基于敞开联系性的临在性自由。自由的核心就是心心相遇，流露深邃的意愿，而人之深邃的意愿恰恰是被源头心性牵引的。西方思想史从古希腊起就关注基于智慧之自由。这是他们思想与精神的核心之

---

① ［德］马丁·海德格尔著，孙周兴选编：《海德格尔选集》，生活·读书·新知上海三联书店1996年版，第221页。

核心。这也是他们整体的文化的核心特色之一。事实上这也是东西方古老传统追求的核心精神之一。近代以来，他们更为关注平行层面的人生自由，尤其是政治与经济自由，对更具有境界的心本体性自由有所忽视，而真正的积极自由是垂直层面的一元性的，这种自由关乎人之最高的存在境界。这种自由具有先验的基础。外在现象层面的自由思考只具有外在的精神价值与意义。敞开联系的无蔽之自由的临在状态才是自由精神的真正内核。

价值性审美是本心之自由呈现，这种呈现是临在性的，而不是防御性的、机械程序性的，更不是随叫随到的。现在流行的自由观念是拘泥于形式的现象性的外在的自由。其思考的核心就是对人的现象性自由意愿及其权利的维护。在这个层面上的所谓专制倾向就是否定人生的这种先验性的给定的自由意愿，并否定由此而生的天生的自由的潜能，各种强制性干涉之所以是不正当的，就是因为其违背人的先验性的自由潜能。审美性临在境界是自上而下的，是创世天心临在于敞开人心。在这个意义上，有贯通去蔽之心即有审美临在性自由，贯通去蔽之心就可代表审美自由。这个心是本体之心与人敞开之心统一。拥有心即意味着实现总体性，联结了创造性源头。反过来说，没有敞开性的自由意志也就没有心。审美临在状态之一就是心之无蔽的自由，就是心心相遇、启示性交流并趋近同在。价值性审美是自由临在性的，也是自上而下、由内而外的，审美临在境界就是心心合一之自由境界，就是天心之本体显现在场于敞开人心，或者说自由之心就是本体之心的在场、显现。自由性的体验本质上是关联实在性的体验，也是与更为实在性的本体交融的体验。在审美临在状态中，无蔽自由之心映射了存在本原、创造性源头及源头心性，无蔽自由之心就是对存在本原的揭示与显现，是对创造性源头的揭示与显现。价值性审美是境界性审美，是对原初存在真理的显现，是与自由性体验联系在一起的。人心之自由敞开与倾听对人而言永远不会过时，过时的或许只有自由敞开与倾听的方式，以及对自由倾听与敞开的种种条件的理解。对人文学者而言，真正值得思考的普遍持久的真问题不多，那些真问题看起来似乎有些守旧，但这就是人文学者的命运。

三　审美妙悟：妙悟、和解与现象我消融

> 故常无，欲以观其妙；常有，欲以观其徼。此两者，同出而异名，同谓之玄；玄之又玄，众妙之门。（春秋·老聃《道德经》第一章）
>
> 论诗如论禅：……大抵禅道惟在妙悟，诗道亦在妙悟。且孟襄阳学力下韩退之远甚，而其诗独出退之之上者，一味妙悟故也。惟悟乃为当行，乃为本色。（南宋·严羽《沧浪诗话·诗辨》）

价值品级更高的审美差不多都是自上而下的，都是天人贯通性的，也是妙悟性的，也可以说是相遇性的。这种情形我们可以套用陆游的一句诗词来说明："审美乃天成，妙手偶得之。"妙悟这个词本来源自中国禅宗，是指人们的一种好的参禅状态：本心清净、空灵、清澈。这里的审美妙悟是天成性的，是心心贯通性相遇与内在对话而生的美妙状态：一种"通无"（观无）性的，与最源头心性的相通同在状态。所谓审美妙悟也是陶渊明所说的"此中有真意，欲辨已忘言"的体验状态。妙悟状态是心心之内在贯通性状态。审美相遇及其妙悟具有倏然而至的机缘性，但这并不是说审美妙悟没有积累与准备阶段。审美相遇及其妙悟常常是灵感与准灵感性的，并具有自上而下的自由性质，常常伴随着现象个体的某种消融，并伴随着柏拉图所说的沉浸在"美的汪洋大海"里的体验，或者伴随着马斯洛所说的"高峰体验"。审美妙悟体验常常也是"神秘性体验"。可以说，更有价值性的审美状态差不多都是"神秘的"。本来英语 mysticism（神秘主义）的语源是希腊语 myein，原来是"闭眼""闭口"意思的语词，也就是关闭外在的感性感官，用心灵的眼睛、心灵的耳朵去看、去听，而不能以通常的感性感觉来捕捉，或用工具理性去理解。

"妙悟""灵感"是审美天成的一种典型的体现形式。审美临在性妙悟或灵感现象在宗教圣徒、诗人、哲学家以及艺术家那里常常出现，尤其是

被称为“顿悟”的妙悟状态更充满临在性的偶然性、际遇性。这是一种突然之间得到的心有灵犀的启发与心灵体验。审美临在性顿悟使人心豁然开朗、仿佛沉睡的心顿时觉醒，由于这种机缘的触发，审美凝思状态被突破并获得飞跃，审美临在性顿悟把审美主体带入欲辨忘言之境，并产生如有天助之感，似乎是天神（天心）借着凝神者的心完成的。审美临在性顿悟常常是不稳定的，来去了无踪，其也不是人们的意愿与理智能够控制的，具有偶然性（或随机性、突然性）、瞬间性（或稍纵即逝性）、迷狂性（或亢奋性、专一集中性）与突破临在性的特点。审美临在性顿悟使人获得了精神上的惊喜感，但这种状态的来临是人持久敞开性的诚心修行之果。“独上高楼，望尽天涯路”“为伊消得人憔悴”“蓦然回首，那人却在灯火阑珊处”，被各种现象心霸占者很难获得审美妙悟，很难获得来自上面的恩惠。性格模式化过分依赖群体的人很难有独特的发现，其需要的是真正精神独立与自由者。对天道 - 天心诚挚敞开者，天道 - 天心也会以神奇方式格外地光顾他。这样，“不招而自来”“禅然”“无为而无不为”似的审美境界就会降临。明代的汤显祖在《玉茗堂文之五・合奇序》中说：

> 予谓文章之妙，不在步趋形似之间。自然灵气，恍惚而来，不思而至，怪怪奇奇。莫可名状，非物寻常得以合之。

相遇贯通性审美是复归和解性的，也是妙悟性的。这种临在性、复归性妙悟状态，用西方的柏拉图的术语来描述就是“回忆”“迷狂”。用基督教的思想传统的术语来描述就是“恩典”。用中国佛教禅宗术语来说就是妙悟（包括渐悟与顿悟两种）状态。顿悟是中国佛教禅宗的一个法门，是六祖惠能提倡的“明心见性”法门，是相对于渐悟法门而言的。它是通过正确的修行方法，去除遮蔽，刹那间领悟佛法之要领。顿悟是通过临在性灵感来完成的，是瞬间显现出来的贯通状态。中国古代文论也有“以禅喻诗”的传统，所谓“以禅喻诗”可理解为用谈论禅的方式来谈论艺术（或审美）。妙悟之顿悟说由来已久，但真正创立学说的是东晋、南北朝的道生。他强调最后一念“金刚道心”，即金刚般坚固、锋利的能力，顿将一切妄惑（“愚昧无知”）断得干干净净，由此得到正觉（真正的觉悟），即顿悟成佛。隋唐时代的“南宗”慧能，在《六祖坛经》中强调所谓“一刹那间，妄念俱灭，若识自性，一悟即至佛地”。在这里审美妙悟更多指向顿悟，也就是指向一种恩典式（天启式）妙悟，也即达到心心之相通同在状态。这也是审美临在瞬间到达的自在自由状态：

今者吾丧我，汝知之乎？（《庄子·齐物论》）
和也者，天下之达道也。（《礼记·中庸》）

真正的审美妙悟常常伴随着现象个体之我的消融。丧与忘是同义词。庄子的丧我状态也是忘我之状态，也就是现象我的渐次消融状态。现象我的消融一方面可理解为天人贯通的结果；另一方面也可理解为天人相遇与贯通的条件。人只有处在某种“虚己”“丧我”状态中才会有真正审美妙悟发生。这种审美妙悟可理解成庄子所谓“凝神”之结果，也是内在“神遇”的体现，其和柏拉图所说的“回忆”“迷狂”在含义上接近。这种基于“神遇”的审美妙悟状态，恰恰代表了天人之复归性和解，也即前面说到的两个方向的和解，即无限与有限、绝对与相对、神性与人性、神圣必然律与个体自由律等冲突与矛盾的和解。不过这是天人关系复归中的动态性和解。天心之律也就是西方文化所说的上帝的“律”，可具体理解为单纯律、永恒律、无限律、空灵宁静律、光明圣洁律、气韵律及最高自由律等。和解的基础不是个体自由之中暗含神圣必然性，而是作为根基的神圣必然性给个体以“虚己”性自由。这也是所有原型精神——单纯、永恒、无限、光明、圣洁、空静、气韵——之最终依据，当然也是心之自由的最终依据，暗合天心之律才会给人带来真正的自由。

一般意义上的感性与理性都代表局部、局限，心—灵性却意味着整体、中心，意味着与终极性实在性的某种关联。灵性能“看”到感性与理性都看不到的方面、方向，能看到无形之基础、依据。人心本身（本心）

是无形的，是人之存在的基础与依据。没有这个“心”，人就不是自由的，所以谢林才把神圣必然性与自由联系在一起。天心与本心正是代表了世界及人之存在的神圣核心与依据。真正思想方向是基于敞开联系性的灵性，思想与感性相关，却超越感性，思想与逻各斯理性相关，却不同于并超越了规则性理性。真正的思想更与灵性联系在一起，其穿过有形之障，看到有形背后的无形，看到可见背后的不可见。这些都属于基于心—灵性之直觉性的神圣洞察力。在审美妙悟状态中，现象性遮蔽退隐，现象我消融，人处在“虚己”状态。生命哲学的代表人物叔本华以倡导“意志哲学”闻名，但其审美思想却有浓厚的传统色彩，从我之消融角度去理解审美本质特征。叔本华的纯粹的观审具有妙悟的特性。这是在直观中浸沉，是在客体中自失，是一切个体性的忘怀，是遵循根据律的和只把握关系的那种认识方式之取消；而这时直观中的个别事物已上升为理念，有认识作用的个体已上升为不带意志的“认识”的纯粹主体，双方是同时并举而不可分的，于是这两者（分别）作为理念和纯粹主体就不再在时间之流和其他一切关系之中了。①

四　审美合一：超我之境及合一境界显现

审美依归意味着始源心性的在场，其典型地体现在审美超我之境或审美合一境界里。无我合一恰恰代表审美总体性的实现，这也是东西方都在追求的境界。可以说其是审美的最高境界，或宗教性审美境界。这是审美的真正的方向性引导力量，也是审美中最顽强而又隐在的力量。无我合一的前提是什么？前提是现象性自我——自然物理之我（时间之我、空间之我、物性之我）——的暂时消失，剩下纯粹的我（心我、本心）与纯粹的世界中心（天道 - 天心）的合一，并由此实现心心合一之总体性。这也是从哲学角度命名的最真实存在状态。审美中介谈到的中介贯通、联结、仪

① ［德］叔本华：《作为意志和表象的世界》，石冲白译，商务印书馆 1982 年版，第 274—275 页。

式等，归根结底还是为了审美最高境界的产生。最高审美境界在隐在地引导方向，也就是引向超我的合一境界。所谓最高审美境界归根结底也要通过心的敞开，通过心心合一才能产生，其也是被深长幽深意味整体支撑之境。唐君毅被称为现代新儒家的代表人物，他的“心灵九境”的最高境界就是所谓的超主客观境，就是所谓的归向一神境、我法二空境、天德流行境（又名尽性立命境，观性命界）。心灵对此境的感通是超主客的绝对主体境。他说的天德流行境和天心临在境有相似之处。审美合一经验是最真实同时又是最具韵味的经验，也是基于源头心性的原初性统一经验。中国传统宋明理学所讲（王阳明等）的心学功夫，就是心心相遇与贯通的功夫，也就是心心启示性对话、交流、相通与同在之功夫，也就是天人合一之功夫。

合一境界是一元性的——而不可能是二元或多元性的——甚至可以说其是“空无”性的。审美合一之境是审美临在之境，这是现象性自我消失消融之境，也是东西方共同追寻的一元之境或本无之境。这个“一元”是心心合一之一元，其最深远的基础是创世性天道 - 天心及其源头心性。审美境界在中国心学传统看来就是“本体功夫”带来的，也是“先天统后天”的一种功效。这也是与天心本体贯通的内在的人之心学层面的修行。本体功夫的最终结果就是本心呈现，也是忘我合一之境显现。所谓本心就是敞开联系性的心，就是与天心贯通的能够显露深邃声音（意愿）的心，就是本于天心之心，本于现象物欲之心就是现象心（也是分别心、局部心、封闭心）。中国传统宋明理学心学所谓的道德修行的核心根基就是人心自由敞开，折射深邃的自由意愿，归根结底就是接受天心的牵引，其最高境界就是天心 - 人心“合一”。聚焦存在意志的叔本华似乎也领悟到“合一”的重要。他的“审美自失说”可以说是一种“本体功夫”。人在“观审”时怎样成为“纯粹的主体”？这当然有赖于与本体的相通或贯通。在审美状态下，因为与本体的“相通同在”，人的意志处于一种“自失”状态，或自我丧失于作为观审对象的“纯粹客体”——本体理念——之中，只有忘我合一之纯粹状态才是真正的审美状态，而所谓的自失就是

“虚己”“忘己”“忘我”。据说清代文论家王国维受到叔本华美学思想的影响，他在《人间词话》中说：“无我之境，以物观物，故不知何者为我，何者为物。”

东方佛教的最高境界是涅槃境界，这可以说是东方式审美临在的体现。虽然其和西方的入神与合一有所不同：

> 涅槃是人类自由与创造性活动的源泉……根据大乘佛教的教义，进入涅槃并不是指肉体上的死亡，而是指自我的死亡，并由此进入一个新的生命——在真我中生活。①

本体天心临在于敞开人心产生合一境界，这种境界在东方佛教中被描述为涅槃，其也通达一种“绝对空无”，但“涅槃”的空无之境还是基于敞开的心，是联系性产生的空无感。世界创造性始源就是超现象世界的，也可以说是空无的。心心相遇与对话是人心最终打开的前提与基础。心心合一产生内在的空无性境界，对这种无我合一的境界还可依据其呈现方式细分。审美合一境界还包括心心之单纯境界，心心之永恒境界，心心之无限境界，心心之光明境界，心心之圣洁境界，心心之气韵境界，心心之空静境界，心心之自由境界，等等（参见丁来先《天人合一及心心美学》，中译出版社 2020 年版）。

富有价值深度的存在境界都是一元性的，或者说是合一性的。所谓“合一”就是合而为一、合成一体。合一就是“不二”，没有二元区分与对立，各种各样的分别心、局部心、封闭心就发挥不了作用。合一就是归于最真实的起始，归于“一”之整体，就是与原初的创造始源发生联结，与宇宙源头发生真正的浑然性关联，并由此获得了存在源头的内在的纯粹性浇灌。审美合一境界是天之源头性心性闪现的境界，也是透过心心相遇的

---

① ［日］阿部正雄：《禅与西方思想》，王雷泉、张汝伦译，上海译文出版社 1989 年版，第 241—242 页。

审美临在境界，是饱含原初统一性经验的境界，即其克服了分裂、瓦解原初经验的二元或多元性质：

> 我们将那种由讶异和惊异而唤起并提升的专注称为“心灵的当下”，我们以其来掌握仅此一回的时机，正如时机在希腊图像中所表达的意义。专注地生活意味着：向着惊异和瞬间中的新事物开放，满怀期待来经历生命，重新发现所遭遇的真实性，并且以充满信心的态度迎向临到已身的事物。①

心心相遇与贯通带来初始性的经验。这是柏拉图意义上的惊奇、联想、想象与回忆的经验。这里其实暗含着一个东方式先验性思想预设：天心（天之大全、基础与中心）与人之本心（人之大全、基础与中心）具有先验相通的潜在性。“尽其心者，知其性也；知其性，则知天矣。”（《孟子·尽心上》）具有先验性色彩的审美主体不同于立足于经验或理性的认知性主体，这一审美主体是被纯粹的原初意味牵引，是始源本体显现于其中的主体，是心心相遇与对话性主体。在审美的巅峰状态中，其常常以现象我的消融形式出现。归根结底，审美临在合一状态才是审美境界的集中体现，才是内核价值性审美的集中表达。境界性审美体现在纯粹直觉性情感经验——意味整体——的单纯性的一元状态里。这就像富有境界的爱是单纯的一元性的，集中体现在忘我的钟情状态里一样。

审美无我合一之境在那些伟大艺术家最佳创造状态中——被称为天启的天才之灵感状态中——得到集中体现。那些伟大的精神性天才，他们的心是敞开性的，也是心性极高的类型。我在《天人合一及心心美学》一书中从八个方向谈了八种无我合一，也就是八种天人合一境界。八种境界内核本质相通相同（或一体多面），都是心心相遇与对话而生的一元状态。

① ［德］莫尔特曼：《神学思想的经验：基督教神学的进路与形式》，曾念粤译，香港：道风书社2004年版，第364页。

不同于那些单纯否定最终实在性的心学，心心美学肯定世界之共同性之始源性初心，肯定人的本心之实体性、实在性，肯定天心之终极实体性及终极实在性，肯定天心－人心先验性的内在对应关系，及其启示性对话、交流、相通与同在的潜能，肯定天心以某种隐蔽方式临在或在场并去蔽，达成审美合一境界。这是忘我—无我之状态。用佛教传统术语来说，这就是顷刻间的心灵出神状态，但心心美学是在肯定性心学意义上运用这个词的，即肯定人之本心敞开联系性，最终本于本体天心。

第五节　作为天人和解的文化与文化审美价值

只有触碰人心才算触碰了文化的价值核心。人类文化内在的价值历史差不多就是心被触碰的历史，也是心心相遇与对话史。从最根本上说，其也是创造始源隐蔽的牵引及显现的历史，或者说是天之心性的显露史。一种文化的内在的美之光辉在于其能唤起“原初统一性经验”（或初心之经验），也可以说文化之美主要来自文化心性的显现。文化中的崇高（悲剧）与滑稽（喜剧）等都与此显现相关。文化真正的价值内核是天人沟通性的，或者说是天人相遇与对话性的。天人相遇与内在对话既是个体性的也是文化性的，相遇与对话的历史构成了个体的存在体验史，也构成了文化发展的历史。但这种文化相遇与对话常常是被遮蔽的：由于世界性的信仰的日渐衰落，人单向地自主地立法，面向天道－天心源头的神圣意识变得薄弱了，其失去了作为文化意识与社会基础的影响力。最初的天道－天心言说语言已经无人再去静静地聆听。近代以来，人类文化有了日渐封闭的倾向，即封闭在以人为中心的世界里，人成为文化的绝对主体，并日渐远离了古老向原初开放的传统。人类的文化史大致有开放的方向与封闭的方向两个方向，所谓开放就是敞开，就是敞开与存在源头——倾听天之初心言说——的真诚对话方向，这是我们称为内核价值性文化的文化，也是超越的以“不可见”的源头为核心的文化，这种文化有利于人们的精神生活。所谓封闭就是堵塞了通往源头的通道——不再倾听天之初心言说——

封闭在平行层面，封闭在基于平行层面的人为世界里。这种现象性、外在性文化是以可见世界为核心的文化。

现代文化有不断下降跌落的趋势。审美叙事的边界不断被突破，几乎变成了日常的基于娱乐与消费的物欲性叙事。审美叙事愈益外在化、物欲化，徒有基于虚假的外在丰富性。文化之审美叙事远离价值内核，在审视文化整体演进时，缺失了能带来原初感及其统一性的源头性视野。文化的本质、人的本质与审美的本质在根本处也是一致的，都有自上而下与自下而上两种界定方式。自上而下的文化叙事趋向一种神圣的方向与背景，也就是回溯源头方向。没有源头性叙事的文化是无根的文化，无根的文化如何具有真正的精神感及内核价值性？文化源头性叙事是天人之动态和解性叙事，也接近审美叙事。整体人类文化差不多就是一个具有层次感、连贯性、完整感的文化艺术作品。其精神内核不是以自然物欲与科技为中心，而是基于天之源头特性、属性。

我们人类的深邃之根在哪里，我们置身其中的大自然的根在哪里，为什么我们存在而不是不存在？这是关于世界始源性叙事，或者说是开端与起源的故事。世界上的形而上学及所有的文明化了的宗教，差不多都在讲述这个存在之根的故事，并由这个存在之根衍化出各种各样的宗教或哲学性信仰。人类关于精神信仰的叙事实质上就意味着对存在之根的追寻、信赖与顺服。最初的创世性存在及其源头性隐蔽言说，以及最初的推动主体、推动方式，是一切叙事的最初原型。在中国的思想传统中，天道－天心（及其心性）就是这个推动性主体，其也是隐在的维系力量并蕴藏于显现世界之中。从根本处说，审美性文化是天人沟通并达成和解的文化，而不是基于封闭的有限世界的文化。文化向内发展与超越性发展是一致的。这种文化叙事调动了我们的意味－意义感。具有古老感的文化叙事常常具有谜一样的性质，关于这一点，我们已经文明化的古代人早已深知：

> 只让它若隐若现，许多东西就隐藏在下面，也许这就是埃及人在他们的神庙前面竖立起很多斯芬克斯像的缘故，他们想告诉我们，他

们神圣教义的智慧如同迷一般……在古希腊雅典娜神庙的三角楣上，可以读到以下铭文：我是生命的从前、现在与将来，任何凡人都未曾揭开过我的面纱。①

一 差异化、统一性及自上而下之价值领悟

封闭于自立的人的意愿（尤其指向感官满足与工具理性）世界，这造就了文化的多元化、差异化（及与其相关的偶然性、相对性、不确定性等），这是这个时代被推崇的主流倾向，也是被称为现代性的底色或特色之一。但基于多元的现代性文化正面临困境，这种困境更多显现于人的内在：被“虚无主义”腐蚀，生活愈益显现出空洞贫乏，尤其是“空心”现象更为突出。这种“空心”就来自文化过度的多元化与差异化倡导。差异化（多元化及相对主义）被某些现代思想家视为现代性及现代文明的推手，但何谓文明呢，真正的文明会把我们带向愈益空乏的境地吗，过度多元化、差异化的结果又是什么？这些倡导者可能没认真思考过，其带来的是“一切稳固的基础都烟消云散”了。其实，所谓差异化、多元化与外在的自由化相关，也与人的自我膨胀的意识相关，也就是与封闭局部的现象心的泛滥相关，差异化、偶然性、相对性被强调的过程也就是丧失内在精神的过程：

因为精神只能是一个的，而且应该定居于我的内部。②

各种内在的精神危机其实都与多元化、差异化无止境扩大相关。美国当代著名学者、思想家丹尼尔·贝尔在《资本主义文化矛盾》一书中集中探讨了当代西方资本主义文化危机，西方的这种文化危机集体体现在社会

---

① ［古希腊］普鲁塔克：《论埃及神学与哲学——伊希斯与俄赛里斯》，段映虹译，华夏出版社2009年版，第25—26页。

② ［德］黑格尔：《法哲学原理：或自然法和国家学纲要》，范扬、张企泰译，商务印书馆1961年版，第75页。

凝聚力的消解以及生活意义的失落上。贝尔认为要解决社会凝聚力及生活意义问题，只有一个解决方案：

> 假如世俗的意义系统已被证明是虚幻，那么人依靠什么来把握现实呢？我在此提出一个冒险的答案——即西方社会将重新向着某种宗教观念回归。①

贝尔说宗教是他的这本书的支撑点。在贝尔看来，基于统一性的宗教能使人类过上有意义的生活以及彼此融洽地生活，所以，在一定条件下，人们应该自然地回归统一性。人要意识到人的局限性。换句话说，在他看来，人类社会文化的命运与人类如何对待存在源头有关，也即与敞开的存在态度相关，所谓宗教就是对创造性本原的敞开。目前，人类文化趋势正在朝着离根方向不断演进，集中体现在文化的内核慢慢消解。如果文化失去了超越的内在对话性之本质内核，所谓文化也就失去了真正的基础与依据，也就会失去文化的审美性潜在价值。当今的文化日渐停留在平行层面上，这一趋势日渐明显。文化发展的目标几乎全落在人的封闭性世界里，即封闭在人的有限实践活动的空间里，封闭在人的可见有限的世界里，这样也就封闭了通往存在源头的道路或窗户，封闭了文化的内在深邃宽阔的可能性。由此，人为化、理性化、技术化以及感官享乐化趋势越来越明确。文化的这种封闭恰恰是以人“心”的封闭为突出特征。这最终会导致人类文化（包括贝尔所说的资本主义文化）出现整体危机。

实际上，在更早的时候，德国哲学家胡塞尔多次谈到了欧洲人的危机或欧洲科学的危机。欧洲人与欧洲科学危机的根源是什么呢？他认为就是以实证主义为代表的自然科学的发展。严格的科学要求研究者必须小心排

① ［美］丹尼尔·贝尔：《资本主义文化矛盾》，赵一凡等译，生活·读书·新知三联书店1989年版，第75页。

除一切价值判断，实证主义丢掉了形而上学所着力思考的问题，即“最高的和最终的问题”。由此，自然科学及其技术导致“生活意味”的消失，或“意义的空乏”。那么生活的意味及意义去哪里寻找呢？只能在超越有限可见的统一性方向上寻找：

> 所有这些形而上学的问题，都是超越纯粹事实的世界……可以说，实证主义在扼杀哲学。早在古希腊罗马时代，哲学观念就统一在一切存有的不可分割的统一性中。在它之中已经包含着一个意义重大的有关存在秩序问题，说到底，一个有关存有的问题。因而形而上学，即关于最高和最终问题的科学，应享有科学皇后的荣誉，它的精神决定了一切其他科学所提供的知识的最终意义。①

维特根斯坦关于“意义在世界之外”的言谈是著名的。这似乎可以说明：文化与意味-意义相关联，而意味-意义有一个隐形的基础，进一步说，文化有一个隐形基础，这个看不见的隐形基础恰恰超越了有限世界所能提供的那些，其也不是以精确为特征的自然科学所能把握的。这个基础或依据是形而上性质的。整体人类的文化如果想获得意味-意义，就必须重视这个隐形的看不见的根基。如果人类忽视了它，拒绝与之真诚地、不断地进行启示性对话交流，那么基于封闭的种种精神性危机就会发生，生活的意味就会日渐消失，意义的空泛也会随之来临。这个不是欧洲人或欧洲文化的危机，而是整个人类面临的境遇，是人作为人所面临的境遇。

文化价值不是封闭性地通过自己、依靠自己就能建构起来的。使人的世界成为真正的人的世界、使文化成为文化的那个基础性力量——或许也是隐形的引导力量——才是理解人、理解文化的关键。人类文化的背后有着更为深层的隐形推动力或牵引力，人也因此有着更为深邃的文化性渴

---

① ［德］埃德蒙德·胡塞尔：《欧洲科学的危机和超验现象学》，张庆熊译，上海译文出版社2005年版，第12页。

望，被这种更深邃的无名的渴求引导。虽然人们对文化的理解不同，对文化的渴望的理解有所不同。决定文化发展的价值边界，并打开文化精神可能性的恰恰是一种隐蔽推动力或牵引力，与人相关的那些显性的可见的要素或许并不是最重要的。这个形而上的隐形基础与更为深刻的人文视野相联系，或许我们可以称其为：以天道－天心为精神坐标的人本主义。在这种视野中，天道－天心是原型言说，是人的存在最深邃本源、基础、尺度与背景。人类的一切深刻的精神性经验，莫不是与之发生关联产生的。虽然对这个始源性存在，人们可以有不同的命名。我们这里“天道－天心”是形而上意义上的本体存在，而不是形而下意义上的自然之天。自然之天在逻辑顺序上是后来形成的。人文性真理涉及精神总体，涉及终极性实在性与终极性秘密，也涉及人所渴望的稳固而深邃的体验。而现在的基于实证的学术研究模式（范式）——精细分类，细碎切割，只见树木、不见森林——从根本上说是背离人文性真理的。世界被解析为马赛克似的碎片，却看不到世界万物之间的相互联系和相互作用以及其起源性基础，这样人文也就失去了理解的整全本质：

> 你们把各种法则建立在作为特殊东西的特殊东西上面，你们就恰恰通过这种方式让你们的对象远离绝对者，让你们的科学远离了哲学。①

文化中的方方面面都立足于特殊与差异性，立足于相对与偶然，失去了总体的价值方向，失去了与精神整体的关联，但人类作为一个特殊存在，其活着不仅靠外在的物质，更依靠内在的精神力量，精神力量对人的存在很重要。人类赖以为生的精神力量，其最深的根基是什么，人类有必要思考清楚，而要搞清楚这些问题，就必须思考人的本质（人之为人的基础特质），而对人的精神本质须做自上而下的领悟：

---

① ［德］谢林：《学术研究方法论》，先刚译，北京大学出版社 2019 年版，第 4 页。

> 哲学是对抽象的说明，不是对具体的说明。①

文化的那个看不见的隐形基础与人的深邃隐形本质相关联。人类文化的本质与人的存在本质是一致的，也都有两种界定路径、方式：自上而下，自下而上；平行层面与垂直层面，或者说理念层面与现实层面。这种界定本身就是一种叙事。我们可以从多个层次、多个角度对文化进行叙事，如物质层面、技术层面、日常生活层面等。但从人类文化的历史来看，这都不是关于文化的核心叙事。文化的核心叙事是价值叙事，是面向人的持久的深层的心灵，其与人的持久稳定的意味－意义体验密切联系在一起，人类心灵——尤其是持久稳定的深层心灵——所渴求的是变中之一。这些由文化的核心叙事编织而成的故事之网成了人的存在的意义之网。这些叙事常常通过各种文化的形式（艺术的、生活方式、存在过程等）展现出来。文化的最核心叙事通常不是封闭性的，不属于科学性的，而是敞开的，属于诗学性质的，其主要描述、研究、认识文化的根基及其动力要素，以及文化之中所发生的具有“虚”的性质的想象性事件，最有价值感文化是内在性的，是由那些能触动我们心灵的部分构成的，哪些文化叙事或要素更能触动我们的心灵呢？

所谓文化价值的核心叙事代表的是能触动我们心灵的那个方向。讲好文化的内在故事就等于指明触动心灵的文化方向。文化价值叙事学就是文化核心叙事（故事）之诗学，也是文化叙事之心学，或者叫基于文化内在体验性视角的心学，着重认识并领悟文化的内在方向，文化心性的情绪的情感的体验性质。事关文化价值的核心部分不是外在性的，而是心性的、内在性的，文化的核心之处寻求基于天人贯通性相遇意味体验：

> 这里我要谈论的是一种更神圣的艺术，按照古人的说法，这种艺

① ［英］怀特海：《过程与实在》，杨富斌译，中国城市出版社2003年版，第34页。

> 术是诸神的一个工具，它把神性的奥秘颁布出来，把理念无遮蔽的美揭示出来，而美仅仅在纯粹灵魂的内部放射出纯洁无瑕的光芒，它的形态和真理的形态一样，都是肉眼不可企及的、隐蔽起来的。①

整体的文化价值叙事也是如此，其本质是天人贯通性的，也是心性的，其可以是一种主义、一种制度、一种文化传统等。文化的最深的价值根基不是出自作为有限者的人自身，尤其不能出自人的表层理性部分。所以，以科学技术为中心是有弊端的。文化核心应能超乎科学理性，尤其是超乎工具性科学理性。文化的发展不能单纯以科学为动力，而应以价值叙事为动力，遵循“价值发展观”，以价值提升引领为文化发展，而所谓价值恰恰与人心（本心）密切相关，所以以价值引领文化事实上就是以人心引领提升文化。把科学理性作为文化的核心，或作为文化追求目标，这是以人的局部现象性追求代替人的整体的本质性追求。核心在人的心性方向，在此基础上形成新的价值观，形成能给人的心灵带来满足的价值追寻，并由此增加文化成员的以心性为基础的价值体验。文化的核心就是为了帮助人们体验与源头相通的心性，就是为了产生有价值的体验，就是帮助人们感受精神的充实、美好、意味－意义。文化的首要目的是让人活在以心性为基础的意味－意义之网里，在这个意味－意义之网里，人们能体验到存在的奥秘与深度，能体验到基于心性的理想的光芒。

二　封闭性文化叙事及敞开超越性指向

> 在任何时候都不应把自己和他人仅仅当作工具，而应该永远看作自身就是目的……目的王国中的一切，或者有价值，或者有尊严。一个有价值的东西能被其他东西所替代，这是等价；与此相反，超越于

---

①［德］谢林：《学术研究方法论》，先刚译，北京大学出版社 2019 年版，第 246 页。

一切价值之上，没有等价物可代替，才是尊严。①

人类文化的最纯粹的、最高目的是什么？这是最值得提出的问题。如果最纯粹的、最高目的被真正肯定，那么人类文化的其他方面都是辅助性的，差不多都是通向这一目的的辅助性手段，而文化的较为纯粹的那些目的常常也就是文化的核心叙事。人们经常谈论的爱、真善美、正义、自由等价值，那么这些精神方向的最核心的内核又是什么？其实，真正意义上的爱、真善美、正义自由等价值和最高的绝对纯粹的目的向往与追求密切联系在一起，或者说这些都是最核心精神价值的一种展开，这个最核心价值就是能够给人类带来存在光辉的方向，能够让人活在良好的感觉里，哪些是能给人带来存在光辉的方向，哪些又能让人活在良好的感觉里？

在康德及十八九世纪的大批启蒙哲学家看来，最有价值的方向与让人具有尊严的方向是一致的。那么哪个方向最能让人活得有尊严？在对所谓尊严的追问中，最终人们一定会与存在本体碰面，并与对本体的理解领悟融合在一起，也就是说存在尊严与“终极实在性”（源头心性）有着密切的相关性。一个民族的文明或文化都或潜在或明显地与这个最高精神坐标紧密关联。在中国的思想传统中就是与以“天道－天心”之本体牵引联系在一起。在东西方的许多文化中，本体问题又与宗教信仰相连。或许正是基于这种考量，美国诗人艾略特才说：

我在本文中主张：一个民族的文化就是其宗教的体现。②

我们可以询问：若不具备一种宗教的基础，任何文化是否可以自行产生与维持下去。我们还可以进一步询问：我们称为一个民族文化

---

① ［德］康德：《道德形而上学原理》，苗力田译，上海人民出版社1986年版，第86—87页。

② ［英］T. S. 艾略特：《基督教与文化》，杨民生、陈常锦等译，四川人民出版社1989年版，第106页。

的东西以及我们称为一个民族宗教的东西，是否就是一个东西的不同方面，因而文化在本质上可以说就是一个民族的宗教的体现。①

艾略特所说的宗教着眼于精神，而不是形式性的，也不是教义性的，其代表人之最高精神向往与最高精神理想，代表人的存在的精神的源泉，也代表文化的内在建构与结构。他的思想与英国诗人、文学与社会评论家马修·阿诺德如出一辙。阿诺德在《文化与无政府状态》中所说的文化向往"完美"方向，其是源于对完美的热爱及对完美的追寻。阿诺德已成为英国文化中标志性的人物，他在这本书中创造的"野蛮人"（贵族）、"菲力士人"（中产阶级）、"群氓"（平民）、"美好与光明"等概念，也成为理解文化的一个符号。他对"文化"的定义与期望和艾略特相似，他严厉抨击了他们的自满、庸俗和拜金主义，倡导以美与智为核心的文化，并通过阅读、观察和思考，认识和学习通向天与神的意志之道，以此来对抗随心所欲、各行其是：

宗教是表达人类最深刻经验的声音，它批准且赞许文化的崇高目标，即致力于让我们弄清什么叫完美……宗教说：神的国就在你们心里；同样文化认为人的完美是一种内在状态。②

现代社会中的文化危机恰恰就在于：人们追求种种外在的多元化、差异化、对象化的东西，不再追寻"同一性"或"统一性"，基于现代性的文化追寻几乎变成了瓦解（或裂解）与分裂、封闭与局部的追寻，原初统一性意味渐渐消失，由此，文化变得越来越物欲功利化，失去了最高的也是最纯粹的精神向往。这一向往性危机导致文化价值层面的危机，并渐渐

---

① ［英］T. S. 艾略特：《基督教与文化》，杨民生、陈常锦等译，四川人民出版社1989年版，第100页。

② ［英］马修·阿诺德：《文化与无政府状态》，韩敏中译，生活·读书·新知三联书店2002年版，第10页。

失去了价值内核，因而现代文化整体变得“虚空”，缺乏坚实的“精神中心”，或者说文化整体“缺心”。文化愈益外在化、技术化、享乐化，失去了基于敞开的价值内核的支撑。

每个时代对文化的理解也都有侧重点，这就形成了对文化理解的多方向性、多层次性、多侧面性。广义的文化就是“人化”，可包括人与动物相区别的一切方面，包括人的生活方式、内心方式及其各种外化的表达方式（包括语言方式）等，这种文化把人与动物区别开来。文化可偏重外在现象显现层面，也可偏重内在价值体验层次。人类文化也有现象封闭的与价值性敞开之别，也可以说是自上而下、由内而外的与自下而上、由外而内之别。有自然—物质层面的文化内涵。文化的封闭方向叙事首先体现在人与自然的偏重物质质料性、形式性的生活关系方向、方面。这是与人类相关的物的层面活动，包括生产与消费，也即偏重文化的自然—物质属性，也即保存、延续、发展人类社会与个体有关的自然物质的层面。自然物质性层面的文化代表自然物质及其所代表的进化的力量，而自然物质的进化力量又和人的生产能力（生产力）相关，也即人类与大自然打交道的能力相关，还有与经济活动相关的方向、方面。这一层面的文化体现为物质与经济的更替史、创新史，包括物质经济工具的更替史、创新史。这一层面文化的叙事核心就是：物质经济的不断进步与提高。现在所谓新商业模式也属于这种，但现代社会一切文化都有被还原为物质及其科技的趋势，由此形成物质乌托邦、技术乌托邦、科学神话、技术神话等。这一层面的文化核心就是生产力的故事，而生产劳动工具又是核心，包括劳动工具、生产工具、生活工具等。这是由物化的人类知识力量构成，尤其是与日新月异的技术世界联系在一起。在自然技艺的基础上，又衍生出技术—人为技术。

人类文化其次体现在人类之客观——社会关系层面，也即客观——社会关系层面的文化内涵。人与人的偏重社会利益的政治关系是核心。这包括各种各样的制度文化——以政治为核心的制度文化，关联着各种现实政治利益问题。其着眼于人的各种关系的维系、调剂、发展、完善，为了这种维系、调剂、发展、完善。大同世界的理想关系为东西方所向往。还有各种关于社会关系的乌托邦、关系神话等。乌托邦概念指向人类思想意识中人与人之间最完善、最美好的社会关系。社会关系层面的文化与实用性符号系统密切相关，并形成了人—符号—文化三位一体格局。社会关系中的符号活动的具有一种先验性功能，包括宗教、伦理、艺术、语言、艺术、历史等。人类文化还体现在人类富有特色日常的公共或个人生活方式，包括富有地方—地域性特色的生活及风俗。这是自然—社会—人的多重性的交融的生活方向、方面。包括公共的与个体日常的物欲消费生活方向，是和饮食男女、衣食住行、吃喝拉撒睡、生老病死相关的方面，是自然人、社会人与个体私域交融的领域，与地方性的公共或个体相关的文化领域。其也与人的日常生存相关。由此衍生出各种以民风民俗形态出现的日常生活场景、场面，这些文化体现在地方性有特色的公共或个体的生活细节里，这些日常的生活行为在各个地方各个时间段中的呈现不同，并形成了鲜明的民族、地域特色，在现代社会常常体现为文化时尚等。这些也构成了人的生活的风俗史。

如果一种文化失去了让人们活得更有意味 - 意义的功能，那这种文化就基本丧失了文化的核心主旨，也可以说是丧失了文化的潜在的最高目标，由此就很难彰显人的价值与尊严的一面。现代文化似乎有一种非价值化走向，而文化的真正功能恰恰在“价值”方向上，人类文化中更有价值的方向是敞开的联系性的，是朝向天道 - 天心源头言说的。这也是价值性文化发展的核心坐标与依据，这个文化方向能使人获得“本心”，以及基于“本心”的体验——和谐体验、美妙体验、人的意义体验、美好体验、神圣体验等。本心体验具有敞开性、本原性、超越性、整体性、和谐性、解放性、神秘性等特点，体现了垂直层面的精神关系及精神内涵。这也代表文化的最纯粹、最内在的方面，也代表了文化的具有终极感的目的。

中国传统文化的最高目的与向往是天人关系的贯通。没有天人关系的贯通也就没有真正的精神文化，也就没有文化的诗性或美学价值。在人类历史发展中似乎有两种不同的文化倾向：手段性的与目的性的，以及偏重手段的文化与追求最高目的的文化。东西方古老的传统偏重后者，而现代社会则偏重前者。追求精神目的的文化代表了文化的“初心”。现时代的文化有一种现象物欲手段取代精神目的的趋势，也有现象物欲手段高于精神目的的明显征象。现代社会在寻找文化手段的过程中，忘却了文化目的本身。现代社会中的现代人活在各种或隐形的或显形的手段里，或者说活在或隐形的或显形的工具里，被种种文化手段与工具奴役。这就是现时代文化的异化形式之一。现象物欲性手段或方法本身成为文化叙事的核心：

> 伦理学是实践的，则是在不同的意义上，甚至可以说是相反的意义上。它应当指出目的本身——所有的手段都是为了这些目的，它应当是最高的、绝对的目的——这些目的不能反过来作为任何其他东西的手段。①

文化的最纯粹的也是最高的目的就是使文化能触及心。心与文化的真正根基联系在一起。文化根基关联着无形的实在性，所以敞开的价值性文化常常通过否定与抑制的路径来实现。抑制虚假的外在性与物欲性，抑制现象物欲手段代替精神目的的发展趋向。真正意义上的文化是敞开的，是天人贯通性的，是朝向创造源头的，是和无影无形的方向相关的，也事关人的存在或人心的本质。基于封闭的人类活动的有形的部分，只是偏外在可见的人类文明成果。文化更重要的方向是：人类活动中如影相随但又常常属于无形的部分。那么哪些属于文化中影响人们的无形的部分？其是一种文化体整体隐蔽显露出来的精神气质，是一种文化体的灵魂、核心、基础与支撑。文化的核心根基是“心”及“心性”，文化没有了心及心性，就很难算真正的文化了。文化塑造的方式也是润物细无声式的，是无形的慢慢渗透性的。那个看似无影无形的精神内核却又最能代

① 冯平主编：《现代西方价值哲学经典——先验主义路向》下册，北京师范大学出版社 2009 年版，第 658 页。

表人类内在特性，其渗透在文化的方方面面，构成文化的基础支撑。人类文化的无形核心代表了人类的最深邃也是最高贵的部分，这个部分既让我们与动物区别开来，也让我们与未来的智能发达的机器人有着本质的不同。

别尔嘉耶夫在《末世论形而上学》一书中说：

> 只有彻底地改变意识的取向才能导致生命的改变。意识的错误取向是人的奴役的根源。①

传统是和内在的精神意味 - 意义相关的；传统文化是充满意味 - 意义的文化。一些传统文化拥有内在的精神气质。人们之所以愿意在某种程度上逃离现代社会，逃离给人以便捷的现代文化，回到旧有的传统文化里，是因为传统文化具有一种能满足人的内在意向向往的氛围，也能够唤起或激发人们的意义感、充实感、美好感、价值感。传统的重点不在其过去性，而在其浓厚的贴近源头的精神气息，即那种能满足人心性的精神气质。有精神启示性的具有内在感的文化传统才有真正的价值。

三　文化始源动力引领及文化深邃之根

人类价值文化的发展是基于其敞开联系性，而不是基于其封闭性，具有审美价值的文化也具有因敞开性而来的诸多源头特性，比如更多的原初性、更多的统一性等，这些特性构成了文化价值的无形的支撑，而具有审美价值的文化恰恰是与深根联系在一起的，由此，其也才具有柏拉图所说的“精灵性”，也才具有阿诺德所说的完美倾向。这也是文化自身发展的目的之一：

① ［俄］别尔嘉耶夫：《末世论形而上学》，张百春译，中国城市出版社 2003 年版，第 3 页。

为了找到这样文化的真正根基，我们必须找到文化的动因。[①]

文化中最坚实的根基与文化中最深邃的动因是一致的。我们人类文化的核心是天人沟通对话性的，沟通对话性是文化的起点，也是文化的终极归宿，没有与创造源头（及源头特性）对话的所谓文化是难以设想的，没有这种对话的文化肯定会以某种方式陷入无序，并呈现出更多混沌茫然的面貌。人类文化对话之隐形起点（或源泉）和整个自然的隐蔽起点是同一的，这种启示性的对话性交流隐蔽地决定着人类文化的内在价值，也就是能触碰人心的内在潜质。人类文化的发展基调与最核心因子同源泉性存在（或创世性存在）是联系在一起的，其也代表初始的推动因的隐蔽照耀与投射。这也是东西方悠久的启示性文化（智慧性文化）的核心思路。文化借以沟通对话的起点（或源泉）是最重要的动因，也是人类文化价值的产生、发展的推动力。人类的价值文化发展的进程（或过程）就是天人启示性对话进程或过程。

人类文化最深邃的根基是无形的，也是超越一般意义上的科学视角的。科学只是简单地陈述了世界之"如是"，但没有真正弄清世界"何以如是"。人为什么一定要死，万物为什么会寂灭？追问下去就会触及本原的非存在力量，同时也会触及更为本原的存在力量。所谓"存在"就是终极性肯定的力量。在最终的本原真理面前，那些衍化中的、我们能看到的有限性真理都是一种工具性幻影。人类文化也是如此，在真正的根基面前，基于有限的文化都具有外在性特点，都具有婆罗门教与佛教所说的"幻影"性质，而幻影式文化终归是外在于心的，也是不能真正满足人的内在心灵的。人的敏感的独特的内在心灵是敞开联系性的，并与宇宙的根源性隐秘力量密切相关。人文学者肩负着更为内在的使命，他们的心灵需要与宇宙最隐秘的力量发生共振，也就是与使世界得以存在的最原初力量

① ［英］马修·阿诺德：《文化与无政府状态》，韩敏中译，生活·读书·新知三联书店2002年版，第6页。

发生共振。如果不能把握使世界得以存在的源头特性（属性），就等于没有领悟存在之根性。虽然关于这个存在之根，我们用不同的名词来称谓之。中国思想传统称之为“天道－天心”。不深入地领悟这个根，不与这个根深入沟通，人就无法谈论真正意义上的价值，也就无法谈论价值性文化，“天道－天心”（及源头心性）是人类文化最隐秘的基础，是人类情感、精神的最隐蔽基础。通过对自身敞开的心灵的穿透，我们或许就能领悟到宇宙的隐蔽本质。透过心灵隐秘的向往与渴望，我们就能领悟并发现一些存在的秘密。那伟大的始源的引领力量，是能给人带来意味－意义感、美妙感的存在力量，但这种深邃的引领性存在力量经常被遮蔽、被遗忘了。真正有价值的文化力图呈现天人贯通性关系，也唤起人们对这被遗忘的存在的记忆。

文化的始源性引领动力与深邃根基是一致的。始源性引领动力是自上而下的动力，也就是天人合一性文化动力，文化的最有价值的内核也来自天人合一性方向，或者说，最有精神价值的文化是天人合一性的文化。与天人合一文化相对的就是狭隘性人本主义文化，狭隘性人本主义文化从本质上看是封闭性的文化，其从短期看各个方面都很见效，但从长期看会毁灭人类的存在的价值基础。决定文化价值内核的是敞开的超越的方向，在这个方向里有天道－天心言说出来的微妙声音。这种超越性的天的声音越少，文化也就越缺乏价值感。这是文化赖以存在发展的基础性的观念，其隐蔽地对文化发展产生影响，像一只无形之手在调剂人类心灵渴求一样，从而也就实质性地影响文化的发展方向。德国哲学家谢林在《哲学与宗教》这本书里，把这个称为“绝对观念的渗透式塑造”。中国文化始源性引领动力及深邃之根是天道－天心。这是中国传统文化的起点、源泉与归宿。西方文化的起点、归宿引领动力则是上帝（或真主）。印度文化的起点、归宿与引领动力则是梵。

各个民族的古代文化受这个始源性引领动力精神影响最大，具有古老意味的文化更是深受其影响。宗教、神话、巫术（包括各种通灵术等）等都是这种影响的生动体现。在现代社会，其依旧以原型方式产生影响，其也是文化价值感、意义感的最大支撑。一种文化如果失去了这个伟大精神性引领动力源泉，那就很难产生深度价值感、很难使人产生深度意味－意义感，也很难唤起人们的存在激情，真正的所谓激情差不多都是始源性的，或者说真正的激情就是被始源性牵引所引发的内在热情，失去了始源性牵引或动力，人类文化差不多就等于失去了深厚深邃的充满奥秘感的精神背景。传统文化、传统价值可贵之处在于：有意无意地信仰这个根基与始源力量。所以，英国的马修·阿诺德在《文化与无政府状态》一书中认为认识、体悟神之道是文化的核心使命之一，而人类的所谓灵魂如果失去了终极意义上的精神源泉的浇灌，也就难以再被称为灵魂。没有来自终极意义上的源泉的浇灌，人类的文化之树也很难给人类以真正的精神上的绿荫，由此，人类文化之树上的那些精纯之花朵必然日趋枯萎。

人们经常能意识到自然的根基作用，却遗忘了更为深层的存在之根。关于自然，人们经常产生混淆，其实自然有局部自然与整体自然之别。局部的自然具有物质性、片段性、分割性特点，是理智分析研究的对象，整体的自然却具有统一性，这也是我们的灵魂、情感的隐蔽感应的对象。这种具有神秘的联系的整体大自然对人的影响目前依旧深远。所谓回归自然，回归的不是局部的物性意义上的分割性的自然，而是回归整体的具有精神意味的整体自然，回归的是斯宾诺莎意义上的自然，而不是自然科学意义上的自然。自然是人类文化的隐形推动力及根基之一，因此人们才会想到：回到自然去，回到自然的根基上去。自然起着塑造人类文化的作用，或者说自然是人类文化的重要塑造力量之一。但现代人也有一种脱离自然束缚的倾向，要为自己立法走自己的路，这种特立独行的离根行为或许会付出惨重的代价。

启蒙运动是西方文化的一个转折点与重要的分水岭，但启蒙运动忽视了人自身的理性（包括其延伸物）的局限性、不可克服的有限性。启蒙运动从根本上改变了人类对自我角色的定位，也改变了自己对生活的种种感觉与认知。自此以后的文化潮流大多深受其影响：要脱离超自然的影响，也要脱离作为整体的大自然的影响，人的世界逐渐成了理性主宰的世界，成了技术的世界，成了其各种延伸物的世界。所谓的现代主义、后现代主义的文化，都和人为自己立法相关。技术的进化路线更为明显地体现了文化的人为性，技术路线既不是超自然路线，也不是自然路线，但现在其对人与文化的影响越来越大。中国学者李泽厚也提出社会文化发展的工具本体论，强调技术工具最终决定的基础地位。现代社会就是一个以技术手段（理性手段）解放感官的社会，同时它们又合谋杀死了心灵—精神—灵魂。问题是：如果人类的精神日渐贫乏，这种文化发展（或进步）还算发展（或进步）吗？人类的技术越发达，人类的真正的存在就被遗忘得越多，人类的深沉灵魂也相应地被遗忘得越多。因为遗忘与离根导致文化的异化性发展，文化的异化性发展导致“失心”。文化的“失心”又基于动物性与智能性两个基本方向。过于接近动物的文化是坏的丧失人性的文化，过于接近机械（工具理性）的文化也是坏的文化，也叫丧失精神核心的文化。文化的核心精神正在丧失。

更为重要的是那个隐在的始源性引领。相对而言，自然只是次一级的动力因与存在根基，因为自然本身是有根基的，也是“天道－天心言说”的显现方式。人也有两个方向的忘却：对自然根基的忘却及对更为根本的天道－天心的忘却，这也是对支撑自身有限性存在背景的忘却。现在人们似乎忘记了这一点：一切关于人的叙事都是偶性叙事，也就是对有限者的叙事，人是有限的、具有偶性的被造物，人的世界是有限世界。人，作为一个物种，有自己的界限，甚至有不可能逾越的界限。有形的大自然与那个无形的深邃存在为人设限。不仅人的存在本身是有限的，人所有的存在工具及存在手段也都是有限的，人的语言是有限的，人的理性—科学是有限的，人的劳动及生产工具是有限的，人的劳动实践及建造起来的种种制度等都是有限的，包括人的所谓的进步也都是有限的，但人不安于自己的有限，经常忘却了自己的有限，人的存在的种种悲剧就由此发生。

人是一个充满悲剧性的物种，是一个叛逆的、不甘于自己有限性的物种。在西方的文化语境中，这就形成了一种罪性，背离了自己的神，自己要做神。而在中国的文化语境中就属于“逆天”。人的存在本身就是一个悖论，人的文化事实上也是个充满悖论的文化。人及其文化存在处境就是一个困境。在某种程度上，人的故事、人的文化故事也就是人的困境的故事：人就活在这样一个悲剧性情境里。人类摆脱困境的方法就是回到根处，尤其人要敞开心灵，接受始源性的隐在地引领，由此人就活在了最深的根基里，活在了与深邃根基的沟通里。真正的一流的具有审美价值的文化或艺术差不多都鼓励人们回归根基，而使人远离根的文化或艺术很难成为真正有价值的，那会使人成为“异乡人”，使文化成为异乡性文化。使人离根的思想（包括哲学）很难成为一流的思想（或哲学）。这个根基包括了大自然，这个根似乎不常被遗忘，经常被提起。当人们遗忘自己自然根基的时候，人们提出警示，这是有价值的。在文学艺术的历史上，这样的情况经常发生。文艺复兴后期，作家、艺术家们提醒人们要尊重自然根基，并获得了成功。但还有更为重要的始源性引领力量，也是最深邃的根基性力量：天道－天心（及其心性）的原型言说。

四 文化核心价值观念及其审美意味蕴含

只有触碰到心才算触碰了文化的价值核心，只有能触碰人心的价值观才有潜力成为核心价值观。文化的审美价值也在能够触碰人心、召唤人心的方向上，具有审美价值的文化是能产生深长韵味的文化，是被意味性整体支撑的文化。一种文化的内在的美之光辉在其天人关系贯通性和解趋向上，在其对原初心性的隐蔽领悟及其外显性延续上。原初的天道－天心一直在隐蔽地言说，人类文化要想触碰人心，就必须认真倾听这些原型性的声音。天道－天心原型言说体现在人类所创造的文化世界及历史里，并具体体现于神圣维度的内在而持久的召唤力上，其也通过人类个体的无私品格显现出来，并可转化成内核价值型审美文化显现部分。更具有审美价值的文化是天人之动态和解性文化，而不是基于感官感性泛化型文化。基于感性物性及其偶然性的文化在现时代差不多属于娱乐主义式的，或者属于消费主义性的，其很难具有超时间的真正的审美价值。价值性审美文化是天人和解性的：以神圣普遍性为目标和方向，同时又不抹杀消解个体的具体性。文化核心价值观念与价值性审美观念在最深的根处是一致的。归根结底其都体现了天人之贯通性和解，也即两个根本性方向的动态性和解，也即有形有限方面与无形无限根基的一种和解。所谓价值性文化，所谓文化的审美价值都是这种和解的内在或外在的显现或象征。

在人类的漫长文化历程中，人们提出过不同的衡量文化价值的观念。其中最核心的价值观念又是什么呢？有一种流行说法：新时代国家之间的竞争就是文化软实力的竞争，本质上也就是不同文化所代表的核心价值观的竞争。由此可见核心价值观对于一个国家（或一个民族）来说是多么重要。是的，好的价值观才可引导民心（包括他国的民心）并赢得民心。而核心价值观的塑造主要是人文学科的思想家（也可包括艺术家等）的事，这是值得真正具有远见的诚实思想家做的事业，但这份思想性事业肯定不属于机会主义者或缺乏洞察力的书呆子。正因为核心价值观如此重要所以更需要慎重提出。价值观念——尤其是核心价值观念——是不能不严谨、不诚实地提出的，更不能将其封闭在一个狭窄的范围里，仅仅出自人的某种局部意志、意愿或意图草率提出。文化的核心价值观念应立足于天人关系贯通性和解。核心价值观的背后实际上隐藏着一个具有基础性、统一性的“本”“元”。

我们需要自上而下地领悟文化的核心价值观念，及其所具有的审美价值。那些对民族有真正的精神贡献的人，通常都是在价值观或思想内容、思想方式方面有巨大影响者。在这一点上，价值型思想家、艺术家比其他类型的思想家、艺术家更重要。价值型思想家对人之存在本质有敏锐的洞察，由此才可塑造了一个民族的做人与思想方式，按照他们的思想行动可给人的存在带来内在尊严。为什么一个国家（或民族）需要一个核心价值观？因为最核心的价值观念和人之为人的本质相连。用中国思想传统透视，人之为人的特质是天人贯通性的，也是自上而下的，最根本的基础在天道 - 天心。这也与人之最有光辉的精神尊严内在地一致，接受最核心的价值观念的指引可使人更像人，也更使人散发出存在的光芒。核心价值观念必须针对整个人类提出来，而不能只适用于部分人。基于此，其才有内在的普遍的精神召唤力，而不是只适合某一部分人。其不是要给人带来功利好处，也不是要使人肩负不自然的社会责任，最核心的价值观念也有助于树立人之精神性信念，也要能给人的存在带来被人珍视的体验。这常常是单纯、稳定、普遍而持久的存在体验。核心价值观念应该是有核心的，无经得起推敲、可以一以贯之的价值观难以被称为有核心的价值观。如果一种价值观念不能给人带来基于存在尊严的价值感受，那就没法触碰人心，也就难以被称为核心价值观念。罗列过去的文明成果意味着还未能确定最核心的价值观念。这就像找不出一个领导集体最核心人物就等于没有核心领导集体一样。在那个能基本统摄一切、涵盖一切的基础性核心词（或概念）确定之前，核心价值观在逻辑上等于没有成立。

文化核心价值观念是天人贯通性观念，其有着深远的存在根基，其也同时是文化的审美价值的支撑。所谓文化的核心价值观念究竟意味着什么呢？我的理解，核心价值观包含以下几层意思。

（1）当其他观念与此核心价值观念发生冲突时，其他观念让位于核心价值观念，也就是让位于最核心的价值观念。所谓核心价值观念有一个最重要的潜在基础特性：当其他价值观与这个核心价值观发生矛盾时，位于核心的价值观念就被突出，要不然怎么还有资格称为“核心价值观念”。尽管价值观念可以是一个体系性的观念系统，但这个体系性观念系统依旧是有核心的，依旧是有最内核部分的。比如富强与自由发生矛盾时，谁更倾向让位于谁？比如敬业与爱国发生冲突时，谁更倾向让位于谁？齐头并进不可行时不能说互不相让吧。

（2）文化的这个核心价值观念是一个文化体下的成员的最重要的行动与思想指南。作为那个文化体下的文化性成员，作为其行动与思想指南的核心价值观是不能多而杂的，最核心价值观必须有一以贯之的特征。这个能一以贯之的核心价值观究竟是什么？也就是那个能统摄一切、涵盖一切的基础核心词（或概念）是什么？或者说，人们的核心价值观本身就是多元的，没有根基性的、决定性的“一元”。

（3）文化的核心价值观念要能给文化成员（国民、公民，甚至整个人类）带来意味－意义感、尊严感、价值感，要能给文化成员（国民、公民，甚至整个人类）带来基于意味－意义与尊严的真正的精神生机。这种精神生机也是持久性的，而且是饱满的，并富有内在的灵魂性生机。一般意义上的价值观念未必能为个体带来这种价值感受。现代中国人比几十年前富有了，但现代中国人的价值感受未必就高于几十年前。

文化核心价值观念本身就具有支撑文化审美价值的功能，否则很难说那是文化的核心价值观念。可以对比一下现代中国人的核心价值观念与古代中国人的核心价值观念。古代中国人的核心价值观念就是天道－天心，就是以此为基础的天人和解观念，以及延伸的“本心”主体，及“存心”“养心”“修心”“明心”等观念，但人们一般意义上理解认为，中国古代的核心价值观念是儒家的“忠”“孝”，其实这只是“心”的外显，如果失去了本心的支撑，那这些外在性的观念就等于失去基础与核心。这种失去“心”的外在性的价值观从根本上来说不具有普遍性色彩。失去心支撑的价值观念是他律性的。这种他律性道德观念缺乏真正唤起的内在力量，也难以给人带来真正的价值体验或价值感受。能唤起人之内在力量的是那些具有本源性的基础性观念，这些观念具有与天道－天心相一致的精神指向。这种具有始源性的价值观念才可真正照亮人们的存在，给人的存在带来真正的“心性感受”，这种心性感受包括人们经常说的永恒性感受等。

中国思想传统最具特色——也具有美学价值——最核心的就是“天道－天心”观念，以及以此为基础的天人复归性和解的观念。我们可以看下资本主义的核心价值观，资本主义世界的核心价值观是清楚的——尤指主要资本主义国家——那就是自由价值观，以及与此相关的信仰主义、个人主义等。这种价值观渗透在他们的文化习俗里，渗透在他们的政治文化（包括《宪法》）里，渗透在他们的日常行思中。未来中国核心价值观的树立，需要从中国古老传统中汲取核心营养，培植基础性的可以作为价值支撑的基要观念。遵循树立起来的核心价值观行动、思想、创造，就能获得价值性感受与体验，否则所谓核心价值观就是缺乏内在的召唤力。如果我们不能创造提炼出比“自由”更具有号召力（或更能深入人心）的最核心价值观念，那在未来价值观的竞争中可能就会处于下风。一个国家或文化体的真正“软实力”就体现在这里。如果核心价值观念缺乏普遍的感召力，那也就谈不上什么“软实力”，文化的软实力就是对人心的感召力与号召力。现在人们喜欢谈论精神的固本培元，但对中国的思想传统而言，这个所谓的“本”“元”，其核心就是指向天道－天心。这也是中国思想传统中最具价值竞争力的观念，同时也是可以与西方进行对话的观念。这也是中国传统价值观的真正基础。

文化的审美价值也在于此。价值性审美是基于天人贯通性相遇，是基于由此而生的意味性整体，是审美者被意味整体环绕支撑的感觉、体验。这种意味整体的环绕支撑，也是文化审美价值得以产生的不可或缺的基础条件。中国美学界多年来一直没有找到那个最核心的基础性支撑观念，由此就只能在审美的外围打转，那些人们熟悉的美学观念，缺乏真正的基础性的支撑力量，因此这些思考体系给人的整体感觉是摇摇晃晃的，也因为缺乏深邃性而不能真正打动人的心灵。结果就是那些美学思考只能在边缘上转来转去，不能触及审美（或美）的真正核心。中国文化传统的核心价值观在天人贯通性和解去蔽的方向里，文化的审美价值也在同一方向上。

第一章　始万物创造始源与中国思想传统的追问

中国有对天追问的思想传统。这反映出中国思想的回溯、寻找“阿基米德点”的倾向。人类文化的整体命运实际上与这个基准点或奠基点有着密切联系。基于此，创造始源也就成了各种思想借以展开的最核心、最坚固的无形基石。这是一把打开人类精神秘密的钥匙，也是一把能打开世界图景的钥匙。这个最初的、隐形的阿基米德点在中国思想传统中就是天道－天心。天道－天心代表最初、最高与最深的基础，代表本原性的原初的统一性或同一性。其也是中国传统宗教与哲学，甚至文学艺术、政治等合法性谈论的根本。就世界思想史看，似乎也是如此，倾听创造始源的隐蔽言说成了真正哲学言说的最根本性依据与基础，也成了真正文学艺术言说的最根本性的依据与基础，也成了审美言说的最根本性的依据与基础。没有这种先行的对于“一”或“本无”倾听，所谓审美很难成为有内核的价值性审美。内核价值性审美的根基绝对不在多元之杂或杂之多元上。基于“杂多”之审美差不多只是“大致近似审美”或“某种程度含量的美”，而基于“一”的美则更为纯粹，其趋向把握的是“美之本体”、“美之基”或“美本身”。这既是西方柏拉图—基督教意义上的，也是东方印度教—道家意义上的。美国保守主义经济学家托马斯·索维尔在《知识分子与社会》一书中，在谈到知识分子时，用了一个十分形象的描述：“半路开始的叙事。”事实上，超级哲学性的叙事基本上是排斥半路开始性质的，超级哲学叙事大多是源头性叙事。关于这个存在源头的叙事有时也被称为最高价值叙事，其也就是最根基价值叙事，这个最高的或最根基的价值叙事集中在对创造性始源的想象、叙事上。这种叙事超出了人们的感官感知经验——经常表现为日常生活经验、常识经验——也超出超越了理性经验（实证的、逻辑的经验——逻辑经验主义等）。人们为什么相信超感知、超理性的事物，这种看起来有些不太明智的事情，实际上包含了更深邃的精神真理。归根结底这是因为我们内在心灵的需要，或者说灵魂的需要。灵魂之所以叫灵魂，就是因为其触及存在中心、整体与基础，由此也就超越了感官的感知、超越了理性的实证与逻辑，就是因为其比感官、理性更深邃，更具有基础性的精神地位。这是我们存在中的形而上的关切倾向。这种关切植根于我们存在的深处。各种形而上方向的叙事都是围绕着创造始源来叙事的。

第一节　始万物创造始源与中国思想传统的追问

一　天道 - 天心作为创造始源及审美基准

人类的所有创造都是次一级的；人类的所有创造与其说是创造，不如说只是发现，也即发现了那个始源性创造者的创造，并在此基础上予以某些组合性的重现。最伟大的始源性创造已经完成，始源性的创造究竟来自哪里，又如何对之进行命名？经过中国思想传统的追问，最后的答案在天道 - 天心上。中国最伟大的诗人之一屈原《天问》的追问最有代表性："遂古之初，谁传道之？上下未形，何由考之？冥昭瞢暗，谁能极之？冯翼惟象，何以识之？明明暗暗，惟时何为？阴阳三合，何本何化？……"依据中国思想传统的思路：世界的源头在天。更进一步的追问结果就是：始源性创造源头在天道 - 天心。中国天道观念之内在化、主体化的表达是天心。这也是后来宋明心学传统的始源性理解视野。《易经》通常被理解为"变化之经"，如果用更为源头性的视野看，也可将之理解成"创造之经"，但"生生"不是始源创造，其只是始源创造之果，而不是始源创造之因。所谓"生生"——在老子道生一，一生二的意义上——可理解为原初创造之果，及原初创造后的变化性状态，生生本身代表的是其后的不断创造进化的状态。所谓的阴阳变化等都起始于天之最初之元，起始于道－天心之超自然性的始源创造，而所谓化生就是创生，也就是创造性涌现。“生生之谓易”之“易”实质为揭示了“创生”的道理，也即创造性涌现之道理。由此，中国思想传统中的这种思想和现代法国哲学家的柏格森的“创造进化论”思想相接近的，虽然柏氏没有以太极生两仪或阴阳的所谓辩证方式展开其创生图景，而更强调其原始而盲目性“冲动”。

虽然创造是一个不间断的连续涌现的过程，但创造总要有一个最初的起始（元），最初的推动创生的存在如何命名？这确实是一个问题，而且中国思想史也没有明确的前后一贯的说法。老子将之命名为“无”，认为“无”是万物之始。魏晋玄学也从《易经》及道家经典中读出差不多与之同样的道理。他们承接了《易经》与道家思想（也包括了一些儒家思想）的核心：“贵无”，并把“无”看成阴阳万物赖以化生成形的始基。换句话说，在他们看来，那始源性的“无”才是“生生”之始基。以总览的视野去看，并把中国思想传统的一些零散思想加以创造性综合，我们就可以合理推知：创生之起始可名之为“道”（或帝、神），也可以说是“天道”（天帝、天神），而天道（帝、神）创生的思想在后来的表达中有集中化、内在化（或主体化）倾向，演变成了“心之神”，也被命名为“天地之心”。中国思想传统中关于“天心”的思考方向并不统一，尤其在早期含义并不明确，但到宋明时代本体论色彩已经很浓，并潜含着“世界有一颗创世本原性初心”萌芽性思想。这时言说（或追问）天心差不多就是言说（或追问）最初的创生源头，也即创世性始源或创世性初心，其成了精神生活（或审美）的最核心基准。所谓精神生活（包括审美），其核心不是“生生”，“生生”只是创造性始源之果，以及始源创造之后呈现的状态，精神生活（包括审美）是以直觉的方式呈现（或显现）这个起始特性。审美是天人贯通性相遇，是因这种相遇而生之意味整体，即意味－心象－意境整体。审美就是置身这种意味整体的支撑与环绕之中，充满了原初意味，也有更多的原初经验。

天道－天心就是对那个创造性本原存在中国式命名，其是思想借以展开的原始出发点与最稳固的奠基点，也是神圣的自性始源，也是人类的工具理性难以靠近的绝对存在中心。从中国思想传统式视野看，天道－天心是创世性存在（也相当于西方哲学家所谓的作为存在的存在），已成为人类思想的思考基准、思想公设与最核心坐标。其之所以能成为思想基准、思想公设与最核心坐标，除了其是客观的世界起点，还因为其蕴含着多重精神性潜力：可以从根本上实现人类思想的逻辑潜力、帮助人们有秩序地打开世界图景的潜力、解放人类的内在心灵的潜力，以及无限拓展人类思想、想象力的潜力，其还有打通中西思想共属性的高度概括力，并由此为人类提供不断展开种种延伸性思想的最稳固的基础力量。其也有如下三个方面思想资源的强有力支撑。

首先，这个思想基准被世界各种古老文化传统持久地认可（文化精神层面上的信奉），而且有很多文化现在依然坚定性地信奉创造源头性存在。这些古老文化属于人类悠久的智慧性的传统。按照人类进入农业文明时间来推算的话，这个信奉传统差不多有一万年了，而人类的所谓理性传统严格来说就是最近几百年的事。我觉得人类古老传统所信奉的那些能够相对解决人类存在的最根本问题，解决事关人类存在的根本性的问题似乎不能依靠自然科学，人类存在的核心精神难题最终还得依靠东西方古老传统——大的智慧性信仰传统。这种延续几千年的直接的思想公理比理性知识的根基更稳固：

> 知识的牢固基础并不是推论思维提供的……要知道所有的人都承认，公理是不可证明……知识中的一切原初的东西都不可证明，原初的东西都直接产生，信它以为真。一切不可证明的和直接的东西比可以证明的和导出的东西都更稳固。实质上，所有的人都承认知识的基础是一种比知识本身更稳固的东西……①

① ［俄］别尔嘉耶夫：《自由的哲学》，董友译，广西师范大学出版社 2001 年版，第 36 页。

其次，其也被我们的深层的逻辑理性需要（莱布尼茨的充足理由律等）及难以言喻的深度体验显明。人类理性的不断追问与回溯，最后需要设定那个始源性的创造源，从而为世界呈现的非偶然的秩序找到钥匙。人类最迷人并最被渴望的体验指向一个不朽的源头心性（神性）源泉。我们从与审美同源的爱的体验中能领会这一点，深度的爱的体验与深度审美体验指向相同。到目前为止，人类所发现的世界是如此神奇、如此精确、如此有秩序、如此符合设计原则，很难不让人相信一个非偶然性的源头动因，中国传统倾向将这个动因命名为天道–天心之初心，其是世界初始性存在中心，否则人类种种理性法则就缺少最基本的、最稳固的根基。

再次就是基于如下情况：那些最应该相信人之自然理性传统者，在事关人之存在根本的问题上，也信奉古老智慧传统，或者说在最根本的关乎存在始源问题上，这些人倾向相信古老的智慧传统。看了一个统计材料，世界上一流科学家绝大部分是有这种智慧信仰的，诺贝尔科学奖获得者似乎也是如此。即便到了 21 世纪，始源性创世存在依然被众多思想家（包括为数众多一流的科学思想家）所谈论所信奉，这也包括中国最伟大的物理学家杨振宁。在此之前，有牛顿、爱因斯坦等，还有众多具有高度科学素养（和科学密切相关）的大哲学家也是持这种态度，比如被认为是摧毁形而上学的分析哲学家维特根斯坦，也有着很浓厚的创世始源思想。牛顿与维特根斯坦分别有如下论述：

> 从现象中不是可以看出有一位神吗？他无实体，却生活着，有智慧而无所不在。①
>
> 世界的意义必定在世界之外。世界中的一切事情就如它们之所是而是，如它们之所发生而发生；世界中不存在价值——如果存在价

① 转引自［英］丹皮尔《科学史：及其与哲学和宗教的关系》，李珩译，商务印书馆 1979 年版，第 252 页。

> 值，那它也会是无价值的。如果存在任何有价值的价值，那它必定处在一切发生的和既存的东西之外。因为一切发生的和既存的东西都是偶然的。使它们成为非偶然的那个东西，不可能在世界之中，因为如果在世界之中，它本身就是偶然的了。它必定在世界之外。①

人类的存在根本性依赖不在世界之中，人类存在的根本性问题依旧不能依靠自然科学来解决，因为人本身不是单纯的自然物，人有一个非物质的存在根基，基于此，人类的精神生活依旧需要依靠古老的智慧性传统。基于人类自身的工具理性及其自然科学达不到真正“智慧”的层次，因为所谓智慧正是为了解决人类存在的最根本问题，需要对那个非局部的本源性存在有所领悟，否则难以被称为“智慧”。智慧来自基于爱的敞开性，以及基于敞开的启示性对话与理解。“启示”一词来自拉丁文 revelare，原意为“显露”“揭去面纱”。人心更加接受基于启示的智慧传统，但不同文化、不同思想家受到启示的重点不同，由此对启示的理解也有所不同。比之一万年的人类文明史，狭隘性人本主义文化真正来说也就有几百年历史。但在 21 世纪，再谈论全知全能至善的人格神创世已经意义不大，因为其中有太多经不起质问的悖论，但大多数一流的科学家——尤其是一流的物理学家——似乎都相信世界是有起源的，也就是被创造的。谁创造、为何创造、如何创造，这是一个带有终极性的问题。其实从整个人类历史看，人类最古老的不同文明似乎也都是相信这一点。除了最著名的希伯来圣经创世思想，古埃及、古希腊、古巴比伦、古印度等也都有自己的创世神话，中国传统也不例外。这似乎是世界各种古老文明的共同的思考基准、坐标与公设或共同认可的思想公理。尽管中国传统的创世思想是以零散的、朴素的形式体现出来的。

---

① ［英］维特根斯坦：《思想札记》，吉林大学出版社、吉林音像出版社 2004 年版，第 16 页。

二　创世性存在被不同文明所亲证、所命名

世界各种古老的文化差不多都具有“最源头性思想视野”，虽然对那个创造始源的认识与命名有所不同。这种“最源头性思想视野”集中体现在对创造始源——也就是世界的原初来源——的意识上，集中体现在关于“创世性存在”的领悟与叙事中。关于世界的最初源头——创世性存在（或造物主）的领悟与叙事对思想的发展，对逻辑与理性意识的发展至关重要，因为归根结底世界的终极秘密就蕴含在最初的创造性始源（或源头）里，只是不同的古老文化对其理解视角与称谓不同。这种关于世界最初源头性叙事，差不多成了各个古老文化思想的核心参考坐标、基准与公设。一切诞生于此，一切也由此获得最终的解释，甚至一切也复归于此。后来发展起来的所谓知识，其最原初、最稳固的根基恰恰也与这种基于信仰的核心公理（或公设）相关。同样，中国思想传统蕴含着较为明显的世界起源意识，并形成了天道-天心创造万物的思想。天道-天心代表世界之创造性起始，代表世界无形的创造始源与中心，其也是有形世界存在的依据、基础与根基性支撑力量。心学传统中的“超心”（心神）差不多也是对原初始源或动力源泉的描述，其也关乎世界之最深邃的初始秘密。

对有限有形的自然世界而言（时间、空间、物性等），创世性存在具有绝对优先性，后来的世界的核心秘密严格地说来只能从这个“创造源”得到合理的解释，要不然很难说对世界有真正的领悟与理解。对属于世界的人类而言也是如此，人类精神的核心秘密也与这个源头密切相关。关于这个“创造源头”与中心，不同的文化用不同的词语命名称谓之。在古希腊、古印度、古埃及、古巴比伦等都在谈论其所具有的特性。从严格的意义上讲，创世性存在及其属性（特性），不同于有限有形世界及其现象特性属性，其是事物深处的、看不见的、无形的、深邃的基础支撑性力量。创世性存在本质特性（或可叫源头心性、神性等）是世界存在支柱，也是作为精神活动的审美看不见的支柱。创世性存在本质属性、特性（源头心性、神性等）是和世界的现象性呈现（包括现象人性的呈现）迥然不同的

方面、方向。创世性存在是使世界得以成为世界的原初力量，其本质属性、特性（神性）也是左右着世界性质（包括人性）的基本力量。可以说人性的种种局限性需要借其得到克服，其也可代表人性完善的基础，也可以说其是深藏在人性之中的方向性力量，或最基础性力量，或人性深处的存在性（心性）力量。创世性存在本质特性是真、美、善的根本性支柱与动力因。

在东方的古印度，这个创造起始或始源被称为梵，其作为世界的依据、中心及第一存在而在。印度古老的经典典籍《奥义书》《薄伽梵歌》等对“梵”做了种种描述：可见有限世界只是作为创造源之梵感性显现。最早的梵指的是梵天大神，是独一无二，从混沌中自己产生、自己生长的，而后创造了宇宙万物。《奥义书》在印度宗教与哲学的发展过程中有着奠基性的意义。而梵书大多是用以祭祀的祭祀手册。《奥义书》集中讨论宇宙的终极真理，其中有两个最重要的概念是：“梵”和“我”，还有“梵我一如”或“梵我合一”的思想命题。《奥义书》用各种奇妙的比喻来说明，梵就是一切，就是最高存在；人类的“我”（个体灵魂）来自宇宙大我，即梵（宇宙灵魂）。总之，宇宙的核心就是梵，梵同时包含了“我”；“梵我同一”代表人之存在的最高真理，这也是《奥义书》主要的支柱性思想。后来在《奥义书》的思想基础上，产生了吠檀多派。这个印度的主流哲学派别的思想核心也是认为世界源于梵，“梵”是宇宙现象的本体，或宇宙灵魂，或宇宙的精神核心，人的生命现象作为“我”，只是个体灵魂，缺乏真正意义上的实在性，只有把“我”与梵结合或沟通才能产生实在性。在印度佛家或佛教中也有梵的概念，佛教的修行理论最早植根于梵的概念。只是佛教梵更注重梵的清净性，而不是其最高实在性。在西方古希腊及基督教文化中，这个创造起始或始源被称为神或上帝。古希腊哲学中的神起初与古希腊神话相关，后来其哲学中的神逐步脱离原有的神话思维。古希腊哲学继承了传统神话中关于世界本原的探索方向，并把其哲学化、理性化了。古希腊哲学家——柏拉图、亚里士多德等——就常常用神来称谓作为世界的创造起始第一存在。古希腊哲学中的神与神话中的神相比，具有了更多的能够满足哲学理性需要的色彩。从色诺芬尼到巴门尼德，再到柏拉图和亚里士多德，这个哲学本体神也经历了不断深化的过程。后来经过柏拉图主义、新柏拉图主义者诸多思想环节，这种理性之神的意识被传递到基督教思想中。在基督教文化中，上帝是创世者，是使世界得以产生的原初力量，是世界依据、中心及第一存在，但《圣经》中绝对宗教意义上的上帝，在后来的发展中成了理性或哲学探讨的对象。中世纪基督教哲学集大成者托马斯·阿奎那提出五种关于上帝存在的证明方法：运动的证明、因果性的证明、可能性和必然性的证明、完善度的证明、目的性的证明。所谓运动的证明，也是第一推动者的证明，托马斯·阿奎那说，其推动者就是上帝。如果某事物的运动是被动的，则它本身必定为另一事物所推动。同时，其他事物又必定为另一事物所推动，又不能无限制地推论下去，所以最后必然追溯到一个不为其他事物所推动的第一推动者。这第一推动者就是上帝。因果性的证明也是最终因的证明。万物因果之链的顶端，人们追溯上去必然会找到一个最初的原因，这个最初的原因就是上帝。第二种方法是有效因。因为我们在感性的事物中发现一个有效因的系列，可是找不到而且也不可能有某事物自身就是有效因的系列的原因，必须提出一个最初的有效因。关乎这最初的有效因，大家都称之为上帝，还有可能性与必然性的证明：万物都是一种“纯粹的偶然性”，在世间可有可无的万物之上，存在一个必然之存在，这个必然之存在乃是其他一切可能存在之根、之母。托马斯·阿奎那说，这个必然就是上帝。而完善度的证明也可以说就是完善金字塔证明。这个最美、最真、最善、最纯、最高级的存在就是上帝。如果说存在物的等级结构是金字塔状的话，那么上帝就是金字塔的顶尖。最后是目的性的证明，也就是万物都导向目的性的证明。所有自然物都靠它被导向自己的目标。那么是什么令他们看起来像有目的似地生存、运动着的呢？那就是上帝，所以应当由一个有理智的存在者，由于它，一切自然界的事物才达到目的。这个存在者，就是上帝。

“神”也是传统中国哲学的重要概念。在中国上古思想传统中——包括先秦哲学中——有大量关于作为世界主宰“天帝”的思考，后来其也成为传统中国哲学的重要概念。在先秦思想中，关于“道”“神”“帝”先后经历了一些转变，或者说天帝 - 天道观念先后经历了一些转变：一开始是作为外在笼统宽泛的神（巫神），后来是最高主宰的无形妙道的神（天神），再向集中化与内在化（也是拟人化）的神（心神）演变脉络。天的“神明性”，是中国传统文化的一个重要观念。根据现有资料可知，“神明”一词最早出现在春秋晚期的《左传》一书中，其含义为神。中国思想传统中的所谓“神”差不多都与天联系在一起。在中国传统思想里，“天”“帝”“道”“天帝”“天道”“天理”“天心”等是含义接近的相似家族。总体来看，“天”的最核心含义偏重的不是有限有形的物质自然方向，而是无限无形的形而上的方向，偏重的是天之让人敬畏的“本无”方向，而不是“分有”方向。所以，在中国思想传统中，“天”字首先是宗教意义上的“天”，是人的心灵敬拜的充满奥秘感的对象，是非人格意志意义上的至上神，也是万事万物的主宰。其次是哲学意义上的“天”，是具有规律的神奇之“天”，存在着神奇的规律，其是制约万事万物的最高法则。再次是物质自然意义上的“天”，有物质性自然的含义，有电闪雷鸣等。在天人合一之“天”的含义中，包含了自然之天的内涵，而在中国道家思想中，世界创造性起始被称为道。道是无，也是创世性存在、世界依据、中心。中国道家关于道的叙述与印度对“梵”的讲述，在核心处基本一致。老子在《道德经》第一章中说：“道可道，非常道；名可名，非常名；无，名天地之始，有，名万物之母。故常无，欲以观其妙。”老子在《道德经》第二十五章又说：“有物混成先天地生。寂兮寥兮独立而不改，周行而不殆，可以为天下母。”在《道德经》第四十二章中说：“道生一，一生二，二生三，三生万物。万物负阴而抱阳，冲气以为和。”

三　创世初心本体论、世界及思想的旅程

天道观念有日益集中化与内在化倾向，这样更具主体性、内在性与拟人化的“天心”逐渐突出。可以用能生万物的“天心”来代表天道相似家族。中国源远流长的心学传统潜含着这种“最高源头性思想视野”。在中

国上古时期，天之“心”就处于思考的中心位置，后来的儒、道、释三家差不多都是以“心”为核心的学说体系（尽管呈现零散，各家的着眼点有所不同），并构成了源远流长的心学传统。种种以“心神”为核心的思考——包括围绕着万物一体的种种思想论述等——实际上间接凸显了天心的本体地位，并显露了天心创世思想。这也符合世界各种古老文化（延伸及现代文化）思考的方向。在思想的核心参考坐标、基准与前提公设方面，世界各种文化似乎是共同共通的领悟。人类如何展开自己的一系列思考，如何为自己的思考寻找到一个坚实的展开点？如何使其既符合世界存在的样貌，又便于思想自身的有秩序展开？设定这个源泉性的思考基点对真正的哲学思想十分重要。要想使人的思考完整而全面、理性清晰又有精神性，就需要思想借以展开的根基具有“一”性或无性，也具有原初终极实在性。对思想体系而言，这是不可再次追问的基础，也具有真正的奠基性。这一思考基准需要世界各种文化（包括这些文化中最卓越、最优秀的一群人）基本认可，或者说需要世界各种文化基本承认其设定的核心思想坐标，这似乎也是最合理思想的“公设”，或许其无法被现有的日渐发达的人类科学证实，但至少在自身的思考体系内，其是可以自洽的，这个自洽的思想体系能概括世界的存在图景，并能满足人的精神性的、理性的心灵。这个被设定的始源，也是自足性始源。所谓哲学思想，常就是根据那些核心参考坐标展开其历史的逻辑的旅程，在这个内在的思想旅程中，思想者所置身的世界，以及思想者自己的体验也被融入，最后在人的这种内在里建造一个自洽世界，这也是具有穿透力的合理而又井然有序的世界，这也是一个完整并符合直觉与逻辑的解说世界。

中国本来就有天道 - 天心创世思想，也有基于强调启示的智慧传统。在中国的历史初期殷商之前，中国文化的基调差不多就是“神本”或“天本”，这一观念更为集中化与内在化的方向就是“心神本”，也就是相当于神的天心为体。天是有神明主宰的天，是有存在中心及根据的天，其也是人之存在的根本性依赖，而人的存在的中心与根本就是本心，所以这种依赖是心心之先验性依赖。天（神）人关系代表的是基于存在中心的依赖与被依赖的关系。被依赖者是具有主宰性的创造性的源头。本来中国神话中就有世界之起点、开始的意识，“盘古开天地”之说就是代表。这至少可以说明中国上古传统思想中有创世论或原初创造论思想。天道－天心创世论既可在宗教层面，也可在哲学层面展开，其也暗含在众多关于“天”“道”“天道”“道心”“天地之心”的论述之中，也可以说是暗含在中国传统思想史之中的。能生天地万物之初始存在可被称为天道－天心。天心创造世界论意味着世界万有对其根本性的整体的依赖关系，当然也包括人（尤其是人心）对其根本性的整体依赖关系，但这不是具体的细节式依赖，不是每个命运细节都被决定那样的依赖，而是方向性的依赖、精神原型性的依赖。虽然天道－天心创造世界说在中国思想史中没有被系统地明确表述，但其却散存于上古文献、先秦诸子、汉代经学到宋明理学，还有历代的儒家、佛学、道学等典籍中。在中国略显零散的思想传统中，有“天论”“天道论”“道论”“心论”，也有相关的“道学”“理学”“心学”“性学”等，但关注“心”是儒、道、佛三家的共同点，也是三家共同的“源”，因而也才有“三教同源”之说，而且这种“同源”也指向“心本体”或本心方向，也就是指向先秦就已存在的“心神”方向。

单纯就哲学表述的视野看，相关谈论的确有些散乱，但其基本蕴含却在中国人直觉性生活实践中，发挥了重要的作用。天之本也日渐向着以“天心”为代表的方向转变。中国人几千年来形成了以“修心”“存心”“养心”“明心”为核心的信仰实践传统。虽然在理论层面并没有形成严格的前后一贯的被陈陈相因的系统。我们后人可以更多依靠自己综合性的阐释，在这些零散论述的基础上做深度挖掘。这些零散的思想经过充分挖掘并综合整理后，就可以显现出基本的系统性的面貌，而“天心创世”也构成了这种思想发展的基本脉络，虽然在创世细节上和西方文献无法相比，比如西方《圣经》中的神创世论就包含了从虚无中创世的必然性、创世目的、创世步骤、创世手段与基本秩序等，还有关于造物主是全知全能与至善的思考，但这种意义上的造物主也存在着许多让人无法回答的悖论。进入现代世界，依旧有许多一流的科学家、哲学家等相信创世思想，这些人所信奉的与中国传统所阐发的有一致性，并能避开诸多基于逻辑的理性悖论：

创造实质上意味着依赖关系。①

中国传统潜在的种种创世思想可以集中表述为“天道－天心创世”，这或许更接近中国道家的核心思想，但“天心”“道心”比之含混模糊的“道”“天”更具有中心与核心的内涵，更具有原点意味，而原点、中心、核心又与基础、依据联系在一起，就更具有形而上感，更能承担起其具有的“自足始源性”。我们需要把中国思想史中关于“天”“道”“心”等前后论述细节联系起来，在此基础上做了综合性的推论性总结与阐发。可以在老子的意义上理解天道即天心，这是一体两面的术语表述。或用中国上古时期及西方的语言来说“天道心”即是“天帝之心”。天心创世论也可表述成天道－天心创世论，或上帝之心创世论。天心、道心或上帝之心等都代表了世界存在之无形的基础、依据与支撑，也代表世界的创造性始源、终极实在性与终极性真实。天道－天心作为第一存在是一种最原初的创造力量，也是世界之支撑与维系之力量。对人之存在而言，其是支撑性的始源性力量，也是一种不断启示与召唤的力量，心心由于先验性的相通，所以其能隐蔽地唤起人们沉睡着的本心，及其内在心性激情。真正的激情差不多都是心性的，或者说是被始源性牵引召唤的隐蔽的内在热情：

道心，天理，故精微。（宋·程颐《二程遗书》卷二十四）

所谓人心不是基于物欲或私欲之现象心；现象心是无明、被遮蔽之心。人之本心或真心不是“私心”而是敞开联系性的，是本于天心之心。天心是创造性始源，是超越时空的。而所谓源头心性（梵性、神性等）是始源性存在——天心——的特性、属性。那是创世性本质特性的显露。如

① ［美］理查德·泰勒：《形而上学》，晓杉译，上海译文出版社1984年版，第144页。

果我们用科学的视角去看，所谓创世性存在本质特性——始源性心性——事实上关乎前世界之域。所谓源头心性世界就是超物质性、超自然性、超时空特性、超社会性、超人性的世界，以及在此基础的超乎人之狭隘理性的世界。

第二节　自上而下万物始源及东西方迥异命名

审美是天人诸种因素合力之结果，但最原初的、最终极的隐形基础却来自上面，即来自创造性源头，归根结底，审美主要是源头特性、属性或源头心性在人心中的隐蔽显现。审美最根本的隐形基础不是人，也不是来自人。我们同意黑格尔的看法：归根结底，审美最原初的逻辑起点和世界的诞生是一致的，审美的最根本、最隐形的逻辑起点只能是世界及其精神逻辑的创造者，审美的诸多逻辑只是这个原初创造者的一种展开，即其在人身上的一种呼应性展开，也即人与之相遇，然后去蔽与对话。可以说，各种关于审美的哲学式（或历史性）进化论、创造论或其他叙事方式，都是建立在最原初的逻辑起点之上的。失去了对这个最初的根本性的前提领悟，就无法真正地、整全地谈论世界，无法真正整全地谈论人类的文化，也无法真正整全地去谈论美或审美。如果把这个根本性基础当作形而上的问题强行搁置，那其后的谈论基本都属于看似有理的幽灵式谈论。自然科学可以这么做，因为自然科学本来就着眼于有限与有形，局部与片段，涉及整全的人文学科——尤其是人文性强的那些学科方向，宗教、哲学、艺术等——却难以这么展开，涉及审美也是如此。审美的最基础性的秘密归根结底不在封闭的局部的人，封闭的局部的人也不算是打开（理解、领悟）美与审美秘密的最根本性的钥匙，尽管人扮演了审美领悟、体验承载者的角色：人需要做的只是敞开联系，或主动或被动地参与到创造始源（或根基）的某种运行之中，并与之相遇、诚挚地交流与对话。心心相遇、去蔽性与对话性是自上而下、由内而外性的，是基于其先验性心性对应感应的基础，这个上和内也是一致的，其核心相通相同。在这种相遇、去蔽与对话中，存在源头特性（或属性）如其本然地呈现。

一　西方存在本身及其作为存在者之始源

> Being 是西方哲学传统的核心概念……亚里士多德将 Being 作为人类心灵要把握的最初对象和人类知识的第一原理……巴门尼德展示了“to be”与“to exist”之间的巨大张力，是者不在，在者不是……柏拉图形而上学大厦的基石无疑是由巴门尼德提供的。①

西方存在本身说经历了漫长的历史。最初与古希腊爱利亚学派的巴门尼德的存在论相关。古希腊人对存在本身惊奇及追问导致了后来西方的本体论传统。即使到了形而上学传统开始衰落的现代时期，依旧有许多大哲学家——柏格森、维特根斯坦、海德格尔等——对存在本身发出惊奇性的追问。几千年来，不断有西方思想家对世界的那个基础之基础进行哲学性探寻。巴门尼德写的《论自然》，主要讨论“存在”和“非存在”。在“存在论”中，他认为人们沿着真理之路去认识存在，发现存在是唯一的、不可分的、保持自身同一性；存在是永恒的、不生不灭、无始无终的；存在不动不变、完满自足。

亚里士多德的“存在之存在”说对后世的哲学产生了广泛的影响。亚里士多德的一些著作（包括《形而上学》）对阿奎那与海德格尔关于存在的思考产生了深刻的影响。海氏也写了一些以亚里士多德为研究对象的文章，包括《对亚里士多德的现象学解释》以及《论存在在亚里士多德那里的多重含义》等。对他影响最大的论文（之一）是布伦塔诺的《论存在对亚里士多德的各种意义》。海氏沿着亚里士多德的思路追问“存在之存在”。中世纪倾向于把存在本身理解为上帝，由此也提出了种种关于存

① 宋继杰主编：《BEING 与西方哲学传统》，河北大学出版社 2002 年版，第 531—538 页。

在的论说。《论自然的区分》为中世纪爱尔兰厄里根纳所著。他把自然理解为一个自身有秩序的整体，认为自然的第一层次是不被创造，但自身能够创造的存在。托马斯·阿奎那也有较为系统的“存在说”。中世纪后期德国神秘主义哲学家爱克哈特提出了“存在说”，认为“存在即神性”。

西方有不少大哲学家对存在发出哲学性的惊奇，“世界为什么存在，而不是一片虚无”，这就如同中国传统的“天之追问”。维特根斯坦说，神秘的不是如何存在，而是世界竟然存在这件事本身。所谓存在本身是世界存在的依据，也是使世界存在的创造性基础，或者用海德格尔的术语说就是存在者的依据与创造基础，他还说：“只有面临虚无，才会想到存在。”西方思想史上所谈论的上帝也不是任何实体，而是使自然实体成立的基础依据，所以它也形同虚无。保罗·蒂里希说：上帝不是存在物，而是存在本身，存在本身指的就是其是世界上万事万物的基础，是万事万物的根本性支撑与依托。托马斯·阿奎那说：“首先落入理解的是存在。”德国存在主义哲学家卡尔·雅斯贝尔斯差不多也是把存在等同于上帝，他的存在秘密差不多就是上帝秘密。他在《哲学与信仰》一书中说：

> 思念上帝，便澄明了信仰……信仰上帝意味着，生活并不来自尘世，而来自我们称之为超越之密码或象征那类现象的多重语言。我们信仰的上帝是遥远的上帝，隐秘的上帝，无从印证的上帝。信仰并不带有知识的可靠性，而只有生活实践中的确定性。①
>
> 上帝不是知识的对象，它不可阐述得令所有人信服，这是一再表现出来的情况。同时，上帝也不是感性经验的对象，它不可洞察，不可直观，而只可信仰。这种信仰从哪里来？它原本不是来自尘世经验的局限性，而是来自人的自由。人若当真意识到自己的自由，就会同

① ［德］卡尔·雅斯贝尔斯等：《哲学与信仰》，鲁路译，人民出版社2010年版，第294页。

时确信上帝。自由与上帝是不可分的。①

德国哲学家海德格尔的哲学以“存在”为第一基础。存在论是西方的思想传统，而不是海氏的发明，但海氏明确区分了“存在”与“存在者”，并把“存在”视为存在者的创造性基础与依据：

> 我们既不能通过定义法由更高的概念推出存在，也不能用更低的概念来描述它。这是否意味着存在已经不成问题了呢？当然不。我们只能得出结论说，存在不是某种类似存在者的事物……存在的不可定义性并不是叫我们取消对存在意义的追问，而是逼使我们去正视它。②
>
> 存在乃是“可能的东西”……当我们谈到“可能的东西的寂静力量”时……是指存在本身，存在本身有能力喜欢着担当思想，因而有能力担当人的本质，也就是担当人与存在的关联。在这里，有能力做某物意味着：把某物保持在其本质中，保留在其要素中。③

中国学者赵汀阳依据维特根斯坦的思路，把对“存在”的追问视为“无效性”问题。在《关于形而上学的评论》一文中，他认为把存在本身看作思想对象去追问“存在是什么”或“存在为什么存在”，这是无效问题，因为无可追问，也没有相应的方法。存在是一个缺乏生产力的概念，只能产出重言式。存在是第一事实，却不是第一问题。存在（being）要引出有意义的问题就需要存在的实在现身（existence），在实在现身方式中，存在才算进入“成问题的”。他说：

---

① ［德］卡尔·雅斯贝尔斯等：《哲学与信仰》，鲁路译，人民出版社 2010 年版，第 289—290 页。

② ［德］马丁·海德格尔：《人、诗意地栖居》，郜元宝编译，北京时代华文书局 2017 年版，第 12 页。

③ ［德］马丁·海德格尔：《路标》，孙周兴译，商务印书馆 2000 年版，第 371 页。

> 与大而无当的万物理论不同，存在论才是形而上学的根本。存在论的基本问题看上去极度深刻，然而却可能是无效问题。存在论的第一问题“存在是什么”就是一个典型的无效问题。存在本身（being qua being）之所以不构成问题，是因为对存在本身提不出疑问，也无从提问，所以“存在”不是存在论中的问题，而是存在论的已知条件。请允许我再次陈述一个维特根斯坦式的理由：如果一个问题果真是一个疑问，那么至少存在着两个可能选项，或两个以上的可能答案；假如一个问题只有唯一答案，那么就不构成问题，而是冒充为问题的概念或陈述，因为所答即所问，所问即所答，而所问只是一个别无选择的事实或已知条件，即使打上问号也无济于事，就是说，“存在?”的唯一答案是“存在!”，所以存在不是问题。显然，存在的先验分析意义就是存在，再无别的含义，因此，关于存在本身的唯一普遍必然的命题只是重言式“存在即存在”（being is being），再无别的先验判断。即使把存在理解为动态（to be），又得到另一个重言式：去在即去在（to be is to be）。总之，存在本身只能推出重言式，尚未形成存在论问题，而是所有问题的前提条件。因此，存在论不能审问存在，存在不能想，也无法想。①

东西方古老思想传统及众多一流思想家、哲学家都或隐或显地认可第一存在，认可作为世界创造始源的地位，并把其作为“真理”“真实”的最终依据。在涉及“初始”的思考上，他们也基本没有以人为尺度，也不会从知识论视角着眼。所谓有效与无效也不能立足于人或人为，以知识性的“真值”标准来判断，也不能以适用于自然物理的证明体系来论证。东西方古老思想传统基本都是以心的领悟为导向的，由此基本认可这个原初存在为思考基准。这个本原不能用通常的“理性”“知识”“论证”方式去思想，却可以用敞开联系的“心”去洞悉去领悟，并用隐喻性语言去言

① 参见赵汀阳《关于形而上学的评论》，《社会科学战线》2021 年第 7 期。

说表达，其也无法存在于精确的概念性语言里，却可以显现于人的自明的微妙体验里，在场于人们敞开联系的内心中，并作为一种有价值的难以言说的“心性”闪现。这是历史性的，这种历史就在心心之相遇与对话里。只是这个历史不是一般外在性的行动的历史，而是内在的实践历史，是纯粹的情感性精神发生史、过程史。其不是外在的不断由低向高的“进步”历史，而是“内心”不断被滋养、被升华的历史，这个内在历史不是不断地沿着线性“进步”的，而是被深长意味支撑的，也有可能是不断循环的。创世论、存在论与历史哲学在根本处是同一的，这也构成了历史形而上学，但这个内在历史在心心相遇与内在对话中出现，并作为一种“心性闪光”不断显露、在场，并通过人心在人类的“内在的历史记忆”中反复呈现，其也支撑着人类心灵的最有价值的向往、憧憬、梦幻，而且一切有深度价值的体验——包括那些最有价值的艺术创造等——差不多都源于其对本原存在的源头特性、属性的隐蔽而微妙的显现。这是立足于人的对内在心灵实践，其深嵌于人的内在的价值真理向往中。

建立在一切皆一之存在说——比之东西方传统中的一切皆流的流变说——更能够把握世界之最内核，尤其从价值视角看更是如此。第一存在之创造论是各种物理自然世界演化的前提与基础。与所谓演化论含义接近的还包括进化论、进步论等。但在习惯上，人们常把创造论和进化论之争描述为科学与宗教之争，认为原初之创造论是宗教的观点，而进化论则是科学家们的看法，这其实是非常不准确的。这只是两种不同的思想视角，也是两种不同的思想模式。进化论的思想模式是：宇宙是一个无始无终、自给自足的封闭体系；其中万物（包括人类）都有自己由低向高进化的律，这种进化也使万物由简到繁、由紊乱到有序、由低级到高级不断地发展；这种进化、发展至今持续不断，就人类而言，这种进化是由人的劳动（行）推动的。创造论的思想模式是：宇宙万物由原初超然的造物主——或者用其他名称称呼之——所创造和维护的；而创造过程已经完成，现在进入了护持性演化阶段。进化论所要面对的问题是：万物存在（包括我们）究竟从哪里来的？这是一个完整的思考体系（或思想叙事体系）不能回避的。这也是众多哲学家“对存在的惊奇”之由来。事实上，人文学科的思考方向——关于美、善（道德）、正义、目的、人性、归宿等——都与第一存在相关，我们对宇宙与人类起源及其本质的看法都与此紧密联系着。美国哲学家汉斯·昆认为所谓神或神性对人具有最终决定性的、限定性的和原型的意义，这同中国思想传统的天道－天心说有一致之处。而他所说的神或神性就是海德格尔与雅斯贝尔斯所说的存在，存在对存在者具有最终决定性的、限定性的和原型的意义。虽然这个“存在”难以用基于自然科学的证明体系论证之，但作为一个思考向度，每个自称哲学家的人都无法躲开。

二　西方绝对理念及其作为世界之始源

西方的理念学说源自古希腊。后来很有影响的德国古典哲学中绝对理念说也与柏拉图主义、新柏拉图主义的理念论有着紧密的联系。英国哲学家怀特海说，欧洲哲学传统中最可靠的一般特征是：它存在于对柏拉图的一系列注脚之中。德国古典哲学的绝对理念学说也可以说是对柏拉图哲学思想的注释。最初的基础是柏拉图及柏拉图主义的有关理念的论述。柏拉图的晚期著作《蒂迈欧篇》是论述其思想的一篇重要文献。这是关于宇宙起源论的一篇对话，在这篇对话中，柏拉图讨论了造物者的作用，而这位造物主则代表“理念”，尤其代表“善”的理念。理念是以“精神原型”方式规定着可见的世界，这一思想影响了后来基督教神学。

后来新柏拉图主义者普罗提诺写过《九章集》。其核心就是理念翻版，被称为太一，指向最初的无所不包的统一性，这个统一性有时被称为“神”。太一也是至善本身，它的至善概念不是伦理之善，而是本体的完善和圆满，是生命与力量之源。太一不是一个东西，也不是万物的总和，而是先于万物的源泉。太一不是一个存在，它无形式、无德性、无意志、无意识、无变化，不具备多样性，是不可分割的原初的、单纯的统一性。太一也不是理智把握的对象，因为理智只能靠概念和范畴去把握，一切概念和范畴都需要区分才能被定义。总之，太一如同道家之道是不可名状、难以认识的。普罗提诺把“太一”生成其他本体的过程叫作“流溢”。“流溢”并不是主动的创造，创造是一种外求的活动，但“太一”却是完满自足的，因为它既不追求任何东西，也不具有任何东西，更不需要任何东西，它是流溢的，流溢出来的东西便生成其他本体。他在《九章集》中说：流溢是善的自然流淌，物满自溢，这个道理甚至连无生命的事物也要遵从。另外，流溢是无损于自身的生成，正如太阳放射出光芒无损于自身的光辉一样，这一点上，他反对古希腊的“生成补偿说”。“太一”通过“流溢”生成“理智”和“灵魂”，这样便产生了普罗提诺的三大本体。

在柏拉图、新柏拉图主义及基督教思想传统的基础上，谢林与黑格尔提出了绝对理念学说。谢林与黑格尔要以哲学的概念来思维或反思上帝，并把其称为绝对观念或绝对理念。谢林的绝对观念是绝对同一的，他的绝对同一差不多就是上帝的代名词。绝对观念是绝对实体，也是上帝的最初意义，只是其不是人格化上帝。这个最初阶段的上帝是不可言说的，具有神秘本源或者本质。绝对理念也是欲显露自身的启示性存在，也是人的主观情感的对象。无论是上帝的原初状态还是上帝的显现都是上帝的自我设定。上帝是客观的绝对实体，是人的主观情感的对象。黑格尔的绝对理念发展了谢林的绝对观念学说，其是世界的共同起源和最初的起点，其就是先于自然世界和人类社会的上帝，只是概念思维把握的上帝，也是不朽的永恒实体，其按照辩证的方式历史地、逻辑地生长发展。它经历了纯粹逻辑阶段、外化之自然阶段和复归之精神阶段三个阶段。在这一广泛的意义上，绝对理念、绝对精神与绝对理性差不多含义等同，也可彼此互用，其是黑格尔哲学的唯一对象和内容。后来的不少新黑格尔主义者也继承了这一思想：

上帝是绝对真者，是自在和自为的普遍者，是囊括一切者，包含一切者和使一切持续存在者……一切都始于它，一起又复归于它，一切都依赖于它，而且除此之外，其他者都不具有真正的独立性。这就是开头的内容……上帝乃绝对的实体，是唯一真的现实，所有是现实

> 的他者，并非自为是现实的，不具有自为的持续存在，只有上帝才是唯一绝对的现实；因此，他就是绝对的实体。①
>
> 宗教的对象与哲学的对象一样，都是客观性本身中的永恒真理，是上帝而且只是上帝，以及对上帝之阐明。哲学不是世界之智慧，而是对非世界东西的认识，并非对外在物质、对经验的定在和生活的认识，而是对永恒者、上帝所是者和从其本性中流出者的认识。因为这种本性必定显示出来，并发展着。②
>
> 绝对者就是想象中所理解的上帝的本性……我们称为绝对者的东西，就与“上帝”这个词具有相同的意义……上帝就是理念，是绝对者，是在思想和概念中被领会的本质……逻辑理念就是上帝……绝对精神不仅是在思想中保持不变的本质，而且也是显现者，给予自己以对象性的东西。③

这个绝对理念在新柏拉图主义者那里被称为“太一”。这个“太一”也是作为始源性的创造者与推动者。柏拉图、新柏拉图主义者、谢林、黑格尔、新黑格尔主义者等，是这一思想的核心人物。其中，黑格尔对绝对理念的领会最系统。他的绝对理念就是世界的创造者与推动者，而康德把这个难以触及的本体称为“物自体”。东方的梵、天道与西方的绝对理念都属于原初的创造者，而其在西方的人格化的说法就是上帝。人格化的上帝的优势在其可理解性与亲切性。上帝是真、爱、善的化身。在他们的语境里，美之面孔是上帝特性的曲折折射。而在黑格尔的语境里，绝对理念就是上帝，就是使万物成为万物的依据性力量，是万物存在的根基，也是人的存在的最深邃的方面。黑格尔的哲学体系，可以说是以“绝对理念”

---

① ［德］黑格尔：《宗教哲学讲演录》Ⅰ，《黑格尔著作集》第16卷，燕宏远、张国良译，人民出版社2015年版，第64—65页。

② ［德］黑格尔：《宗教哲学讲演录》Ⅰ，《黑格尔著作集》第16卷，燕宏远、张国良译，人民出版社2015年版，第13页。

③ ［德］黑格尔：《宗教哲学讲演录》Ⅰ，《黑格尔著作集》第16卷，燕宏远、张国良译，人民出版社2015年版，第17页。

为主角的故事发展体系。这同基督教以“神”为主角的故事体系一样。这个主角既是原初创造者与动力源，也是过程的展现、目的、完美的原因。

> 到底是什么，提供次序、连续性与整全性给这个喧哗烦乱的世界？是神。①

绝对理念在不少哲学家的观念里相当于“神”，绝对理念规定着世界发生发展的方向、秩序与整全性，而黑格尔绝对理念的故事也是具有历史性的，或者说是有时间性的，其讲述着世界开端（起源）、演变（发展）、高潮（高峰）、结局（终结），对绝对理念的叙事不是任性自由的、不是纯时间性的，而是蕴含着世界的逻辑性、因果性、秩序感、连续性、整全感等，其在历史时间及逻辑两个维度上同时展开，是充满历史性及逻辑感的运动过程，而逻辑与历史也是统一的，统一于绝对理念。

三　大爆炸原始奇点及其作为物理之始源

现在换一个以观测为基础的科学性视角，这个视角和传统的形而上学视角似乎可以协调。我们置身其中的宇宙（天）来自哪里，其是有限的还是无限的，有没有一个起点与终结？众多超星系团为什么那么有秩序运转，并在超宏观层面上形成了所谓的“上帝指纹”，这类超宏观壮丽的图像究竟说明了什么，我们人类所在的银河系为什么能带着几条旋臂美丽地旋转，让它那么美丽地旋转的最根本力量是什么？据说那更多是背后的超能量推动的，而且更多是难以察觉的超暗能量推动的。那么那些超暗能量究竟怎么转化来的，为什么会有那些强大的超暗能量，这些所谓的暗能量可不可以称作无形性超暗能量，如果可以称为无形性超暗能量，那么可不

---

① ［美］奥尔森：《基督教神学思想史》，吴瑞诚、徐成德译，北京大学出版社2003年版，第550页。

可以称其为无形的超暗精神性（超灵性）能量，如果这个可以，那么我们是否也可以说那是天之超心的无形能量，是天之超心神奇地创造出的能量，这些能量就是最初的（天心）至高心念力量，或者也可以说是天之超心创造性的无形超能量？这种天之初心创造出的无形超能量，这种最初的基于无形的伟大创造，现在被天文科学界称为宇宙大爆炸。宇宙大爆炸理论现在已经是在天文学界获得最大共识的理论，但“奇点”爆炸之前发生了什么，这个超出了现有科学的理解范围，只能无奈而必然地进入哲学的或宗教的视野。推动宇宙大爆炸发生的“存在”虽然无法被理性言说、探讨，但的确是后来世界的依据与基础，所有后来自然世界的显现之果或秘密——包括人的世界显现之果或秘密——其实从根本上来说都植根于那个“趋无之点”，其才是真正的第一因，其才是能解开后来世界秘密的钥匙，其虽然难以被理性确定，但可以被敏感地领悟与体验，不能因为超出人的理解力就说这个基础与前提是“无效”的。

海德格尔在《形而上学是什么》一文中说：

> 我们以根本不愿知道无来知道无……科学不愿知道无，但依然同样确凿无疑的事情是：在科学试图道出它自己的本质之际，科学便求助于无。科学所摒弃的东西又为科学所用。这里暴露出何种分裂的东西了呢。我们当前的生存乃是一种由科学来规定的生存……然而我们却要尝试追问无，什么是无呢。迈向这个问题的第一步就已经显示出某种非同寻常的东西。在这种追问中，我们自始就把无设定为某种如此这般“存在”的东西，即某个存在者。但无恰恰与存在者是不同的。追问无，问无是什么以及如何是，就把问之所问颠倒为它的反面了。①

原来是没有这个可见的、有形的物理世界的，后来却无中生有似的有了，这是一个拐点也被称为“奇点”，其就相当于中国道家思想传统中的

① ［德］马丁·海德格尔：《路标》，孙周兴译，商务印书馆2000年版，第122—123页。

"道生一""有生于无"之神奇拐点，但这个"无"不是什么都没有，用哲学的话来说，这个所谓"无"只是无可见之形，而用量子力学来诠释其就是"真空零点能"。所谓奇点本来就是超乎寻常的神奇之点，这是使现代物理学失去意义之点，也是超出物理学视界之点，超出了哲学知识论"真值"论视点，当然其也是超乎物理学所能解说之点。对这个奇点的理解与解释不是物理学的事情，也不是知识论意义上的哲学的事情，而是形而上学的事情，在中国思想传统中就是"天人内在贯通"的事情，这里包括了宗教式终极性理解。其实，现在西方宗教界（包括罗马教皇弗朗西斯等）对宇宙大爆炸这一科学史上的重大事件有不少解说。对传统基督教冲击最大的两个科学发现，一个是早先的进化论，一个就是现代宇宙大爆炸这个理论。他们试图把上帝创世论与这两个理论协调起来，认为上帝创世说与宇宙大爆炸世界的起源论是一致的，认为大爆炸理论同上帝造物没有矛盾之处，大爆炸就是对上帝造物的一种描述，也是上帝造物的一种景象，就如进化论并不影响对上帝造物的理解一样，因为进化论中的万物是需要上帝创造为前提的。

宇宙大爆炸就是那个本原性"奇点"的爆炸。这是到目前为止关于宇宙诞生的最为人们信奉的理论，其受到最为完备的观测数据支撑，而且随着时间的推移，新出现的观测数据似乎一再支撑这一假设。这是用科学的视角对世界原初的一种解释，也是科学意义上的第一存在叙事，这个物理学性质的叙事严格地说来又是超物理性质的，这是"其然"层面上的叙事，如果继续追问为什么或要知其所以然，那就不属于自然范围的物理学的事了。原始奇点是"其然"性描述，也就是物理视角下的万物之始源点。有人把其称为"几何学奇点"，也就是宇宙"从无到有的那一点"。尽管如此，其依然属于"其然"性质，依然是自然因果链条中的结果。后来的世界只是建立在这个基础之上的前后相继事件，物理学对这些前后相继的事件是有发言权的，但导致这个结果出现的最初原因——那个"始因""第一因"——却超出物理学的范畴，由于背后的边界条件只能由物理宇宙外的结果的创造者——造物主才能给定，所以物理宇宙的发展变化之其然、之“始因”、之第一因，就操纵在能够回答“所以然”的造物主（“奇点”的创造者）的手中。值得注意的是，大爆炸理论最初就是由造物主意识浓厚的牧师提出的，就和提出者的宗教意向有一定的关联。在1927年，身兼比利时牧师的物理学家乔治·勒梅特首先提出了关于宇宙起源的大爆炸理论。

宇宙大爆炸（Big Bang）理论模型，是描述宇宙诞生初始条件及其演化的宇宙学模型，这一模型得到了当今科学研究和观测最广泛且最精确的支持。科学家认为，宇宙是大约一百亿到一百五十亿年前在一个大爆炸中产生的。宇宙诞生的前几秒内发生宇宙大事件。在此之前，没有以时空为核心的组织结构，没有有形的物质，在爆炸后极其短的时间内（十亿分之一秒）产生了基本粒子，宇宙万物都是由这基本粒子在四种基本作用力的影响下组合演变而来。大爆炸以前没有广延性空间，也没有线性的时间，其也并不是现行宇宙的一部分，其近于道家所说的无。那种创造状态不是靠人的智慧与理性能够想象出来的，现在人们经常运用的宇宙定律在本原起点上根本不适用，是人类的思维几乎不可能理解的。根据科学家的计算，这个宇宙在诞生之前，大小大概只有10^{-33}厘米，如果把这个宇宙原点放到一根头发的直径平面上，那可以放多少个这样的原点呢？通过计算，人们可以放一百万亿亿亿个这样的宇宙原点！一百万后加三个亿字！还有一个不可思议的现象，那就是从这个小小的微粒扩张成宇宙，所需的时间非常短。

宇宙历史最开始的起点没有物质，只有那种让人难以思议的暗能量。大爆炸后物质才由那种隐蔽的能量转换而来（质能转换公式：$E = mc^2$），当代粒子物理学告诉我们，在足够高的温度下（称为“阈温”），物质粒子可以由光子的碰撞产生。宇宙可见的有形的物质进化过程，差不多也就是星系的演变过程及演变史。宇宙大爆炸37万年后，氢产生了，氢是恒星的原料。它们在恒星内核聚变制造出氦，以及更重的元素。氢云转化为恒星、星系。根据弗雷德曼的理解，在大爆炸前邻近星系之间的距离为零。在这个被人们称为大爆炸的那一时刻，宇宙的密度和空间、时间曲率都是无穷大。在那个“奇点”大爆炸之前的存在状态及其事件，人们很难用其去确定后来发生的事件，反过来更是如此：不能用之后发生的事件来推知“奇点”爆炸前发生的事，因为所有人类后来的关于——以有限自然对象为研究基础的——可预见性科学假设在“奇点”大爆炸处都失效了。以自然世界为对象的科学，可以帮助我们更加明确地理解自然对象，可以帮助我们理解“奇点”大爆炸后发生的事件，但我们不能以之确定在此之前发生的事件。发生于“奇点”大爆炸之前的事件超越了自然科学视角。从哲学角度，我们依然可以说，那个终极性看似“无”之起点却是所有自然科学的无形基础，或最根本性的基础，所有终极性的奥秘也都蕴含其中。

四　天道 - 天心之创造及其作为万物之始源

天道 - 天心是始万物性的，是万物的本原。如果说这里的“道”与“心”有什么不同，那我们可以说，道的说法偏重本体的“逻各斯”含义，而心则偏重本体的“至善”方向，天道 - 天心作为创造始源，其最深邃的本性之一就是创造与维系。中国思想传统有刨根问底的哲学倾向，这种思想上刨根问底的倾向体现在种种“天问”里，最后问到了自然的化育，也就是问到了天道 - 天心的无形的创造性力量，其推动了有形之天的产生、发展与维系，其源头特性、属性就是天心之心性。天问包含了中国思想传统的根本性、整体性关怀，包含了心灵的终极性依托，也包含了终极性想象与沉思。一句话，中国思想传统的这个终极性追问与沉思对象就是“天道 - 天心”。中国历史上有不少思想家对“天道 - 天心”发出了惊奇性追问（比如屈原、司马迁等）。这种惊奇性追问方式，中西方似乎也有相似之点。天道 - 天心代表的不仅仅是自然的物理之天，也不仅仅是功利性、工具性之天，更是具有普遍性纯粹的大全之天。西方思想传统中的“绝对理念”“存在本身”“原始奇点”“上帝”等，尽管命名方式不同，但基本上都扮演了最初、最高与最深统一者或创世者—造物主的角色。在我们中国思想传统中，这个最初、最高与最深统一者、创世者—造物主就是天道－天心。天心是天道更加集中化、内在化与拟人化的表达。这一思路极具前瞻性。到了21世纪的今天，前沿天文物理学的术语也具有这种拟人化色彩，比如整个银河系被围绕的旋转核心（中心）被称为“银心”，由此拓展更大的可包容银河系的超大星系群之被围绕的旋转中心（核心）也就是“×心”，依此类推，那个宇宙起点（所谓“奇点”）及推动宇宙成为宇宙的那个最初的创造性力量就可以被称为“宇宙之心”，用中国传统术语说就是“天心”。区别只在于一个偏重从科学角度命名，一个偏重从哲学的视角命名。此处所谓“心”代表那个最高、最深的基础性、依据性、整体性、统一性之中心力量。可以说，中国思想传统的潜在逻辑链条的落脚点与现代前沿的物理学命名思路有一致性及相似性。

东西方哲学虽然语言命名方式不同，隐喻、比喻那个原初的方式有别，但奠基性概念的基本指向却是相似的。中国思想传统谈论天道－天心究竟指向什么？指向最初、最高与最深的统一性、整体性、基础性、依据性，指向人的心灵的终极性依托，指向那个终极性的追问与沉思对象——这个对象实际上又无形而不可名——那个最初的奠基者。天道－天心是世界得以产生、维系、发展的根本性前提，其与柏拉图意义上的至善之理念具有高度的关联性，或者说天道－天心本身具有柏拉图意义上的至善性。“天道－天心”不是严格意义上的知识性概念，而属于类性的比拟性概念，既是逻辑推论性的，也立足于人的清澈的明晰直觉。中国传统通过这个比拟性语汇表达了其对世界的基本的哲学的、宗教的态度。这个比拟性概念是传统中国人（及思想家）对世界总依托的一种领悟、理解与阐释，并由此延伸出其与万物的关系，包括“心外无物，心外无道、心外无理，心外无情”等思想。这里的“心”当然首先是指世界总依托之天心，代表世界的可能性的前提预设，然后才是人的某种敞开性参与，才是人的内在性相遇，及与之发生关联的对话之“心心”。

中国传统谈论的天道－天心事实上就是创造性本原，是世界的总的根基与基础，“天道－天心”这个基础本身是隐蔽无形的，是形而上的。其是世界之本质之本质、基础之基础、核心之核心，也是世界由可能性变为现实性的根本性前提，是世界得以展开的最初原因与动力。在非教义的本体意义上，西方关于上帝的谈论也适合“天道－天心”。西方谈论的“上帝”，事实上就是原初创造存在或中心性存在。天心，可以说是天之本心、天之初心，代表世界的总的可能性与潜在性，代表世界的原初总体性，代表世界最初的神奇的起点，代表了世界的总的根本性方向与道路，由此代表了世界的倾向性与归宿。源头心性不同于世界的时空属性或物质性属性，世界的时空属性及物质性属性代表后来之“多”，代表混杂，代表流动与“缘起”，而天之心性则代表最初之“一”性，单纯性、不变性、永恒性、空静性等：

> 在哲学论著中，证明应当控制在最低程度。全部的努力应当是展示事物的本性和它们联系的基本真理的不证自明性，应当注意的是：逻辑证明从前提开始，而该前提以清晰明白为基础……哲学试图表明事物本性的原始清晰性，一切理解都以这种清晰明白为先决条件……哲学要么是不证自明的，要么就根本不是哲学……语言的不足是哲学的重大困难。①

世界万物产生于最初之一。对这个“一”，不同文化对其称谓有所不同。中国思想传统把其理解为天道－天心。中国源远流长的心学传统——尤其是在宋明清时期——经常提到能生天地万物之心，即作为天地万物之本的心。这个能生天地万物之心——天之初心——是万有的创造者，也是一切大小理性（逻各斯）的创造者。万物之真正的逻辑起点也只可能是逻辑的最初创造者。天道－天心就是这个万物的创造者与逻辑起点，却不同于西方描述中的人格神。天道－天心拥有最高实在性，也即拥有终极实在

① ［英］阿尔弗雷德·诺尔司·怀特海：《思维方式》，黄龙保等译，天津教育出版社 1989 年版，第 64 页。

性。在西方现代文化语境中所理解的始源性存在，肯定不同于人们在宗教信仰强烈的时代。现代文化语境中的思考渗入了大量理性考量。人类需要对世界的统一性理解，包括需要起源、发展过程与归宿。需要世界发展的奠基性的逻辑起点（或支点）。这不仅是人们理性的需要，也是人类的道德与审美的需要。在中国思想传统里，创造始源的起点是天道－天心。综合而言，中国传统用“天道－天心”描述作为世界之衍化的逻辑起点最恰切。如果套用美国哲学家汉斯·昆关于神或神性的说法就是：天道－天心（及其心性）对于万物而言具有最终决定性的、限定性的和原型的意义。

第三节　天道－天心原型言说及意味整体基础

一　天心原型性言说及人的原初统一性情感

天道－天心言说是整体性的、根本性的、同一性的、原初性的。心心相遇而生的意味也是整体性的、根本性的、统一性的、原初性的。心心审美是自上而下、由内而外之审美，这个上和内是一致的，其核心相通、相同。在这种相遇与对话里，源头特性（或本源特性）如其本然地呈现。归根结底，心心相遇在共同的具有统一性的普遍里，心心对话之所以能够展开，也是因为心心一如的性质，最终的根基还在那个最初始源——创世天心。一切皆天心的隐蔽显现，天心也内在于万物。中国传统的天道－天心论和西方的泛神论思想有相通之处。泛神论（也被称为泛灵论）不是一般意义上的迷信，其是盛行于17世纪的哲学思想之一，其核心之一就是认为自然万物——比如一棵树和一块石头——都跟人类一样有自己的价值与权利。其实这种万物有灵论的思想自古就有，但这一直被认为是朴素而愚昧的。中国传统就隐含着“万物有心”之论。这和万物有灵论在精神实质上有相通之处。所谓灵可以理解为“本源心性”。万物有灵就是万物都有其本源心性，都分有了天心之本源心性，也就是分有了天道－天心原型特性。万物有心也是同样的意思。由此，万物的权利与价值都根源于其共同的“心性”。其实，按照东方古老思想传统之一——佛教——的讲法也差不多。万物都有佛性，这也是成佛的依据。佛说一切众生皆可成佛，意思就是万物皆可成佛。所谓众生从广义来说就是万物，其皆可成佛。万物有灵论思想出现在古老的各种不同的哲学体系中，柏拉图主义、亚里士多德主义、斯多亚学派、中世纪经院哲学大家等都有这种思想。德国哲学家莱布尼茨的单子论有万物有灵论的因素。

审美是敞开性的、心性的，是基于心性的统一性或原型性审美，其根基看起来与中国传统的基于天心基础的“泛心论”密切相关。中国儒、道、佛传统似乎都有潜在的“泛心论”思想倾向。天心是万事万物之创造性源泉，对天道－天心的审美性领悟是直觉式的，直觉基于始源的同一性。为了更纯粹的审美，人们常常需要排除现实的对象性经验的干扰。价值性审美试图抓住的是美之为美的那些更具本质性的基础与本质性要素，正如我们为了把握爱的本质，常常需要超越爱之现实的对象性的日常经验，美的最核心本质（使美成为美的核心本质）隐藏在现实性对象性经验的深处。为此，我们需要更为纯粹的直觉方式。天道－天心的言说是原型性的，但并不是高高在上远离人间烟火的，其透过具体现实及意味显露出来。心心相遇与对话性是敞开性的，也是实践性的、可以躬行的，立足于人们切实的细致自明的存在体验，立足于人们对外在虚假对象性经验追求的克服之中。源头心性渗透在世界的一草一木之中。一切皆天心（及其心性）的显现。人心需要的是敞开，倾听心万物深处及根处发出来的声音：

> 在莱布尼茨的宇宙论证明中，充足理由律保证经验界有一个后退的原因序列，并且保证这个序列要停止在一个最后的原因上。这个终极原因的本质包含了它的存在，因为没有它，其他的原因都无从解释。在哥德尔此处的论证中，上帝也可以提供一个理由或原因的序列，但这里的理由或原因已经具体化为希望和事实的分离与结合，因此这个序列是一个向前的希望或目的不断满足的序列，并且“满足希望的极大原则”保证了希望和目的的最终实现。这个终极的圆满，我

> 们也可以说，它的本质包含了它的存在，因为没有它，其他的目的都不成其为目的。向前的和向后的序列，由于都是原因或理由的序列，所以其实是相同的序列，两个终点因而合而为一，交汇在上帝的概念之上。显然，这里的“上帝”，已经比传统的宇宙论证明中的“上帝”有了更丰富的内容。①

人类文化的呈现是多样的，但其有自己始源性源头，或者说人类文化之根是和自己的终极源头密切相关的。人类一直隐在地被始源性牵引，并让我们从心底发出疑问：我们来自哪里，我们置身其中的大自然来自哪里，人及社会、文化的终极之根在哪里，我们又将去往何处？这是关于世界创造始源的追问。世界上所有的文明化了的大宗教几乎都在讲述这个存在之根的故事，并由这个存在之根衍化出各种各样的宗教信仰。所谓宗教信仰实质上就是对存在之根的追寻、信赖与顺服，其奠定了所有人类文化（包括审美）的叙事基调，其也是人类意义之网的核心。

始源性存在的那份纯粹的始源性牵引力一直都是在的，其也能唤起人们持久的、稳定的隐蔽激情。第一存在并不是远离世界的，而是隐藏在世界之中，隐藏存在于万物的核心处，也内在地隐藏于人的灵魂深处，通过人的最深邃的意向、向往、憧憬流露出来。谈论人类的精神（包括审美）却不了解创世性存在本质特性，那就等于谈一种没有根基的东西，那就等于谈论相对的、局限的、破碎的东西。人的真正的精神根基并不来自有限之人自身。在中国的思想传统中，谈论创世性存在本质特性（属性）等于谈论天道－天心的原初性言说，就等于谈论一种源头性的牵引力量或诉说力量。人需要赤诚地敞开内在心灵倾听之，这也是心心审美的最内核，即以某种或隐或显的方式与创世性存在特性——天之心性——相遇与启示性对话，领悟原初同一性，并产生基于原初的统一性经验。创世性存在本质特性（属性）常常能唤起人心之内在的、隐蔽的向往与内在隐蔽之激情，即被始源性力量牵

① 转引自邢滔滔《哥德尔论来生的存在》，《外国哲学》第15辑，2002年10月1日。

引推动所引发的情感。天道－天心言说是本体的、原型性的，天道－天心的语言是本源性语言。这种本原性言说或语言构成了宗教意识的基础。

二　天心言说作为本源语言及存在之家

怎样把原初性的言说或本源性语言带入人类能体验到的语言之中？这是人类文化的一个关键，也是宗教、哲学、艺术的关键。这是本体语言与可领悟语言的一种转换，通常这也是沿着智慧性传统的进路来实现的，在这一进路中，天心之本体言说显露在人类可领悟的语言之中。这种转换是以人心的敞开为前提，通过心心之启示性对话交流来达成，这是中心对中心、整体对整体的对话交流，也是本体言说能逐渐显现自身的对话交流。这也是天心之本源性语言进入人心的主体性叙说。这种以“诚”为基础的语言交流时常呈现于人的“虚己性”（包括空灵与宁静等）的存在状态里。这也是东方婆罗门及道家经常谈论的“虚己”原因。这里涉及最根本的语言交流转换问题：心与心启示性对话交流、天心的言说转换为人心的言说。天心原型性语言是最为原初、最本源性的语言。被转换的语言可以是单纯性语言、具有永恒意味的语言，或圣洁性的语言等。这种本源性的无声言说需要人心之敞开性的诚实倾听。价值性审美创造出基于本源性言说的意味整体，可包括沉默的意味或沉默性心象－意境，可包括沉思、冥想与祈祷情境。

> 海德格尔还进一步指出，要回到源初的话语，就必须放弃传统的哲学和叫做 Sprachwissenschaft（linguistics）的语言学，因为它是建立在破碎的、有限的观点之上的。策兰在这一段话下面画上了双斜线，并用下划线标注了两句话。这两句话说，我们必须通过返回语言的本体的、原始的基础来进行语言思维革命……“我们就有必要在从存在论上说更为原始的基础上重建语言学”。①

---

①［美］詹姆斯·K. 林恩：《策兰与海德格尔：一场悬而未决的对话（1951—1970）》，李春译，北京大学出版社 2010 年版，第 18 页。

中国思想传统中的天道－天心就代表了创世本源性存在。天道－天心之言说是本源性的，或者说天道－天心之语言是本源性的。与本源性语言对谈也显现出本源性体验，这种本源性语言体验，在东方的语境里，本源性语言更多与“静、定、慧”联系在一起，与空灵、宁静以及宁静中的隐蔽激情相融在一起。这种所谓隐蔽激情就是被始源性言说牵引而生的，是和始源性空灵、宁静与激情融合在一起的。倒空现象物欲或人之私欲，接纳来自始源方向的秘密言说。不同于许多佛教教派之寂灭性的理解，空静状态恰恰显现那个潜在的实在核心的声音。佛教眼中的色—自然世界意味着变动与幻有，意味着假，而假就是空。仔细分析，佛教之清澄寂、静定慧之说实际上还是奠基于如来藏—佛性说。

维特根斯坦分析哲学一直被认为是解构本体论的，他的美学观涉及语言：“对于不可言说的东西，我们必须保持沉默。”①

本源性言说适合人诚挚、敞开、静静地倾听，其不同于人为性的言说。德国哲学家海德格尔在《路标》等著述中也一直强调“去言说化”或“非言说化”。让存在之原始语言自己言说，存在言说自己隐藏自己。诗人或思想家需要的只是敞开自己的心扉静静地倾听，并呼应存在隐蔽发出的召唤：

> 这种去言说化—呼应就是人类处于存在林中路上的真实方式。②

这种本源性语言适合人屏息谛听，其也为众多大诗人的体验亲证。波兰大诗人辛波丝卡说：诗人是原始人类的精神传人。她想说的和中国甲骨文“心”字所表达的是一个意思。诗人最可贵之处就在于拥有“心”的内在的力量，并相信“心性”的普遍性。阳明心学强调“念念存天理”，其

① ［英］维特根斯坦：《逻辑哲学论》，贺邵甲译，商务印书馆 2016 年版，第 105 页。

② 转引自［美］詹姆斯·K. 林恩《策兰与海德格尔：一场悬而未决的对话（1951—1970）》，李春译，北京大学出版社 2010 年版，第 81 页。

存的其实也是始源性言说。他所谓的天理也是天心。东西方古老传统中天人合一性的沟通仪式，也可理解为：试图将本体语言转化为在场的可领悟语言，或者说其是心心沟通性语言仪式。在东西方传统之中有各种天人沟通交流的仪式语言，这也就是心心沟通交流仪式语言。心心相遇与对话意味着更多的原初性或原初意味，也意味着更多的本源性语言言说的被理解、被领悟。东西方各种文化包含了本体性叙说，其恰恰来自对绝对源头的聆听。其肯定不是信奉科学技术纯理性主义者所能领悟的语言，也不是那些道德说教者所能领会的语言。这种本源性语言具有完整性、统一性，是对于原初之一或原初之无的显现：

> 人不断地渴望"一"，因为人……渴望实质上的统一。这种统一才是存在与永恒……人意识到不朽，而不朽不是说换一种形态继续存活下去，而是指在永恒中泯灭了时间的状态。①

本源性语言基于原初之一或原初之无，或者说基于天道－天心。这种语言里就包含着单纯性、空静性与永恒性的叙说。电影《泰坦尼克号》主题曲是《我心永恒》。永恒成了爱之存在之家。本源性语言常常显露着永恒根基。价值性艺术语言常常散发着永恒动人气息，永恒是源头性语言叙说方向之一，这种本源性叙说超越时间侵袭。时间的潮水无法浸泡并使之变色变质。永恒意味着一种不会消亡的存在。首先是存在。其次是不会消亡。永恒是本源性的，是精神的存在之家。在人的科技理性的意义上，永恒是幻，但在敞开的心性意义上，其是真实的。对于诚挚敞开聆听永恒语言的人来说，永恒是遥远的，而对于敞开心扉诚挚领悟永恒的人来说，人就生活于永恒语言的环绕之中。那些具有高度精神性敏感的智者，恰恰就是能觉察领悟这种本源性语言者，其也是人的存在真正的家。而那些基于

---

① ［德］卡尔·雅斯贝尔斯等：《哲学与信仰：雅斯贝尔斯哲学研究》，鲁路译，人民出版社2010年版，第9页。

人类欲求的工具性语言却不具有这种功能：

> 就像语言一样，智力在“真实”呈现出来之后就失去了效用。虽然智力与语言都以“真实”为基础，但它们却属于另一个范畴。它们不能被有效地整合，以发挥统一功能，它们的功能就是将事物区别开来。①

通过本源性语言，人类可进入宇宙的创造性核心，获得终极性实在性，达于“神圣”之境。人类追求超越性的宗教境界的意义也在于此。人有先验的心性种子，有能领悟本源性语言的心性种子，同永恒与不朽的存在根基照面，在常规性语言意识（感性认识及理性认知）中，人们知道这是不可为的，但在存在之无意识的深处，在深邃的灵魂向往里，这种倾向却明显地显露了出来。人是有限的、分裂的，却有先验性的聆听本源言说的潜能。在对本源性语言的聆听中，人被永恒照亮，被无限浸透，被绝对笼罩，这是最有价值感的存在时刻，由此那些本源性语言也就成了存在之家。

三　天心始源性牵引与意味整体环绕支撑

天道－天心之原型言说及始源性牵引被敞开联系之心领悟、体验，这是心心相遇的最内核，这种相遇产生了深长的意味整体。这就是内核性审美的核心要义。内核性审美立足于总体，被意味整体环绕支撑。审美不是感性愉悦或快感，更不是分割性的理性判断，而是意味整体的或隐或显的涌现或显露，即意味－心象－意境整体的涌现或显露。从外观看，人的存在归根结底是虚无的、没有意义的。面对浩瀚的大自然及其自然背后更为根本的存在力量，人实在太渺小了。那么渺小的人如何获得些许意味－意义？核心就是天人贯通性相遇与沟通，并在体验的层面上与始源性整全发生关联。人们需要的是敞开心扉接受其偶尔的临在。这种天人对应相通的

① ［锡兰］L. A. 贝克：《东方哲学的故事》，赵增越译，中国盲文出版社2002年版，第68页。

关系具有先在性或先验性。在具有偶然性的相遇与对话里，人之有限漂浮流动之现象心逐步退却，源头心性显现。从东西方古老思想传统看来，人作为一种智慧性存在先验地具有与源头相遇与对话之心性，这种先验性心性常常以所谓灵性的方式呈现出来。这是人对看不见的方向、方面、基础的领悟。这种领悟具有偶然性，常常是相遇性的，临在启示性的：

> 如果对启示体验与审美体验之间的某些类似之处做一些简略的考察，我们的论证还可以得到加强……是在这种经验中被注意到了一种结构，或一种格式塔。而且这种意识有一种赐予的性质，因为“美的”或者“崇高的”，正像“神圣的”或者“神秘的”一样，似乎把捉了我们。艺术家据以证实自己的“灵感”的东西，有时颇像接受启示者的见证。所以，难怪海德格尔会在诗人的感受性思维中，发现某种本初性思维的东西，而本初性思维又很接近我们所谓的“启示”。[①]

在东西方文化里经常谈到的那些具有原型意味的情感经验，其有多个方向，我在《天人合一及心心美学》中是从八个方面展开论述的。这都是基于天道－天心原型言说召唤所引发的具有统一感的始源性经验，也是意味整体环绕支撑的经验，而与始源相关的意味整体扎根于一个宽阔深邃的精神性背景。这是和始源性的精神本体的相遇、贯通与对话，并由此得到最深邃、最稳固的精神性支撑，其也意味着我们的心灵由此变得充实而富有内在生机。孟子的“充实之为美”之说，其实就是一种立足于本体而生的意味说。中国传统的所谓的本体功夫论很容易造成误解。东方传统的所谓本体功夫本质就是敞开而后“虚己”，这是基于非现象心之“诚心”与“敞开”，是去除各种现象心之蒙蔽，让人的种种现象心消隐退却，让人之本心如其所然地呈现。这种本心如实呈现在中国心学传统看来就是所谓“本体功夫”带来的，也即“先天统后天”的一种功效。这是和本体贯通

① 何光沪编：《信仰》，生活·读书·新知三联书店 2017 年版，第 346 页。

的一种内在的心学层面的修行。所谓本心就是敞开联系性的心，就是与天心贯通的能够显露人之深邃声音（意愿）的心，就是本于天心（及其心性）之心，本于物欲世界之心就是现象心。人心经常性地处在被遮蔽状态，需要通过内在的心心相遇去蔽，但心心之启示性内在相遇与对话具有际遇性，常常具有突然降临的性质，也就是我们前面讲到的常常具有倏然临在的性质：

> 诗人与先知……他们二者都已深入宇宙的神圣奥秘，即歌德所谓的“公开的秘密”之中……现在我说，任何人都可能忘掉这个神圣的奥秘，而预言家，不论他是先知或是诗人，已经洞察了这个神圣的奥秘，他是被派来教育人们加深对它的认识。[①]

① ［英］托马斯·卡莱尔：《论英雄与英雄崇拜和历史上的英雄业绩》，周祖达译，商务印书馆2005年版，第90页。

第二章　自上而下价值审美与自然作为心心相遇中介

人们经常以自然为中介创造出“欲辨已忘言”式的意味整体。这是以自然为中介的心心相遇与对话之果。自然本身的审美潜能（潜在价值）不能从其有限有形的物性方向得到根本性的解释。自然的内在审美潜能需要从自然内在敞开性中获得解释，也即从其与创造性始源的关联中获得根本性解释。自然只是一个特别的心性中介，自然的美的光辉因心心相遇而生，并由此产生笼罩于自然之上的深长意味。自然之美在天人贯通性关系中，在由此形成的“原初完整的统一性经验”里。自然之美归根结底来自其对源头心性的显现。自上而下价值性审美，立足于对天心之源头特性（属性、特性）的敞开，并根据源头特性的内含量（这种内含量也是通过敏感的直觉来判断的）来评判审美的价值品级，而不是立足于物性自然本身及其杂多性物象来做审美判断。价值性审美（及其品级判断）并不忽略自然之形但超乎形，不否定自然面貌的差异（及其偶然性、相对性、不确定性等）面，但更加尊重审美中的那个核心，即心性核心的引导性启示，及其所产生的内在幽深意味。对自然心性中介的领悟本质上就是对天道－天心创造秘密的领悟，也是对天道－天心之本体言说密码的倾听。在心心相遇与去蔽过程中，充满际遇性地会有“源头心性闪现”，引发这种心性闪现的触发点，常常就是具有神秘面纱而又对创造源头敞开的大自然。通过大自然的形象（或心象）中介，天之心性（或源头特性）由奥秘性隐藏到畅快生动地显现，这是常常发生的，并在诗人讴歌大自然的杰作里最典型地体现出来。

第一节　天道－天心原型言说与人类实践本体论

一　天道－天心原型言说与自上而下之自然

在中国的思想传统中，天道－天心代表创造始源，天道－天心最深邃的本性就是创造，而最纯然的自然恰恰与天道－天心的原初性创造密切相关，自然从一开始就被深嵌上了创造进化的原型性的内核线路及其推动力量。现代流行的自然概念基本都是局部性的、片段性的，远离了其整体性根基，其也是自然科学意义上的，也属于有限的对象化的物质性自然。德国哲学家海德格尔在《诗人何为》一文中同意诗人里尔克的看法，高度评价了“非对象化的自然的完满性”这一思想。自然的完满性不在有限局部的自然对象上面，而和自然整体及自然背后的原初的创造力量相关。如果我们把人类置身的地球当作自然，或者说仅用理解地球的视野（及方式）来理解自然，那很容易犯哲学性的错误。地球只是整体大自然的微小的局部。真正创造、维系并塑造自然——决定自然方向及其性质（包括其生态性）显现——的力量隐藏在人们难以觉察的深处。用中国的天道－天心思想传统（及其逻辑秩序）来看，真正创造并塑造了自然的本原力量是天道－天心，其本质属性及特性应占据我们领悟自然价值的第一位置。

东西方历史上重视自然的思想派别众多。古希腊两个最早的最有代表性的哲学家赫拉克利特与巴门尼德据说都写过《论自然》。柏拉图与亚里士多德也都用不少篇幅集中思考过自然，比如在柏氏《蒂迈欧篇》、亚氏的《形而上学》《物理学》著述中。后来对西方思想史有重大影响的斯多亚学派的思考中心也是自然。对自然思考最具闪光性的要数中世纪爱尔兰著名哲学家厄里根纳，他写过著名的《论自然的区分》，此书于1681年出版，以问答形式写成。他把自然理解为一个有秩序的整体。他的“自然”不仅是指物质自然界，也包括上帝、超自然领域。他以“创造性”多少来衡量自然的层次，按照每一事物创造或不创造、被创造或不被创造来划分层级。自然的第一层次，是不被创造，但自身能够创造的存在，即作为因果始因的上帝。自然的第二层次是某种被创造的，也能自身创造的存在，即古希腊柏拉图的理念。自然的第三层次是某种被创造的，但不能创造自身的存在，即物质的宇宙。自然的第四层次是不被创造的，也不能创造的存在，即作为目的因的上帝。该书借助于把人从伊甸园中赶出来的故事解释，来确定从创造而返回到其创造者。中世纪集大成者托马斯·阿奎那也写过《论自然》。

斯多亚学派的思想流派的学说核心就是自然，并由此创造出了关于自然之“共同本性”说。自然的本性究竟意味着什么？东西方思想史对自然的理解有自上而下与自下而上之别。虽然自然本身具有难以想象的古老性与宽阔性，但自然本身依旧需要更为源头的理解或领悟，自然是有创造源头的，或者说自然是有心性来源的。事实上，按照中国传统心学思想视点，天道－天心一直在自然背后言说，言说一些原型性的、根本性的、根基性的话语。这些话语被陷入自身话语体系的人类忽视了或遗忘了，但天道－天心一直在隐蔽地流露、显现自身。天道－天心之言说渗透在自然里，作为一种显现出来的话语形式而在，其也体现在自然世界的历史里。那些根本性的言说包括以原初立法者——逻各斯的语调说出来的形式，其告诉自然科学家其自然法则—逻各斯—理性秩序、结构等，对人文学者而言，其则是以更为源头性的始源性及其语言隐蔽表达出来。

所谓自上而下的自然就是从原初的源头视角理解的自然，也即是从原初始源创造的视角来理解的自然。中国传统所理解的自然基本不是现代科学式的，而是“由道而来的自然”，也即从道的创造源头而生的自然。与此相似的是西方文化的“自然神学”说。自然神学说类似于中国思想传统的“自然道学”或“自然心学”说，其都是从源头的创造角度去理解物质性自然。这里所谓自然神学—自然道学—自然心学指向相同。这和东西方更为古老的“自然宗教”也很相似。自然宗教的核心就是强调自然之超自然的根源与启示。大自然是心性的显现，这是中国思想传统的视野，包括“良知”在内的诸多看法其实都是围绕这种思想的展开。与此相同的思考也典型地体现在西方的自然超验主义运动中。其也是以爱默生与梭罗为代表的超验主义者的核心思想。爱默生也写过《论自然》，他从大自然之中看出的是心性，是超心或超灵。自然是基于心性的精神之象征，自然是世界那颗共同的始源心的流露。爱默生把自然形象看成相应的心性的显现。在表达自然神秘的统一性时，爱默生提出了“超灵”及“共同的心”的概念：

> 就是那大自然，我们在其中休息，就像大地躺在大气柔软的怀抱里一样；就是那“统一”，那“超灵”，每个人独特的存在包含在其中，并且跟别人化为一体；就是那共同的心……①

爱默生认为，天与人（自然与人类）有共通的合一的方向，而超灵或共同的心就是这种合一基础或根据。此共同、共通之心性或灵性是宇宙本体，其也遍存于万物之中。他受东方哲学的影响，提出“共同的心”及“超灵”概念，其基于“超心”的思想与中国传统的儒、道、佛思想颇多契合。他尤其倡导从修心着手，并从心性层面上领悟宇宙本体。他的超灵论或共同的心论与东方儒、佛、道的核心精神基本一致。实际上也与西方的传统精神一致：

> 世界概念与上帝观念始终是彼此相关的。之所以如此，乃是因为上帝可以设想为世界的起源和始作者，但世界作为统一体鉴于其现象的多样性只能从它的这种统一的一个根据出发来理解，这个根据本身不能仅仅是世界的一个要素。②

近代人的自然不再是整体性的，似乎其与创造根基脱离了，变成了部分的性质，似乎其只关乎地球和太阳系，但真正的自然观念所覆盖的范围

---

① ［美］爱默生：《爱默生随笔》，蒲隆译，上海译文出版社 2010 年版，第 151 页。
② ［德］潘能伯格：《神学与哲学》，李秋零译，商务印书馆 2013 年版，第 429 页。

远不止于此，甚至自然观念不是范围大小问题。真正的问题是：自然是否只是一个有限有形的自然，自然的真正的创造性基础是什么？事实上，从东西方古老的思想视角看，那个原初的无形反而是后来有形世界的基础。如果在功利实用的意义上理解康德的“人为自然立法”“自然向人生成”思想，那必然会造成理解上的扭曲。据说这是康德“哥白尼革命”式的重要结论，这也与后来的“自然人化”的实践哲学命题密切相关，但对这个命题的理解如果脱离了康德思想体系的本义，而视其为人类的现实实践的本体性创造，那其从根本上来说是错误的。要真正地领悟理解自然只能用自上而下的视角。整体的自然不会也不可能向人生成，顶多是向人显现了其局部自身。人也不可能为整体的自然立法。自然不会听从人类的实践目的、计划或意愿。人类从根本上说，无法真正地影响自然的方向。基于此，人从使用工具的实践方向也不可能真正为自然立法。那自然最后会向哪个方向生成呢？自然只能向自然的源头回归或生成，也就是向着创造始源（及源头特性）生成或回归。向着天道－天心之创造初始复归，包括向本无与空静生成和复归。整体的自然对人依旧是盲目的、冷漠的，但对创造始源（及其特性）——天道－天心及心性——确实是敞开的，充满目的性的。这个目的被康德称为“客观目的性”。总体来说，脱离康德体系的语境，功利性地谈论“人为自然立法”“自然向人生成”的观点，属于自然顺服人类目的与意愿主义，或人类学的反自然（宇宙）主义。

“天道－天心为自然立法”“自然向天道－天心复归”，这是更具有视野的整体的自上而下的理解视角，这也才是真正有意义的内在超越的自然观。天道－天心代表本源性创造，也是自然的真正立法者，自然的逻各斯（理性）也来自创造性源头。从源头视角看，天道－天心决定着自然的基本性质与价值基础。按照西方基督教的思路，自然也是天道－天心的启示之一，是天道－天心的一种对象性揭示与显现。一般意义上的自然是局部的、局限的、物性的，包括我们的自然身体也是局部的、局限的、物性的。人之自然身体叙事也属于自然之局部性、片段性叙事。从整体及源头视角看，自然向我们显现的不是自然物的故事，而是超自然、超物性的故事。现在流行的细分的科学—技术意义上的自然——从严格的人文学科角度看——是最不自然的。科学—技术意义上的自然观念与人文视野中的自然观念本来就是对立的。现在人文意义上的自然观念竟然落入科学—技术自然观念的陷阱。人文学科意义上的自然观念是整体性的，是与根基及创造源头相连的，这个自然是原初存在的涌现，也是更为超越与内在的自然。按照最初的哲学内涵，研究自然实际上就是为了获得关于自然的“智慧”或智慧源泉。牛顿称自己的研究为“自然哲学”，意思是关于自然的智慧性显现或发现。从局部的自然研究中很难获得精神性智慧，只有领悟整体的自然，智慧才会真正地产生。整体的、有根基的自然不同于局部、局限的自然，整体的自然是一位神秘的变化莫测的难以接近的女神，是一位具有创造性的女神，也是人类多层次的文化叙事的最初的原型。

大自然的教诲是用隐蔽的语言说出的，大自然在言说天道－天心（初心）之隐蔽言说。大自然擅长讲述更深层次的隐蔽心性的故事。人类心灵需要与这种内在讲述相遇，需要专心倾听自然的娓娓道来，并与之做启示性对话，从而产生多层次的意味整体。自然讲述其隐藏在深处的故事，而人类则需要“虚己”地敞开，聆听大自然的种种教诲，聆听其用隐蔽的声调所诉说出来的天道－天心言说的奥秘，聆听其一直试图蕴藏着那些半遮半掩的秘密。人类也需要一种敞开性的真诚，需要倾听性相遇，并从中领悟关于真理、价值、意义的真谛。自然的检验标准归根结底还是自然始源创造者的检验标准，只有天道－天心才是创造者，其也是自然的真正立法者。由此，自然才充满了神奇的联系性与运动性。自然不是别的，就是超乎想象的创造始源的显现体。西方思想语境中的所谓上帝和中国思想传统中的天道－天心指向相同，都代表了自然背后的推动原初性创造与推动力量。天道－天心最具深邃宏大的想象力，创造出了宏伟壮丽的大自然，而人类的心灵要学会基于“虚己”的敞开，并从大自然的神秘景象中领悟最初创造者的创造目的，感悟其基于心性的美，延伸感悟艺术的创造秘密。

二　天道－天心原型言说与由内而外之自然

所谓上（最上）与内（最内）是一致的，在根本处是统一的。大自然的深处蕴含着原初创造的力量，其也是一种内在的力量。自然内在力量的最初源头——用中国心学思想传统来解释——就是天道－天心。前面我们说了，把我们置身微小地球当作自然，或者仅用理解地球的视野（及方式）来理解自然，那是一个思想方式上错误。地球只是自然的微小的局部。真正塑造自然的力量隐藏在人们难以觉察的深处。真正塑造了自然的本原力量是天道－天心，天道－天心（及其源头心性）处在我们理解自然价值的第一顺序位置。从其超时间的视角看，永恒性就是理解自然价值领悟的优先方面。托马斯与新托马斯主义者把律分为永恒律（永恒律就是第一存在律，终极性存在律或神律）与自然律（显现的自然事物的本性要求）[①]，但可见的外显的自然律（或外显的自然的生态本性及其倾向）对人而言（尤其在感受与体验的层面上），虽然根基也很深厚但毕竟不是最初的深远之根，最初深远之根在外显的自然背后，在其背后的推动力量，外显的有形自然背后具有更基础性的终极性之根。更为内在的基础性特性只能从存在本原中去寻找。自然价值除了外显的那面，更应包括最根基看不见的那面，那也是自然的内在价值基础。黑格尔对这一点说得极为清晰明白："精神则是自然界的真理。"[②]

黑格尔所说的精神当然不是一般的人类精神，而是"绝对精神"，就相当于中国传统中所说的天道－天心及源头心性。人类文化中的物性面自然的显现是明显可见的，人的肉体或身体也属于物质性自然。这种自然常常左右着我们人类进化发展的方向，尤其是涉及局部的肉体感性的层面上的进化更是如此。在世界存在及人之存在深层里，自然律与源头性存在律（所谓永恒律只是其最典型体现）常常是冲突的，并在种种冲突中最终显

---

①　参见［法］马里坦《人与国家》，霍宗彦译，商务印书馆1964年版，第16页。

②　参见［德］黑格尔《精神哲学》，杨祖陶译，人民出版社2006年版，第10页。

现出“源头性存在的永恒胜利”。人之存在的自然律通过我们的身体及肉体欲望显现自己的外在力量，而源头特性——永恒律则通过我们整体心灵及内在心灵深邃意向显现自己的内在力量，人不会完全被拘束于自然或深陷自然，完全身陷自然等同于动物性的命运，人的存在整体中深藏着更为基础性的力量，这种基础性力量使人显现出超越性趋向。就人的整体心灵来看，源头特性——永恒律会取得终极意义上的支配性。其实，所谓自然律也是以隐蔽的方式体现了源头特性——永恒律，自然律的最深处处处蕴含着源头特性——永恒律的影响，也即创造始源—终极实在性的影响。从源头特性——永恒视角，用宏大的眼光看，整个自然的演化就是一个原初存在引发的故事或叙事，就是其内在演化发展的故事史、思想史、实验史。自然故事的讲述主体就是使自然发生变化的终极性存在，就是“天道–天心”，其以其神奇的言说方式展开故事：

> 自然界是自我异化的精神。①

这个精神指向创造性源头，也是源头特性、属性的折射。人们因为肉身被束缚于物质性自然里，常常更为重视自然这个有形可见的面，而有意忽视超自然无形方向——尤其是终极意义上的真理方向。局部的自然具有物质性、片段性、分割性，是理智分析研究的对象，而更为内在的整体的自然却与源头性质相关。基于这种源头之“一”，并由此具有了内在心性气息，内在的、整体的自然也是我们的灵魂、情感的隐蔽向往或感应的对象。我们通常说的大自然也是整体的具有精神倾向的自然。这种具有神秘联系性的整体大自然对人的影响目前依旧深远。所谓的回归自然，从本质上说回归的也不是局部的物性意义上的局部分割的自然，而是回归整体的具有精神意味的整体自然，这是荷兰哲学家斯宾诺莎意义上的充满神性的自然，而不是自然科学意义上的自然，但人们现在基于工具理性及感

① ［德］黑格尔：《自然哲学》，梁志学、薛华等译，商务印书馆1980年版，第21页。

官欲望，有一种逐渐脱离物质性自然束缚的倾向，要走自己的独有的脱离生物性进化之路，要摆脱整体自然的影响，甚至要摆脱局部性自然的影响。

我们肉身受局部自然影响，正如我们的心灵受整体的有根基的自然的影响一样。同时自然本身（不管是整体的还是局部的）又成为人类文化的隐形推动力，关键时刻，人就会想到：回到自然去，回到自然的根基上去。局部的自然与整体的自然都会影响人类的文化，包括影响人类的哲学与艺术。人类的富有价值性的文化叙事，常常被看不见的潜在力量及动力塑造，其也参与塑造并校正人类文化的方向及方式。局限性、物性的自然也是人类文化的重要塑造力量之一，但东西方的自然观念有不少差异。在西方思想家中，法国作家卢梭是一个代表，其思想的核心之一就是对自然的高扬，他也论述了自然与文明的冲突、自然与社会的对立。他的教育小说《爱弥儿》是这种思想的生动注脚。他的自然观试图摆脱宗教的影响，反对传统意义上的宗教。卢梭的一生，就是要把欧洲人从基督教会的统治下解放出来，“把基督徒改化成人”，虽然他还算是个信神论者，经历了新教——天主教——新教的过程，但他并不因为这种信仰，而遗忘物质性自然的作用及力量。他反对私有制度，盛赞自然的充满原始平等的时代。他要人们尊重自己的自然天性，并成为自然之子。英国洛克的《政府论》中也涉及自然理论，并由此提出了“人权”理论，他的所谓的“人的自然权利”，也称“天赋人权论”，核心是反对权利来自神授。“天赋人权论”、自由的天赋说等，也都是其自然学说的延伸。美国诗人、思想家爱默生也被称为自然之子、美国思想之父。只是他的自然观具有更多超验性色彩，他的自然观是与创造性始源联系在一起的，是那个创造之“灵”的载体，也是神性的体现：

> 我们为这一异己的东西所排斥，是因为精神在其中找不到自己。[①]

① ［德］黑格尔：《自然哲学》，梁志学、薛华等译，商务印书馆1980年版，第4页。

> 自然里不是自由而是必然性在统治，因为必然性在其严格的意义上正是彼此独立的实存之间的一种仅仅内在的，因而也是仅仅外在的联系。[①]

推动局部物质的自然是更为本原的始源性创造力量，其也是一种更为内在的力量。遵循内在的自然之道成为许多哲学家、诗人的座右铭。整体自然具有内在性，会影响人的内在灵魂。自然之道与人类认为的自然之道常常不是一回事。人类认为的自然之道常常是低层次的自然之道，是局限于物质的、生物层面的自然之道，这种自然之道，对人类的精神而言，常常也是虚假的自然之道。真正的自然之道是由创造性源头及源头特性决定的。由内而外的视角，也是从高处、深处、根本处看自然的视角。这一对自然的叙事具有浓厚的源头心性性质，对整体自然的叙事与内在叙事归根结底是内在心性性质的。

三　人类实践本体论与自下而上之自然

真正的系统性哲学思考严格说来必须奠基于存在源头。显而易见，人（或人的活动）——作为世界衍化中的半路杀出者——不能担当这种基础性、根基性的哲学角色。由此，人也不能成为（真、善、美的）最根本性的思考基准、核心坐标与原初性“公设”。因为人本身就属于有待说明的存在之果，就属于偶然世界，就是大的偶然世界的一个特殊部分。如果说人要获得一种超越非偶然性稳定价值，那也只能从其敞开性中获得，只能从敞开的和存在中心的联系性中获得，也就是从自身与创世性源头的贯通性关联中获得。从本体论或宇宙论角度看，从人开始的叙事是属于“半路叙事”或属于从流（偶然性）开始的叙事，而所有的这类叙事都有共同的缺点：缺乏真正的思考整全性、秩序性（包括逻辑性）与完整连贯性，也缺乏严密的因果链条性，尤其对建造完整的思考体系者而言，这都属于无

① ［德］黑格尔：《精神哲学》，杨祖陶译，人民出版社2006年版，第12页。

源泉、无来由地凭借偶然开始的叙事。把半路性的偶然之果当作整体世界的原因或动因——包括精神性事物的原因或动因——本来就属于缺乏严密逻辑感的思考方式。不管是从理性逻各斯还是从价值依据角度看，创造性源头都更为基础，也更能成为存在的某种依据。东西方的那些最伟大的思想家，以及最伟大的哲学家的思想叙事，其叙事特点之一就是“源头开始的叙事”。人和自然界其他物种一样，都是半途突然杀（进化或被创造）出来的，也都处在需要不断进化的路途中。人也一直在通过实践奋力前行，并建造独属于自己的世界。所谓人创世创造的只是“人之世”。实际上，人通过实践活动只是改变与人相关的世界，这种进化性创造（或创造性进化）并没有脱离大的演化主义范畴，尽管人和动物有了明显的不同。所谓人的实践创世行为及其历史——从真正宏观的整体大自然演化的视角看——其对整体自然历史的影响几乎可以忽略不计。这也就决定了人的所谓实践本体论之说，只能限定在与人相关的局部性自然范围内，只有在非常狭隘的人的活动范围内才有一定的意义，而从与大自然的总体关系格局上看：人的实践差不多是一种几乎可以忽略不计的活动（创造的或进化性的）。以人为根基的视角不可能真正深刻地理解自然，不可能真正深刻地理解自己，也不可能真正深刻地理解自然与人的关系。或者说，以人为根基的视角，只能有助于理解局部性的局限性自然与人的关系。

从以封闭的人为中心的视角，无法理解自然的真正价值基础。从以封闭的群体人为主体的社会实践视角，也会遗失真正的自然根基，找不到自然之为自然的真正根据，找不到自然之为自然的真正的创造性源泉，也找不到自然之有价值的精神真谛。半路出现的人本来就是有待说明的存在者，需要更为根源性的钥匙才能打开其存在秘密，如果现在却成了了解、打开其他事情的钥匙与秘密，这必然会犯根本的方向性错误：人不可能真正成为揭开最终谜底者，不可能成为打开终极性精神真理的最后的钥匙，也不可能解开自然界事物的核心秘密，甚至更不可能成为理解各种精神价值（包括善、美等精神价值）的钥匙及核心秘密。这也被我们真正的富有价值深度的体验所显明。中国哲学家李泽厚，出于对人的行动（实践）力量的自信，出于对人地位与价值的肯定与高扬，提出了所谓的“实践本体论”观点。总体来看，这个理论与人类近几百来的日渐膨胀的自信心相关，与以此为基础的人类中心主义思想紧密相关。而在中国古老的思想传统中，天一直处在价值秩序的优先位置上，人是没有本体地位与价值的，在真正的中国主流传统中，天之真正的主宰位置却没有得到真正的贯彻，人的地位其实一直被人为拔高。因为人没有被理解为半路之果，没有被理解为被动的偶性进化物。自文艺复兴、启蒙运动之后，西方人的地位逐步提升，并逐步取代了神的位置，人也逐渐取得了对自然的优先权。自然成了被动者，成了质料、场地与被征服的对象。尽管在《圣经》叙事中，人也一直扮演着自然的管理者的角色。

或许是受基督教思想传统的影响，或许是人类科学技术的力量给人带来的中心幻觉，德国哲学家康德晚年（1800）在《逻辑学讲义》中提出了“人是什么”的问题。他在其道德形而上学中，早就阐发了“人是目的”思想。既然人是目的与中心，自然理所当然成了为人所用的对象。康德思路中的人究竟意味着什么？核心是人的尊严性形象，而不仅仅是各种片面性的发展。如果以人的理性为中心、为目的，然后再用其为自然（经验自然）立法（法则），那人只会变得越来越畸形，只会变成精神越来越不健康者。“人是什么”“人是目的”中的人应该是与天（神性）相连的人，而不是与天隔绝、分离的人，与天（神性）隔绝、分离的人最终会显示出扭曲的本相。所以与其提出“人是什么”，还不如提出“人的核心本质或人心是什么”；与其泛泛地说“人是目的”，还不如更集中地说“能代表人的存在整体的人心的目的”。它们之间的差别在哪里呢？差别就在于：人心代表人之存在的中心、核心与存在依据。如果人心为目的，那就不能以现象人（人的分解的局部功能）为中心，因为以现象人（人的分解的局部功能）为中心必失心，也就是必丧失人的存在中心。中国思想传统的以人的本心为中心，其是敞开性的心，是与天心贯通的能够显露人之深邃声音（意愿）的心，是以天心为本之心。人的实践活动不会成为真正意义上的基于总体性的本体——甚至不会成为人的世界本体。那个创造性始源才是自然的基础与价值依据，其也是人之存在的基础与价值依据。自然之审美价值也以其源头心性的显露为基础内核。从审美视角看，以自然为中介事实上就是以能显露源头心性的自然意味整体为中介，在这个审美性中介里，心心可发生贯通性相遇，可发生内在性的交流对话。这也是以自然为中介的审美根本。

这里也有实践或行，但这是心灵的敞开性实践或行，是心心相遇与对话性实践或行。这与西方基督教思想流派中的“心灵神学”“实践神学”倒是有几分相像之处。如果以这种贯通性的内在实践为基础、为本体，或许更能帮助我们理解自然（包括自然美）的秘密：自然是有心性源头的，而所谓自然的心性归根结底就是天心之心性。我们对自然的价值理解遵循自上而下的秩序。以人的实践为本体为核心基础，用自下而上的视角理解自然，必然不能理解自然的真正的价值基础。我们理解自然与人之间的本质关系，也必须具有自上而下的理解视角，以创始天心为本体，为创造性起源，在这个基础上领悟自然，及自然与人的内在心心相遇与对话性关系。从人的视角理解自然、让自然从属于人（及人的活动），这属于大的自下而下或自下而上的理解视角。把人的实践活动推至优先于其他的本体论的高度，这是李泽厚美学思想的根本特色之一。但在这种自下而下或自下而上的思想视野里，自然基本上是服务于人的，自然的价值就在于实现了人的目的、意愿、计划，自然本身是没有自己的主体及价值地位的。自然是人们实现目的意愿的对象，也是等待人征服为人所拥有的对象，也是等待人们把自己的本质力量投射其中的对象。所谓人类实践本体说到底最后还是关乎自己的意愿、目的、计划、理性等。因为所谓实践核心还是人的意愿、理解、计划等，所谓实践就是为了实现人的力量——意愿、目的、计划、理性等——对象化活动，或者说是为了使人的意愿（意志）、目的、计划、理性自然化或对象化。在这种向对象存在物转化过程中，人被视为主体力量，具有所谓的实践主体性，而自然则是被动的，没有自己的所谓主体地位，自然只是质料、场地、工具等。自然是被动的，是等待人类管理的，等待人类将自己的本质力量注入其中的死物。自然始终处在形而下之“下”的视野中。自然地位的价值上升归根结底还是要靠人类，靠人类将自然从被动中解放出来，并让自然获得价值地位的上升。这是实践本体论的理解逻辑。除了实践的、劳动的主体，没有任何自然主体性可言。

四　人类实践本体论与由外而内之自然

> 自然界的概念规定就在于它本身是外在性的东西。①

李泽厚的人类实践本体论与人类历史本体论是一致的。这种理论的实质是把自然看成外在的东西，自然是外在性的自然。这与黑格尔的自然观有相似之处。只是在黑格尔那里自然之所以是外在的，那是因为绝对理念是主动的、内在的，黑氏的内在是绝对实体性，也间接认可人的主体性与内在性，认可人对自然的绝对优先性。人类的实践创造不了自然的内在，也创造不了人类的最内在，人类的最内在归根结底来自创造性源头。所谓“灵魂”“本心”等从根本上说都不是人类实践活动所能创造的。在李泽厚这里，自然的外在性体现在其被动的空间、时间与材料特性。自然如果想获得内在性就必须接受人的劳动实践改造，接受人把其目的、意愿、理性、计划注入其中。这是典型的人类中心主义的思想，也是广泛的狭隘人本主义的一部分。黑格尔的内在基础是绝对的原初力量，是推动自然成为自然的力量，也是使自然内化与自由的力量。在他的思想里，内在化就是自由化。人可以使自然自由化吗，人可以成为自然自由化的基础吗，人类在何种意义上可以成为自然自由化的“本体”，在人与自然的关系中，人如何成为使自然内化与自由化的“本体性”基础力量？

以人为本的思想倾向大体上看没什么问题，关键是如何理解这个

① ［德］黑格尔：《法哲学原理：或自然法和国家学纲要》，范扬、张企泰译，商务印书馆1961年版，第50页。

“人”字，如何理解人之为人的特性与根本性基础。人的基础与中心力量不是外在之“行”，即不是使用工具的外在之行，人的主体性体现在敞开的贯通性方向上，即使涉及行，那也是心行合一之“心”，“行”是被心发动与牵引的，由此，以人为本就是以心为本，而不是以人的使用工具的实践为本。如果以心为本，那就是以人之存在的中心与基础力量为本，而这个中心与基础力量恰恰是超出外在自然之行的。在人与自然的关系中，任何把人类设想为本体基础的观点都是自大的。自然只是果，果之前有因。自然背后还有更为根本的基础性的创造与推动力量，黑格尔称之为绝对理念，我们则称之为天道－天心。单从人与自然的关系角度看，人也没有使外在的自然内在化的根本力量，自然之外在依然外在，使自然内在化（或自由化）的并不是人，人也没有能力从根本上创造出内在的、自由的自然，人只是部分地改变了外在的自然面貌，人所改变的自然只是局部性的自然，是很微小的片段性自然。整体自然的改变者与推动力量却是那个基础的源头性心性力量。

建立在实践本体论基础上的美学，对自然的视野必然是外在化的，也必然把自然看成被动的对象，即有待征服的材料、工具与场地。这种由外而内的视野必然是泛审美化的：把与人的实践力量对象化（局部性改造）的诸多方面都理解为美。所谓人类实践本体论事实上还有一个理论前提：客观物质性前提，而且这个客观物质世界前提还是检验实践有效性的基础与标准。实践本体论事关自然世界与社会世界的感性本性与感性外表、客观本性与客观外表、工具本性与工具外表。实践是人类活动的中介，其将主观与客观联结起来，通过实践，主观符合客观，这个实践才是有效的，才算是真理性的。实践论的美学依据也在于此。把真理建立在并不实在的物质客观性（幻象）上，让物性之外决定检验意愿之内，让外在之客观世界决定人之主观之内在世界。以此为基础的美学观的优势是常识性强、看得见摸得着，和有形世界关联度大。事实上，当代审美中的感官性、功利性、肤浅性趋向与人之实践本体论美学观是紧密相关的。人之实践为本体论是以物性自然为前提与基础的，人之实践本体论必然导致对自然的理解的外在化、被动化与物化。自然只是自然物的堆积。自然缺乏真正的自由内在性，如果说自然有内在性，那也是人把自己的本质力量注入自然的结果，也就是人的力量由外而内注入的结果：

> 人有权把他的意志体现在任何物中，因而使该物成为我的东西；人具有这种权利作为他实体性的目的，因为物在其自身之中不具有这种目的，而是从我的意志中获得它的规定与灵魂的。这就是人对一切物据为己有的绝对权利……所有的物都可变为人们所有……换句话说，他有权扬弃而改变为自己的东西。其实作为外在性的物没有自身的目的，它不是（自己对自己的）与无限自我相关，而是某种对它本身说来是外在的东西……唯有意志是无限的，对其他一切东西来说是绝对的，至于其他东西就其本身说是相对的。①

人把他的意志体现于物内，这就是所有权的概念，也即取得占有的权利，各种工具力量可以扩大人的权利范围，这也包括更加遥远的占有，通过占有，物（自然）成为“我”的东西。整体自然界差不多也可以等同于物。这差不多是实践本体论的思想逻辑基础。然后是这个相对的、被动的、自然的内在化，这个所谓的内在化差不多就是人化，也就是自然向人生成化，也就是人的意志、目的对象化，这不同于黑格尔的绝对理念的内在化，绝对理念毕竟是终极性的推动力量。由人的实践力量人化后，自然就内化了人之精神性力量，换句话说，自然的内在性是由人注入的，但自然的所谓内在性，从根本上讲与人的劳动活动无实质性关系，自然的有自己更为根本的、神奇的创造性始源，整体自然也不可能被人的实践意志内在化，尽管从局部的自然（地球甚至太阳系）看，人类可能做到这一点。自然的真正的内在化力量植根于自然内部，植根于自然之原初创造性力

---

① ［德］黑格尔：《法哲学原理：或自然法和国家学纲要》，范扬、张企泰译，商务印书馆1961年版，第52页。

量，也就是与天道－天心的始源创造相关。自然的内在性也就是自然之心性，这种心性是源头心性的折射。整体自然的心性是源头实在性的显现，其根本不可能是人通过自己的实践活动投射到自然之中的。自上而下自然视角与由内而外之自然视角，在本质上也是一致的，也都是本源性整体的视角，都和那个创造性的本源相关。我们敞开的心，以自然为中介，领悟到的是自然内在的心性，领悟到的是自然背后的源头性的创造力量（也即天道－天心的始源性创造力量），由此也领悟到了基于源头特性的美（或审美），领悟到了基于美的自然价值。而从自下而上、由外而内之自然中，我们领会到的更多的是自然本性的不在，领会到的更多的是人类的单向的强制性意愿，也导致日渐泛化的失去根基与内核的所谓审美。有自上而下、由内而外与自下而上、由外而内两种价值打量自然的视角，这也是内核价值型审美（立足于创造源头、纯粹型、上升型、内核型等）与泛化的外围现象型审美（立足于人的意愿、物欲型、偶然型、驳杂型、下降型等）的核心区别之所在。

心心相遇与对话主体性可以说是实践主体性，心心相遇与对话性审美可以说是立足于实践之审美，也可以说是一种“实践本体论”，不过此实践非彼实践。心心相遇与对话实践是敞开性的实践，是内在的心灵性的历史实践，是心心之启示性对话、交流、相通乃至同在性实践，这是敞开的心的内在实践，也是由内而外之审美实践，这个内和上是一致的，其核心相通、相同。这种内在的心灵实践——前面我们已经说过——与内在智慧或伦理之行是可以融合在一起的。王阳明所说的“知行合一”“致良知”实质上立足于内在的心灵实践。内在心灵实践是敞开性的也是贯通性实践。在这种内在的相遇与对话实践里，源头特性（或源头心性）如其本然地呈现，并给人的存在带来真正具有实在感的支撑，给人带来内在的精神生机与意义。所谓美，其根本性的根源主要不是来自李泽厚所说的人之外在的使用工具的社会实践，尽管这种社会实践性进化——通过文化等中介——对人的感觉与心灵会产生历史性的影响。美也不应该被定义为有意味的形式，而应该被定义为有形式的意味整体，感性形式不具有基础性地位。心心相遇与对话产生的那种幽深的意味才是核心、重点。美（诗意等）是蕴含形式（形象、情境、氛围等）于其中的意味整体，其超越有限有形之感性形式。没有有限有形之外在形式，依然可以有基于意味整体的审美，但没有形式背后的由心心相遇与对话产生的意味整体则没有真正的美。这种意味在中国古典美学里被称为“韵外之致”“味外味”等。这种对美的理解与中国思想传统中“得意忘形”“得意忘言”之说是一致的：“嗜酒能啸，善弹琴。当其得意，忽忘形骸。”（《晋书·阮籍传》）“言者所以在意，得意而忘言。”（庄周《庄子·外物》）。心心美学是强调多层次意味整体的美学，其重点强调的是心心相遇而生的幽深“意味”，而不是更多强调与形或与形相关的言。虽然一般地说来，意味也离不开形式、形象、情境、氛围等要素，但真正的审美恰恰具有这种“超乎形”之超越倾向，也就是超越感性感官羁绊的倾向。实际上，真正的文明也具有这种超乎外在形之超越性方向、趋势。

第二节　天道 - 天心之本体言说与自然心性叙事

一　“心包万物”、自然始源及化育性

自然，从本质层面上说不是“生态”，所谓“生态”只是现象，是现象性之果。自然的本质是超现象生态的，根源于“创造始源”，其最深的基础是天道 - 天心。关于这个幽深的存在基础，东西方各种文化的命名不同。其中命名之一就叫“心”，但这不是一般意义上的“心”。东西方文化都在谈论作为世界创造主体的超心，把超心当作世界（包括人）的创造性基础与内在核心，这是与有限有形事物不同的更为根本性的存在力量。从中国思想传统视野看，心包万物，万物都起源于这个创造始源，其是创世的超越存在，其与有限世界的最内核并不矛盾，在根基处充满了一致性。“超心”先验地作为“灵明”性种子（存在中心）内化于人，所以“保守心”差不多就等于保守人的存在中心。这也是西方基督教文化与基督教思想家的支柱性思想。西方基督教文化之所以要人们保守心，是因为“上帝

将祂的律法放在了人的内在里面，写在他们心上”（希伯来书8：10）。同时也将这个律法放在世界的最内在里与存在核心处，放在世界的隐蔽的育化与运行之中。可以说，心也是东西方文化的核心交会点之一。从最根源处着眼，东西方文化的差异并没有人们想象得那么大，在根子里，是相通的。这个相通点之一就是都肯定作为存在核心与总体显现的心。中国传统的儒、道、佛三家的最大交会点也是“心”，尽管各家强调的侧重点有所不同，但在根源处是一致的。道家的思想是：心即道，道即心，道体即心体。道就是原初创造本身，其被内化于世界存在的基础与依据里，也内在隐藏在人心深处。儒家经过宋明理学、心学，也强调与天理－天心一致的道德心。西方基督教“神就在人的心中”的说法，与中国传统的天心－人心对应说也是有相似之处的。这个超心不仅仅是隐在于人之内在里，也是不断地通过可见的有限事物显现自身，包括在自然中的显现，这种显现成了天道－天心的见证：

> 自然事物、有限事物，仅仅是精神的见证者，仅仅服务于其显示。①

黑格尔所说的精神是指“绝对理念”，在我们这里就相当于“天道－天心”。在中国的思想传统中，天道之道偏重逻各斯那面，天心之心更倾向代表至善本原。基于局部的有限的物性自然并不具有精神上的自足性，局部的、有限的自然并不是自足的，而是被造性的、有起源的，其背后有一个创造本原在推动其言说。真正意义上的自然内涵和其创造起始及深刻的内在性相关，因为这种内在，如果我们溯源追问，就必与创世性本原创造密切联系在一起，自然就可区分为现象的物性自然与本质的代表创造始源的心性自然。心性自然是物性自然背后的推动性力量。谈论心性自然就是谈论天心（及其心性）的显现，用黑格尔的话说就是谈论作为“理念”显

---

① ［德］黑格尔：《宗教哲学讲演录》Ⅱ，《黑格尔著作集》第17卷，燕宏远、张松、郭成译，人民出版社2015年版，第3页。

示，也就是谈论那个使自然成为自然的本原及其属性，也就是谈论那个隐蔽神奇的创世创造所蕴含的实在性。使大自然成为大自然的那个神奇的创造性力量就是使自然形成之初始力量。在某个范围内，在粗略比方的意义上，谈论心性自然就相当于谈论佛教意义上的佛性自然。所谓佛性自然可用佛教中的“众生”一词描述。广义的“众生”有“有情”含义，即一切有情识的事物。由众缘所生，名为众生，又历众多生死，名为众生。但在佛教的观念里，在十法界中，除佛，九界皆有情，皆可名众生。“草木国土皆能成佛。”虽然就其一般的狭义而言，众生有贬义指向：指具无明烦恼，流转生死之迷界凡夫。南北朝时期中国著名僧人竺道生写了《佛性当有论》，强调“一阐提”，众生皆有佛性。他说：“一切众生，莫不是佛，亦皆泥洹。”①

天心则代表始源性创造力量，其作为存在的源头化育了世界，其是拟人化的却不属于人格神类的，比之希伯来的耶和华创世，其似乎更符合现代天文学的一系列发现，也更符合现代人的追溯源头的理性，尤其是更符合一流科学家（物理学家等）的理解力，也更能避免全知全能至善之人格神创世所带来的一系列理性悖论：

> 能尽物之性，则可以赞天地之化育。可以赞天地之化育，则可以与天地参矣。(《礼记·中庸》)

“心包万物”这个命题是由明代大儒、心学宗师湛若水提出来的，他的《心性图说》也是他关于心学的巅峰之作。这本书较为全面地展现了他的心化育天地万物的思想：

> 性者，天地万物一体者也；浑然宇宙，其气同也；心也者，体天地万物而不遗者也。性也者，心之生理也，心性非二也。譬之谷焉，具生意而未发，未发故浑然而不可见。及其发也，恻隐、羞恶、辞

① 转引自方立天《中国佛教哲学要义》，中国人民大学出版社2002年版，第291页。

让、是非萌焉，仁义礼智自此焉始分矣，故谓之四端。端也者，始也，良心发见之始也。是故始之敬者，戒惧慎独以养其中也，中立而和发焉，万事万化自此焉达，而位育不外是矣。故位育非有加也，全而归之者耳。终之敬者，即始之敬而不息焉者也。曰："何以小圈?"曰："心无所不贯也。""何以大圈?"曰："心无所不包也。"包与贯实非二也，故心也者，包乎天地万物之外，而贯乎天地万物之中者也。中外非二也，天地无内外，心亦无内外，极言之耳矣。故谓内为本心，而外天地万事以为心者，小之为心也甚矣。

要想通达自然万事万物，就必须从本体处开始，化育自然万物的动力不是来自外在的可见的有限有形的方面，而是来自其内。化育万物并非增加了什么，被化育的万物只是天道－天心心性潜能的展开而已。

二　"万物一体"或宇宙论的虚无主义

"心无所不贯"就与万物一体论密切联系在一起了，而万物一体论与宇宙论的虚无主义是既相联系又相矛盾的两个方面。万物一体是肯定性视角，而宇宙论的虚无主义则是否定性视角。在世界哲学或思想史中，人们早就对世界的基础存在进行了思考，并对万物之间的隐蔽的关联给予了关注，由此众多思想家论述了"万物一体"问题。物理学家们几乎都相信统一而和谐的理论，并竭力追寻极简的、可以概括所有自然现象的基础理论。从宇宙全息统一论的观点来看，宇宙也是一个统一整体，物质、能量、信息、精神等都是宇宙本体的不同表现形式，但其在本质上却是绝对同一的，四大要素也是相互潜含的。所以，所谓的万物一体论与存在基础论紧密相关，也与创世、创造主或造物者的观念紧密联系在一起。古希腊、古希伯来、古印度、古代中国等都有过这种基于统一性的思想谈论。这也是伊斯兰哲学、俄罗斯哲学的中心思想论题之一，甚至因此他们还形成了相关的学派。俄罗斯著名哲学家索洛维约夫、洛斯基、弗兰克、布尔加科夫、弗洛连斯基、别尔嘉耶夫和卡尔萨文等被认为是“万物统一”哲学学派。这里只以弗兰克的说法为例，他说：

> 如果说世上的东西都各自独立，相互之间都没有任何关联，那这个世界上就会一无所有，什么都是匪夷所思的。存在就是万物统一，在这种万物统一中，所有个别都是只有在其与别的东西的关联中才是可以理解的。①

这与中国传统思想是一致的。中国传统思想中的“万物一体”观念与“天人合一”观念是密切相关的。天人关系是中国传统思想的中心论题，其包括了关于天与人、天道与人道、天心与人心的关系，由此又可衍生出一系列相关命题，如天人相分、天人感应等。万物一体是从万物一致性基础角度提出的命题。现在人们喜欢谈论宋明理学、心学中的“万物一体论”，其实这个观念早在先秦道家学派的论述中就已明显显现，最具代表性的就是老庄的论述：“天地与我并生，万物与我为一。”（《庄子·齐物论》）

只是宋明理学对“万物一体”的阐发更为明确。他们认为万物之所以能成为一体，根子在“天理”或“天心”。王阳明在晚年对《大学》的讲授中特别强调“与物同体”，并在《拔本塞源论》《答聂文蔚书》《大学问》等文中用大量篇幅强调了仁者与天地万物为一体的思想。张载在《西铭》中说“民吾同胞，物吾与也”（《张载集·正蒙·乾称》），程颢说“仁者浑然与物同体”（《河南程氏遗书卷二上》）。

世界不同文化传统都论及过宇宙外观的不实在（或者说虚无），同时也认为万物是一体的。问题的关键（常常也是理解的区别之所在）是：宇宙的物质外观既然是不实在的、虚幻的，那何以万物又会是一体的呢？是什么把万物联系成一个整体？有人根据《易经》思想将之解释为“生生”。

① 转引自［俄］瓦·瓦·津科夫斯基《俄国哲学史》下卷，张冰译，人民出版社2013年版，第454页。

这样“生生”就成了万物一体的依据，也成了理解中国传统“天”的依据、基础。我们认为这种解释是欠准确的，其很容易陷入“物理主义”或“生物主义”，从而使“天”失去了最高、最深之大全的存在本性。在中国传统思想儒、道两家看来，使万物成为一体的原因归根结底还是那个万物共同的初始性起源，也就是自然万物的源头性心性基础。从这个更大的视野理解，万物之物质性本身只是被动的质料，缺乏真正意义上的创造性，虽然其也是源头创造的一种表达，但只是天道 - 天心的工具性显现方式，最真实的内在核心常常被其遮蔽。真正真实的是显性物质背后的推动力量。关于这一点，东西方各个流派的哲学家做了充分的阐发与论述。即便从现代科学角度来看，自然的、可见的物质性所占宇宙比例也只有百分之四或百分之五。宇宙中更多是非可见的部分，宇宙的初始性始源也是非物质性的。可见的有形的物质是被创造的，也是缺乏真正实在性的，所以古印度的各家各派都认为物质性宇宙只是“摩耶”，也即幻象、幻觉。摩耶（也被译为“幻”，梵语 Maya）音译为“摩耶”，意译“幻、幻象、幻术”。该词最早出现在印度最古老的典籍《梨俱吠陀》中，它是古人从对宇宙万象的直观中得到的共识。单从可见的自然物质性外观看，宇宙是被造的偶然产生的，也可以说色相宇宙是空的虚无的，但印度宗教和哲学也认为，宇宙间存在着一个无所不知、无所不包的巨大实体——“梵”（又称为大我），梵是永恒的实在，不随时间空间而改变。世间的一切都是梵的显现。在中国的思想传统里，天道 - 天心是终极性存在，世界的一切都是天道 - 天心（及其意志等）的流露与显现：

> 与莱布尼茨的看法相反，每个单子都有许多窗户。事实上，它只能由窗户构成。一切生物——各以独特的方式——彼此生活在对方中，彼此共同生存，靠对方生存、为对方生存，正所谓“万物相通”。①

① ［德］莫尔特曼：《创造中的上帝》，隗仁莲等译，生活·读书·新知三联书店 2002 年版，第 28 页。

中国传统总体来说坚持了实在论，而不是坚持宇宙论的虚无主义。中国思想传统把万物的统一性（或同一性）基础称为天道－天心。自然庞大的物质性外观尽管是不实在的，却内在地充满了统一性（或同一性），自然的局部性的物质性外观常常遮蔽了其整体的性质，遮蔽了自然的内在心性，遮蔽了创造性的存在起源、中心，而所谓自然的内在心性也即自然内部的纯存在性，或终极实在性。自然物质性外观只是虚假的幻象，只是因为其隐蔽的"心性窗口"，自然物质性外观才具有了"内在生机"，缺少了使事物得以互联的"心性窗口"，自然物质外观本身就缺乏真正的价值性支撑。真正能支撑自然价值的是自然之"源头心性"，这"源头心性"使事物与事物联系在一起，相互支撑，并活在一个"万物共同体"之中，但归根结底万物之所以能联系在一起，还在于它们有共同、共通的创造始源，是天道－天心在隐蔽地发挥作用：

> 世界的意义必定在世界之外。世界中的一切事情就如它们之所是而是，如它们之所发生而发生；世界中不存在价值——如果存在价值，那它也会是无价值的。如果存在任何有价值的价值，那它必定处在一切发生的和既存的东西之外。因为一切发生的和既存的东西都是偶然的。使它们成为非偶然的那个东西，不可能在世界之中，因为如果在世界之中，它本身就是偶然的了。它必定在世界之外。①

自然的惰性物质性只是一种幻象，也可以说是虚无性的，但自然同时充满了隐蔽的联系性，是那创造性之"源头性力量"使自然万物彼此隐蔽遥望并发生内在的关联。我们要领悟自然的神奇性、神圣性及其内在价值，就需要从创造源头天道－天心开始，并从其为归宿的视角来领会自然。荷兰哲学家斯宾诺莎早在几百年前就提出了"能动的自然"这一概

---

① ［英］维特根斯坦：《思想札记》，吉林大学出版社、吉林音像出版社2004年版，第16页。

念。现代哲学家布洛赫提出了“作为主体的自然”这一短语。而所谓能动、所谓主体实际上就是指向自然背后的“创造性主动力量”，那是自然得以具有主体性或能动的基础：

> 世界的美与天体的秩序使我们不得不承认，存在着一个最高永恒的本质，它应该成为全人类思考和赞美的对象。①

万物一体的内在联结基础是“天道－天心”，万物共同拥有一颗创世性本原源头。庄子所谓的“万物与我为一”，老子所谓的“不可道”的开始，孟子所谓的“不可知”的情形，等等，都是在描述并惊叹使万物成为一体的神奇基础。

三　天之本原心性与当代泛心论、心灵论

中国思想传统的天心论之心在上古时期是宗教“心神”意义上的，后来是哲学本体意义上的。其不是物理主义或心理主义意义上的，其是中国思想传统的最高与最基础性的哲学观念。这和当代哲学所热衷讨论的各种泛心论有所不同。当代心灵论或泛心论或多或少具有物理主义或心理主义色彩。当代泛心论视角基本上是基于科学的物理主义或心理主义，经常用计算机及人工智能范式来思考人的心灵问题。道格拉斯·R. 霍夫施塔特是美国当代计算机教授，他的合作者丹尼尔·C. 丹尼特则是哲学教授。他们两人合作编著了一本书叫《心我论》（上海译文出版社 1999 年版）。关于“我”的询问核心就是：“我是什么，我在哪里?”对于这个“我”，哲学上也有着古老的、充满争议的研究历史。随着计算机科学的兴起和人工智能研究的深入，这些问题又要面对各种新的探索和挑战。有一种观点认为，心灵之于躯体犹如软件之于硬件，计算机既然能模拟人的思维，那就说明机器也能思维，并由此推断，心灵能脱离躯体而存在，一如软件能脱

---

① ［英］约翰·托兰德：《泛神论要义》，陈启伟译，商务印书馆 1997 年版，第 43 页。

离硬件而存在。但是，也有相反的意见认为：模拟的思维并非实在的思维。围绕这些议题，道格拉斯·R. 霍夫施塔特和丹尼尔·C. 丹尼特编著了来自各种角度的看法，以图引起讨论和思考，其真意不在论证而在启迪。

实际上，关于心的科学性视角，英国著名哲学家伯特兰·罗素早就写过。他写了《心的分析》一书。在这本书里，他分十五讲从不同层面谈及心的问题。第一讲主要是对近来的“意识”的批评；第二讲讲了本能与习惯；第三讲则谈了欲望与感受；第四讲陈述了生命有机体的历史对其当前事件的影响；第五讲主要分析了心理的及物理的因果律；第六讲则讲了内省；第七讲则讨论了知觉的定义；第八讲分析感觉与意象；第九讲则专门谈了记忆；第十讲谈词与意义；第十一讲则讨论了一般观念与思想；第十二讲主要讲信念；第十三讲谈了真与假；第十四讲主讲情感与意志；第十五讲则分析了精神现象的特征。[①] 另一个专门写过“心”的英国著名哲学家是吉尔伯特·赖尔。他担任过英国最重要的哲学杂志之一《心灵》的主编，他的代表作是《心的概念》。他受20世纪初的反形而上学（也可以说是反传统）哲学观点的影响，试图通过自然科学的精确尺度来终结历史上的关于心的探讨。他分析讨论身心问题，最终得出了身心对立、心物对立是空洞、虚假的对立的结论，想以此达到彻底否定形而上学的目的。赖尔以逻辑分析为手段，重新整理原有的知识，提供一张有关心的各种概念的逻辑地图。他用逻辑分析确立心理概念。赖尔的心论带有行为心理主义色彩，更主要的是他的心论受到了物理主义的影响，由此拒绝心理世界和物理世界两重说，否定心灵生活和躯体生活双重说，把心理行为的所指都归为人的行为方式和物理世界的事实。这里有物理主义还原论的倾向。虽然他没有彻底否认心理事实的存在，但不提倡把心与物作为同一范畴相提并论。他的心论是一种温和的物理主义。[②]

---

① 参见［英］伯特兰·罗素《心的分析》，贾可春译，商务印书馆2010年版。

② 参见［英］吉尔伯特·赖尔《心的概念》，徐大健译，商务印书馆1992年版。

当代具有科学色彩的泛心论与古老的泛心论事实上有许多共同之处：一切皆心之显现并认为心及自然万物，只是对根源的理解上有明显差异。18 世纪英国的著名哲学家休谟在其《宗教自然史》一书中对这种人性的自然倾向做出过深刻的分析：人们身上普遍存在着这样一种意向，即认为一切生物都跟他们自身相类似，并把这些他们非常熟悉与理解的品格转移到每一种物象上面。那些经常占据他们的思想未知的原因，使得他们把一切都预想成完全相同的，把思想、智慧和情感赋予了它们，有时甚至把人的肢体和形象也赋予了它们，以便使它们和我们相似。19 世纪法国的著名哲学家奥古斯特·孔德也把这种泛灵化的自然倾向称为“天赋意向”。泰勒则把孔德这里所谓的“物神崇拜”称为“万物有灵论”。这种由人之灵魂外推或泛化为“万物有灵”的推理方式是人类的童年时期思维的普遍特征。传统的泛心论也被称为万有精神论，可算物活论和唯灵论的一种表现形式：认为宇宙万物都具有心灵（灵魂、意识）或心理（感觉、情绪）活动，不同事物的心灵的情形不同，相比无机物与植物，动物（特别是高级动物）的心灵比较清楚。当代西方心灵哲学中出现了明确的理论形式，直接把意识规定为世界的基本特征，这似乎与对自然本身的祛魅是背道而驰的。在当代前沿科学的推动下，倾向泛心论理论的哲学家们决心在科学的旗帜下捍卫泛心论这一传统学说，在承认感受性质这一前提下，他们试图利用神经科学、量子力学与信息学说的最新成果来证明泛心论学说的合理性。菲利普·戈夫（Philip Goff）新作《伽利略的谬误》也坚持泛心主义立场。

中国传统的天心是本原性的，天心说也是本体论性质的，其与各种泛心论当然也有某种关联，但天心本体论肯定天心作为创造始源的地位，并肯定其终极实在性，也肯定天人先验性的心心对应、感应、沟通与统一之关系，由此肯定人作为智慧性存在的心性，及其心心相遇与对话主体性。人作为智慧性存在，其心性不是物理主义或心理主义意义上的。中国思想传统对人之本心的理解与德国哲学家胡塞尔对“纯粹意识”的理解倒是有相似之处。作为现象学哲学运动的重要开创者，他一直反对对“纯粹意识”物理主义或历史主义或心理主义的理解态度。在《现象学的观念》一书里，他说：

> 我所能运用的一切科学，如全部心理学、全部自然科学，都只能作为现象，而不能作为有效的、对我来说可作为开端运用的真理体系，不能作为前提，甚至不能作为假说……客观科学之路并不通往对认识可能性的明晰……只有还原了的纯粹的现象才是绝对的被给予性。①

立足于自然科学的思维方式，对自然科学或许是合适的，也或许对自然科学是个荣誉，但对哲学却未必有效。哲学有独属于自己的纯粹性：哲学探讨的重心是那个作为基础之基础的本体论，是试图把握事物之“所以然”，并为思想打开更加广阔且丰富的可能性。虽然其也试图理解事物的现象。海德格尔说：

> “哲学的耻辱”并不是至今人们尚未提出这个证据，而是这样的证据还一再为人们所期盼所寻求。诸如此类的期盼、寻求和愿望，源于人们的一种在存在论上并不充分的思想方式。②

物理主义、生物主义或心理主义视角只是触及了心理现象，却不能从根本上揭示或解释心灵问题。哲学意义上的心灵和天心作为源头创造的心性密切相关。相比之下，其与同样在现代西方流行所谓的“心灵神学”或许关联度更大些，“心灵神学”对其也或许更有参考价值。东西方文化中所说的“灵魂”与物理事实或心理事实无本质关联，其差不多都属于“灵”的范畴，是具有超越性的灵性。“心灵神学”的这个心灵不是物理

---

① ［德］埃德蒙德·胡塞尔：《现象学的观念》，倪梁康译，上海译文出版社 1986 年版，第 11 页。

② ［德］海德格尔：《人、诗意地栖居》，郜元宝编译，北京时代华文书局 2017 年版，第 21 页。

层面、生物层面或一般心理层面的“心”的含义，而是属于与世界存在本体源头相连的纯粹心灵。胡塞尔用自己的术语把这种内在意识称为“纯粹意识”。

四　自然心性、生态观念与超生态审美

“生态”差不多是被我们这个时代用烂了的词，常常也是被用得最糊涂的一个词，但怎样在更为深刻的意义上理解“生态观念”呢？最近各种各样的自然变动及自然灾害——包括水灾、病毒入侵带来的瘟疫等——使人更加意识到自然内在的、互联互动的、神秘的均衡力量。此即一般所谓的生态力量，但这种互联互动的生态归根结底还是属于有形之自然（或生生之自然），也属于有形自然呈现出来的现象世界，即是一个被决定了的“如此”的世界。被谁决定？被背后的神秘的本体力量所决定，也即被背后的无形的基础性存在力量决定。到目前为止，对这种背后的终极性神秘力量——我们称之为天道 - 天心——的更为精细的理解，对人来说似乎还是不可能的，或者说，这种终极性神秘本体力量（天道 - 天心）对人还处在遮蔽状态，其只是偶尔对真诚敞开者显露其隐蔽的心向，并让自己以只可意会难以言传的方式在场。总体来看，终极性本体力量超出了人的一切可能的智慧的限度。强行地过度地从人的层面上谈论现象之生态（包括生命）或生态美（或生命美）都属于人之理性——常常是很不高明的理性——的僭越。我在差不多二十年前就写了《自然美的形而上基础》一文。

可以说不理解这种终极性神秘的本体力量——我称为天心（及心性）——就无法真正理解或谈论自然之“生态”。因为其是背后决定“生态”何以是生态的终极性创造与推动力量，但这种终极性创造与推动力量又是人类无法真正谈论的，这就让人面临一种言说困境（包括思考困境）。我们可在各种生态呈现的基础上继续追问：自然世界何以如此，即自然何以具有这种神秘的互联互动性，为什么就能够呈现出这种神秘的互动与关联性？“神秘的东西不是世界如何，而是世界存在。”（维特根斯坦语）真

正值得探求的是世界为什么会以“生态”的方式存在，而不是一般地诉说自然生态的表面呈现。这种立足于经验的知识性谈论属于只见树木不见森林式的谈论。从纯粹哲学的视角看，何以比“如是”更重要，但这恰恰是现在喜欢谈论生态者较少关注并进一步思考的，也是他们根本无法谈论的。如果你不能谈论或理解何以会“生态”，那么对所谓的“生态”又能真正地谈论什么呢？自然科学家可以从局部着眼，他们的那种局部性的研究依然有价值，而人文学者的那些表面的泛泛之谈基本没有思想价值，那种花哨的鼓噪只能应着那句俗语：人类一思考，上帝就发笑。人们更需要带着敬畏领悟自然背后的始源性创造力量，也就是领悟天道－天心及其隐蔽的创造性。

现在人们喜欢谈论所谓人与自然的和谐共生——从严格的哲学意义上讲——基本也都属于可笑的泛泛之谈，基本没有多少思想价值。这种“共生”是人一厢情愿的事吗？想和自然真正“共生”首先要做的就是不能太突出人，尤其少突出人的自以为是的工具性理性，也要少谈人所构想出来的和谐共处模式，尤其要少谈人所精美计划出来的那种“共生模式”，相比那些貌似掌握了一些知识的专家，那些真诚的伟大诗人的谈论或许更有价值些。在这个问题上，人们谈论得越理性、越自信，那么他们谈论的所谓共生就越不可能。或者说，人谈论“共生”时的自我感觉越好（比如觉得逻辑性强），想成为现代理性人的愿望越强烈，就越无法做到这一点。人放弃基于自然性的攻击性、主动性——使自己变得被动——或许更有利于实现“共生”。从严格的意义上讲，地球生态的最大障碍就是人这个物种，地球生态的最大破坏者（也是最大的障碍方）却反过来谈论生态，那将会是哪一种生态呢？如果从纯生态美学的视角看，人是最不符合美学要求的因素。

这是要人放弃做人的权利，放弃自己独特的精神与灵性，直接回归于动植物世界吗？这样做当然更符合“生态”原则，但这又是人做不到的，也是不可能做到的！人需要做的是放弃自己的部分攻击性（包括技术理性），发展自己的能够与自然发生共鸣的心性，这也才是人之为人的标志。

从一般的生生（或生态）视角看，人之动植物式存在更符合自然层面的“生态”之理想，因为动植物式存在本身，就已经成为有机自然的一部分。与动植物相比，人——因为各个层面的意识觉醒，尤其是现代人自以为是的理性意识——无论如何努力都是达不到那份与自然浑然无分的境界的。单是人越来越发达的理性，就已经构成自然“生态”障碍。仅仅从生物层面谈论人与自然之生态和谐是难以实现的，甚至可以说，所有从这个角度谈论生态的命题都具有伪命题色彩。从整体自然生态视野出发，人类就和某些动植物科一样，只是供大自然调剂使用的微小要素，几乎是可以忽略的工具。所谓生态（或生生）文明并不是人类要走的方向，也不是对人类真正有益的文明形态（或文化形态），也不会是真正的人之真正的存在形态——生态文明归根结底是“丛林式平衡文明”——而人类真正要走的文明毕竟是要超越自然必然性链条的，是立足于天人内在性贯通的，或者说人类文明的走向应该是以“拥有心”体验“意味－意义”为核心，这是与天人内在贯通相关的心性文明，而不是自然型的文明；其是富有灵性的精神性的启示交流对话型文明，而不是“生生”或“生态”文明。富有灵性的启示性交流对话式文明也就是“心心相遇的文明”或心心相遇的文化。心心相遇的文明或心心相遇的文化是以中国思想传统“天道－天心”为基础的文明形式，其立足于“天道－天心”（及其心性）而不是立足于自然，其也基本不属于“生生（生态）文明”或生生（生态）文化。

其实，人类最应该追寻的文明是蕴含多层次意味整体的文明，为此，最有价值、最正确的存在姿态是“拥有心”，而不是符合自然生态，“意味整体”性文明以心心相遇与对话，以天人合一为基础，在这种相遇、对话与合一中人拥有完整的心，并内在地保持了敬畏、虔诚与沉默。人们不需要喋喋不休地谈论生态，尤其不需要诸多人文专家谈论。自作聪明、以人的理性为标准的生态专家多了，人们对生态的理解一定会变得扭曲，生态也一定会受到破坏。自然科学家可以在局部的意义上研究生态，也会为改善生态提供一些资料，而人文类生态专家通常需要着眼于整体，但就是因为这样，他们常常会犯错误，他们认为他们了解、理解

“生态”，其实那只是他们了解、理解的“生态”。人文学者所谈论的“生态”常常恰恰是他的意识的一部分，而不是被源头心性推动的神秘的“生态”，而人的意识（包括其计划、理解及延伸物技术等）被突出，原貌之生态通常就会被破坏。生态与人——尤其是人的工具理性——是对立的，人（及其理性、技术等）被突出，生态必消退。生态之神秘原貌与人的意识——尤其是人的理性意识——也是相矛盾的。人的意识被突出，生态性原貌必消退。人越是试图通过理性（尤其是技术理性）把握生态，生态就越会从人的手中溜走。与此相关的所谓的生态教育问题也是如此。现在简单化的生态文化观念流行。简化版的生态观念实际上就是对浑然的充满神秘关联生态的扭曲，原貌的生态也是一种沉睡的神秘的力量，人类难以领会其深层奥秘。人类需要做的就是尊重大自然及大自然背后的无名而神奇的创造力量，这种神奇的无名的创造力量在西方被称为“上帝的无形之手”，实际上这也就是天道－天心的神奇的推动调节力量。生态意识就是减少人的主动进攻性与权利意识，发自内心敬畏天道－天心的本源性神秘力量。

以封闭的人为基础的生态教育意识不能太强，因为这都属于人为性过强的意识，现代教育者常常以强势的姿态——认为自己知识渊博、很高明——以自己认为的最好的方式塑造学生或受教育者，岂不知，这恰恰是犯了教育的大忌。不仅生态教育，甚至一般的谈论以人为基础的教育者也不易太多。谈教育的人越多就越没有真正的教育，或者说谈教育的欲望越是强烈，教育就越会走向基于人为的畸形，所谓语文教育也是如此。教育状态是敬畏性的，接近神秘自然的原貌状态，不能太突出人（教育者）的意愿、计划、理性与技术，教育不能太刻意、太人为，太刻意、太人为必扼杀真正的教育——到大学这个层面上，自作聪明的刻意的知识型考试基本就是对好的人文教育的最后杀戮。好的人文教育，那是一种不突出人（教育者）的自以为是的意愿、计划、理性与技术的教育——不太突出教育者的理性、计划、目的的教育——那是一种以心传心式的教育，不高明的人文（包括文学、艺术、哲学等也是如此）教育者就是那种缺乏以心传心能力者，这些人只知道知识灌输。真正有价值的人文一定是让人活在“意味整体”里的人文，是让人“拥有心”的人文。

第三节　天道-天心本体言说与自然心性层次

西方中世纪爱尔兰哲学家厄里根纳，依据创造性的标准写过著名的《论自然的区分》。虽然他说的自然和我们说的自然有所不同。自然是可以区分出不同层次的。创世性天道-天心是自然万物之基础。这个本源性的观念是理解自然最重要的奠基性观念。当今思想界、学术界由于受自然科学技术发展的影响，细分意识增强，但相应地日渐缺少了更为深层次的源头观念。其实，所谓自然美也是最高价值或最根基价值之光（包括人们常说的永恒光芒）的折射。如果不能以某种方式领悟第一性的始源存在，就无法深刻地谈论文化、真、善与美。美（或审美）的核心不是单纯的形式，也不是一般意义上的有意味的形式，而是有形式的意味整体，包含审美形式的意味整体才是真正的核心。所有有价值的文化都是与存在源泉不相远离的文化，也是落根的文化，有价值的文化都有意无意地寻找源泉与根。

在不同视角、不同衡量尺度下，自然的呈现是不同的。现在人与自然关系似乎有逐渐疏离、疏远的趋向。非异化意义上的人与自然关系更多的是内在的关系，即以心性为纽带的互联沟通关系。这种互联沟通关系中，自然显现出由外而内的多重性。第一视角物理科学视角下的物性自然或事实自然，这构成了我-它关系，在这种关系中，自然是场地、是质料、是工具，是有待被征服的对象。第二视角是生物生命性视角，自然是生生之自然。这也是流行的生态意义上的自然，在这重关系中，人是自然生命的一部分，是自然巨人的一个细胞，这也构成了我-牠关系。这种意义上的人与自然关系依然是有机性的外在关系，缺乏真正的内在关联，依然具有疏离性质。第三视角是人化自然的视角，构成了我-你性质的关系，人从自然中看到了自己，看到了自己的意愿、目的、力量、智慧、情感等。第四视角是基于创造源头的心性视角，这也是内在的超越性视角。这里的自然是天道－天心之外化与显现，这层面的人与自然构成了我－祂关系。这也是人与自然之间真正的心性（或灵魂性）关系，在这重关系中，自然散发着源头心性（比如永恒）的色彩，闪烁着绝对的光芒。由此，从一粒沙中看出一世界，从一朵花里能看出天堂。

一 自然物质外壳与自然物质物性层

物理科学视角下的自然是局部的、分割的事实性自然。人与自然的这层关系是我－它性质的。这也是《自然》科学刊物意义上的自然，也是力学、物理学、化学意义上的自然。对自然科学眼中的自然，或自然科学的对象的自然，接近它的只有自然科学方法。这是从局部视野看的自然。局部自然具有物质性但不是死的，像表面上呈现的那样，这局部的物质自然本身就充满了故事，但这种局部的自然物质故事和人类的体验关联不大。基因层面的自然故事，以及基因编辑的故事等就和人类的整体体验似乎无太大关联：

> 自然主义是对自然之发现的结果现象，自然在这里是指一个按照精确的自然规律而在空间、时间存在着统一之意义上的自然……他们所看到的只是自然并首先是物理的自然……所有形式的极端而彻底的自然主义，从通俗的唯物主义到最新的感觉主义和唯能主义，它们的特征都在于，一方面将意识自然化；另一方面将观念自然化，并因此而将所有的理想和规范自然化。①
>
> 于是问题就是这种联系是属于哪类的，而一切自然的、无机的和有生命的特殊性和全部的区别只是基于这种统一性的不同规定性。②

---

① ［德］胡塞尔：《哲学作为严格的科学》，倪梁康译，商务印书馆1999年版，第8—9页。

② ［德］黑格尔：《精神哲学》，杨祖陶译，人民出版社2006年版，第395页。

纯自然物质性叙事事关物理、化学的内在机理及其产生的原因。物质层面的自然美在于外在的物质质料与形式：和谐的形式美，具有对称、均衡、秩序等形式价值。用黑格尔的话来说，自然的纯物化或对象化形态理念性、规定性较弱。物化与对象化性质的自然是片段式自然。片段式自然不能代表自然。指甲是人的一部分但指甲不能代表人，脸、眼睛等是人的更为重要的部分，但也不能代表人，虽然这些部分都很重要，但人心却可以代表人，就像天道－天心可以代表整体自然。因为人心不是人的某个物化的部分，也不是人的一般意识器官，心代表的是人的存在的整体性质、倾向及其面貌，代表的是人之存在的核心、根据、基础和尺度（存在尺度）。同样，天道－天心可以代表自然，天道－天心超越部分与局部的自然，也超越物性与时空性自然，代表了自然的根基、依据。自然物质是我们身体无法抹去的根基，却不是心灵的最深根基。物化的自然无法与人形成真正相遇与对话之内在关系，由此也就无法安顿心灵，能安顿心灵的恰恰是自然之超物性、超时空的方向、方面。所谓心代表的是人之存在的最实在、最根本的涌现、显现方向、方面。

物质性自然是物理学与化学的对象。物质性自然是看得见的事实性自然，也是被动的场地材料性自然，是和物理学、化学等相关的自然，是物理学、化学的研究对象，是自然科学眼中的自然。这个层面的自然有时间性、空间性、有形态特点，被科学自然规律支配。人类与这一自然层面的关系可叫“我－它”关系。它是物质的、客体的，是纯物性质料，或是纯物性场地。它是与人类的科学技术有关的自然。自然的最表层特性就是其物质性，就像女人的最表层特性是其物质性一样。作为物质体现形式的女人与作为物质体现形式的自然，在机理上具有可比性。作为肉体的女人只是自然局部性与片段性的体现。物质层也是人们与自然相遇的最表层，是人们的肉眼能够看到的，耳朵能够听到的，味觉与嗅觉能够品尝与闻到的，是我们的触觉能够感触到的。这个最表层的自然，在绝大多数受制于感官的人看来也是最实在的方面。在这个层面上，我们与自然的精神性交流是很少的。我们用感性的感官感觉它，用理智、科学与技术对之进行观测、评估与度量。物质性自然形成的宇宙是表象：

> 自然哲学的任务就是解释自然科学命题的意义。①

自然科学的对象是有限自然，有限自然的故事事实上也就是万物的故事。在观念层面上则有唯物主义与科学自然主义与之相对应。科学自然主义容易被理解为这样的信条：科学囊括了存在的一切，唯科学方法才能导致真正合理的信念，所有的事实原则上都可以被科学说明，只有科学方法才提供真正的知识。与此相关的是还原论自然主义：每一个客体、属性和事实都是由真的基础理论所设定的较小实体构成的。无论科学如何进步，科学之所知相对于自然所隐藏的奥秘来说都只是沧海一粟。物质性自然能给我们的感官带来快与不快的感受与体验，带来与人为技术相关的自然技艺。基于人为的这种技术是将自然完整性切开的技术，是片面的技术，片面发展的结果。相对来说，自然本身的技术是基于完整性的技术。过于技术化一定在相应的程度上削减整体自然的心性，也破坏基于整体心性的思想、深邃的感情。

自然物质外壳包括自然的时空性外观。从大的视野来看，自然的空间与广延性来自宇宙的膨胀，万物都占据一定的空间，并在那个空间里活动。空间的羁绊是自然物质外壳的一个组成部分。人的自然空间包括人的活动空间，人的身体等也是空间的一部分。这个对人类的生存意义巨大。人类的空间意味着可见的土地、房屋，其与人的生存关联很大。空间的意义主要是生物性的、心理意义的。没有基本的空间活动范围，人的生存就会缺乏安全感，而真正的文化却有超空间的方向。与空间相比，时间性羁绊显得更为突出。有限自然的最突出特征是时间性。天道－天心或上帝是没有时间性的，梵也没有时间性。只有有限自然才有时间，这种基于有限自然的时间与人的存在的意义体验紧密相关。对人的世界而言，时间

---

① ［德］莫里茨·石里克：《自然哲学》，陈维杭译，商务印书馆 1997 年版，第 6 页。

是所有谜之中最大的谜之一。万物的各种讲述差不多就是对时间流逝过程的讲述。时间之箭不依赖于人的意志快速飞驰。时间也是最残酷无情的，对万物与人类而言，最大的奴役是时间性奴役，人类深层的恐惧、焦虑等都与时间之车的无情碾压有关。与此相对照，人类文化最可贵的部分就是其超越时间、战胜时间（及其所带来的恐惧）的努力，把人引入超时间的感受与体验之中。人类文化层面的故事的崇高功能之一就是超越自然的有限时间，超越有限的自然时间所带来的各种恐惧与忧烦，创造出更多属于超自然的时间，中断基于自然的时间之流。海德格尔把这称为历史存在的启示性时刻。文化最可贵的地方在于：能让我们敞开封闭之心，活在与永恒源头的交感里，活在超时间的精神启示里。真正的哲学观、历史观使人摆脱基于时间的历史的羁绊，也就是摆脱各种各样的时间羁绊：

> 中断了时间之流的永恒，这就是那为我们提供了短暂的“现在”·的永恒的“现在”……在短暂的“现在”中认识到永恒的“现在”……永远不能认识到这一维度的人便失去了停留于现在的可能性，如《希伯来书》所描绘的，他们永远无法进入神的安宁之中……无法驻足于现在。他们已经进入不了那中断了时间之流而给予我们现在以祝福的永恒安宁里了……只有一种超越全部时间的毁灭力量的力量——永恒。①

被拘束于原子化的局部的片段性自然（事实自然），人的意识世界就会发生封闭性变化，即朝着原子化的方向进化，由此，基于整体源泉的内在精神活力就会渐渐消失，并会导致片面的类智能人的产生，即智能机器人性的基于理性的编程与设计。丹尼特在《意识的解释》中提出一种僵尸的人。僵尸的编程和 the Antipodeans 的编程有逻辑、有知识，但没有主观的意义体验。这种基于物质自然及其技术延伸的物种没有“感受”模块，丹尼特的僵尸甚至没有“主观”模块。

---

① ［美］保罗·蒂里希：《蒂里希选集》，何光沪选编，上海三联书店 1999 年版，第 922 页。

二 自然物质性外壳与自然生命层

从生命视角看自然从古希腊时代就开始了。法国哲学家柏格森创化论包括自然的创化，其就是立足于生命冲动及生命视角。他认为生命冲动是宇宙的本原，整个自然就是实现生命冲动的精神性的过程。这个过程是生命或意志创造过程，同时也是生命的进化过程。柏格森称其为“创造的进化过程”。黑格尔在《美学》中专门写了一个小节：自然生命作为美。黑格尔的生命内涵指向自然的自发性（自发的运动）多方面的差异性的协调一致，形成统一体，被生气灌注的生命统一体，也是所谓的内在的统一性。换句话说，黑格尔的生命观与内在统一性相关，其代表就是动物，这种生命虽然具有协调一致性，但依然是外在性的生命形式，动物的生命依旧是贫乏的、抽象的、无内容的：

> 自然美的顶峰是动物生命……就其作为内在的东西在形体上得到表现来说，它的生命的贫乏的、抽象的、无内容的。还不仅如此，这内在的东西并显现为内在的，自然生命并能看到它自己的灵魂……不能把自己外显为观念性的东西……不是自为地成为这种观念的统一。①

或许黑格尔所理解的生命过于狭隘。如果以差异性的协调一致来衡量生命，那么我们可以说整体自然都属于生命的显现层次。星际世界有行星、恒星、银河系、本星系群、室女座超星系团以及其上的层次更高更大星系团等，从更为宏观的视角看，它们都属于差异性的协调一致，都属于“有生命性的”。大自然为何在各个层面上都显现出这种基于相互关联的生命性？说到底这种基于“生生”的生命性是被更深的基础决定的，也是被更深的原初性、统一性力量推动的。一般意义上的生命，其本身缺乏基础本体论的意义。其实，整体自然的有机性、生命性与生态特性最终还

---

① ［德］黑格尔：《美学》第一卷，朱光潜译，商务印书馆 1996 年版，第 170—171 页。

是关乎自然的源头性推动力量。人与这个层面自然的关系是我－牠性质的关系。

整体自然的协调一致及相互关联的生命性特征，恰恰显现了天道－天心的基础力量，显现了天道－天心的某种目的性。这种显现被一些生命哲学（比如叔本华等）称为“意志”力量。其实原初意志力量也可理解为至善之心的心性目的性。在天道－天心原初目的的推动下，整体及局部的自然才具有了生命性张力，具有了生长着的生命特征。地球本身相当于一个生命细胞体，人类相当于细胞内的更有灵性的组成物质，只是这个物质体具有与原初交感的潜在的心性种子，是心性程度很高的物性生命。银河系相当于一个更大的生命体。生态意识是关乎自然的整体性生命意识。这是一个充满了神秘互联的自然世界。保护自然也是保护这种神秘的联系性，保护这种神秘的联系性也即保护环境的生命性。这比局部的物态自然更具有生命力，自然的整体是活着的，是有生命性的，这种生命性在局部性中体现出来，并显现为自然的激情（火山爆发、地震、病毒，这些都是大自然的激情，通过这些显示它的生命力），人类不知道自己的生命真相，比如为什么会生、为什么会死，同样也不了解大自然神秘的激情背后的真正缘由。

生命包含着生长的意向，包含着生长的目标与目的。大自然作为一个整体是有心性的，包含着原初的目的性。所谓生生之自然体现的就是这种生命性，其和人的关系是我－它性质的。这是西方（从古希腊到现代的）“活力论”意义上的自然，也是具有完整性的整体的生命性自然。这是有机物、植物、动物、自然生命意义上的自然。冲动是其标志之一，包括各种自然性冲动、生物性冲动、本能冲动等，以及由此引发的各种原始主义等。有不少现代哲学家——比如尼采、福柯等——都是倡导这个方向。肯定感性生命的价值，尤其是肯定以自然性冲动为基础的生命价值，并把生命性当作存在之价值基础。这个层面的自然含义常常成为文化叙事的方向之一，尤其是在压抑的时代氛围里，更是如此。

生命性自然有自己的进化史、积淀史与生命冲动史。自然通过自己漫长的历史（进化史）积淀在人的自然肉体里，积淀在人的自然本性里，积淀在人的生物倾向及欲望里。由此，自然的物性力量常常是很强大的。人类的文化叙事的主要之根常常体现在自然根基上。万物的有机的富有生命的身体差不多都是如此。这是具有整体感的生命性的自然。宏观的自然生命性如同微观的自然生命性：整体自然也是从一颗种子生长起来的，或者说是从一个特别的胚胎中生长起来的，有自己特别的新陈代谢性，有自己生长的目的或目标，有自己长大、发展、完善与死亡的过程。自然的这种朝向一定目的生长的生命性史似乎就体现了天道 – 天心的目的性力量。中国古代典籍《易经》的观念也就是奠基于“生生”。就局部自然来看，似乎也呈现出一种生命性。地球本身及动、植物世界的故事基本属于自然生命的故事，其都被一种无形的能量充满、充塞。所谓环保也可以说保护的就是自然的、原始原初的、周流不息的生命性。其背后深藏着大自然的隐蔽的生长意志或实现目的的意志，蕴含着比人类强大得多的朝向目的意志，拥有比人类强大得多的基础性的目的意志与生长意志。

这种基础性的生长意志经常通过自然生命性冲动显现出来。自然界自身之内的弱肉强食、大自然的各种有规律、无规律的任性都是自然生命的体现。“大自然充满了激情”（季莫菲耶夫语），地震、雪崩、星际碰撞与吞噬是激情的显现。大自然的激情场景是壮丽的。我们人类的内在自然也是如此。自然的联系性与整体性意味着自然的整体的不可分割性。在古希腊人的眼里，自然主要是指万事万物的生成与发展过程。哲学上的生机论学说或有机论者基本持这种看法。自然之整体的联系性生命现象不同于自然的局部性的物理化学现象。真正意义的自然观念不是基于局部性的纯物质现象，而是基于创造性的整体。用纯唯物主义观点是不能理解自然的生命特质的。对一些自然现象——比如黑洞——都可用的生命视野观察：它常常无法继续有效地吞噬物质，发生“消化不良”，导致吸积盘破裂，巨大的压力产生强烈冲击波，将物质推向星际空间，其中电子以接近光的速度传播，与星际空间的气体和尘埃相互作用，发出射电波。冲击波随即像吹泡泡一样使气体和尘埃加热膨胀，发出 X 射线，并从氢气上剥离电子形成离子氢，产生此前观测到的弧线。自然是活着的自然，这个活的自然的“活性”被称为生命性，保护自然的生命性意味着保护自然之内在的“活性”，同时也就意味着保护自然的完整性、神秘的联系感、生长感。人类的身体是生命性的重要体现之一，关注自然的生命性与关注人类的身体性、欲望性是一致的。身体美学与这种意义上的生命美学是一致的。

自然的活性—生命性体现为原始欲望，也可以说是自然之原始激情。和生命性相联系的是欲望性。欲望常常能体现自然力量，尤其是能体现和生命激情、存在激情相联系的欲望。现在生命层面的自然概念支配了整个文学艺术界，比如一般认为有原始激情的文学作品是最有震撼力的。谈论生命层面的自然，常常意味着谈论自然的原始性（没有被道德理性制约）、原貌性、荒野性、原始的神秘性，并常常把那种不加掩饰的原始当成文学的价值支撑，但这种自然观念是有问题的。或许在特定的压抑时期，谈论原始可被视为解放、冲破的内在力量。弱肉强食的自然原则经常就是生命性的。到丛林里去感受自然，感受何为食物链的顶端、末端，但不能把这种自然生命性当作自然的价值根基所在。生命性不能被赋予自然之最高价值梯次。有些人把人的自然当作精神价值支撑（从文学到自然生活）。基于欲望的所谓生命性，常常属于虚假的生命性，虚假的生命性常常伴随着心灵与精神的空虚。这类虚假的生命性体验也不是能真正给人带来意义感、价值感的体验。大自然（整体自然）不单是自然生命的简单叠加，它还暗示着那个更重要的基础存在。在一个遗忘了自然的背景下，把自然的生命基础重新展示给人看，这对人类而言是有意义的。当人把自己当作自然主人的时候，所展示的自然就不再是自然的了。生命性自然在文学表达中常常具有一定程度的价值向导作用。

三　人对自然的改造及人类精神的对象化

人类意志、意愿对象化过程，伴随着局部性的自然面貌的改变，这个过程是人的创造性劳动实践过程。这也是人的精神的投射与显现的历史性基础。人一直按照自己的意志、目的在改造自然，并按自己的意愿、目的、计划、理性等使自然发生面貌上的改变。“人化的自然”或“自然的人化”体现了局部性自然与人的目的的交融关系。人的本质力量的对象化或被人化的自然，也可理解为合乎人的目的的自然，或者向人（及其意志目的）生成的自然。从局部的视野看，向人生成的自然与人有一种契合的精神关系。这个层面的人与自然的关系是我－你关系，也是一种相对亲切的自然与人的关系。这种我－你关系意味着局部自然向人生成。具体说来，包含以下几个层面的意思。

首先，这是合乎人类实践及其目的性的自然，也是人化的自然。这是被人改造过的自然，是合乎人的目的性的自然。从局部视野看，这个层面的人与自然关系是我－你性质的，是与人的意愿、意志相关的自然，是蕴含了人的精神性的故事的自然，这种局部性自然成了人类精神的折射与象征，这和康德谈到的自然客观的合目的性不同。中国当代美学的支柱之一就是“自然的人化”或“自然向人生成”。这是人按照自己的目的、意愿、计划、需要改造过的局部性自然。经过人类的使用工具的实践活动及其文化历史的积淀，人与自然形成了一种合目的性对应关系：自然的面貌与人的文化心理结构，及存在体验发生了精神性关联。这个层面的自然甚至成为与人亲近的自然风景，而风景又成了人的精神的折射及其精神安慰。在仰赖上天的信仰型文化中，自然的内在精神性来自原初的创造性力量——天道－天心、上帝、存在、梵——其也是自然的精神性源泉。在中国实践派美学的眼里，自然的内在精神性来自人类数千年来的社会活动实践，正是人类的劳动实践才使自然变成了具有精神性的自然——自然的人化、自然的观念化、自然的情感化等，是人类的长久的劳动实践使自然人化了，因而也就精神化了，甚至情感化了。自然的这种精神性也成了意义体验的源泉；自然是人类的精神伙伴，是人类情感的对应物，也是人类生命与精神的象征。所谓环保，可理解为保护自然的家园感，这种家园感折射出人类的精神需要。这是一种内在性的自然，不再外在于人，也就是说，自然不再是外在化的、外在于人的，人与自然的关系是我－你性质的。在这种关系中，这局部性的自然差不多就成为人类创造的风景类的艺术品。

其次，是指自然成了人类之文化性自然。这里所谓文化差不多就是人化，自然被人化育，打上了人的印迹，使物性自然变成了文化性自然，文化性自然也是人与自然相互渗透的自然。这个自然成了人类全部历史活动形成的总体的文化产品。这个文化性自然也能给人的存在带来价值感、意义体验，让人的存在被多层次的意味整体支撑、环绕。另外，人类建构的这种文化性自然越来越疏远原貌的自然，并有逃离原貌自然的趋势。人类现在理解的自然往往是虚假的自然；人类构建的自然因为技术因素越来越具有虚假性质；人类构建的生态文化也可能是虚假的生态文化。人类不是自然真正的创造者，人也不能在真正意义上影响生态。用人类的文化性想象去理解自然之道，把自己想象的自然之道当作自然之道，就很容易犯错误，所以人类的文化要想成为有意义的文化，最终不能离开自然的根基，大自然也经常给企图独立进化的人类以忠告。大自然背后有着更为基础性的创造力量，所以需要对大自然充满敬畏和态度谦卑。人类的文化表现之一——工具理性及延伸的科学技术等——正在违反自然，人类的总体生活越来越远离自然根基。

再次，自然人化的精神被指向人类情感投射。风景的概念与人类的情感有一种交融性关系。风景是多层次意味整体的一部分，也是人类移情的结果。所谓移情于景就是自然与人情感发生共鸣时产生的现象，是因为自然景物而生的内心活动，还有与此相关的寓情于景、借景抒情等，自然成为审美情感的投射对象。道德情感的投射也是经常发生的，包括中国传统思想中的“比德”活动就是如此。还有理性情感的投射：德国哲学家谢林的理性常常就是充满感情的理性。充满理性情感的自然、充满道德情感的自然、充满美学性情感的自然等，都属于被投射了人类情感观念的自然。其不再是原始的不可控制的自然，自然也由此变得亲切温和。这是局部性自然向人生成或人化精神性自然的一种。在日本的四季歌里，四季变成了父母、朋友、爱人，这样的投射情感的思想是亲切的，这个自然也是可以和人类对谈的自然。

四 天道 – 天心原型言说及源头视野中的自然

心性自然是自上而下的源头视野中的自然，是能和人内在相遇，并由此形成基于总体心性意味的自然。对自然的理解视角常常能折射一个时代或一个民族的精神气质。这也可以是人们把握一个时代、一个民族的精神气质的一个窗口。不能从天人贯通性关系角度理解领悟自然，也就差不多等于不能深层地深邃地谈论自然，不能深层地深邃地谈论第一自然，就等于不能深刻地谈论第二自然——文化或艺术。整体自然更为基础性的决定性内核在其与创造源头的关联上，或者说在其与天道 – 天心（及心性）的关联上。在 17、18 世纪的西方，艺术曾被看成“第二自然”，并认为第二自然就是模仿第一自然（自然本身）。艺术作为第二自然和第一自然的关联点在哪里？核心关联点就在“创造”上。在西方的文化语境中，第一自然是上帝的创造，而在中国思想传统中则是天道 – 天心之创造（在道家的文化语境里，第一自然是隐蔽的“道的创造”），自然体现、流露的是天道 – 天心（及其心性），第二自然只是艺术家的创造，体现的是艺术家的敞开性的心，以及这种敞开之心中映射出的“源头心性”。所谓生态文化，就是把文化当作第二性的自然，而不是理解为第一自然。我们人类是自然的一部分。领悟自然时，人们需要明白其背后的天道 – 天心的无名而神奇的创造，其才是真正创造源头。谈论人类文化时，也要明白自然是人类文化最深的源头（或根基）之一，但第一源头（根基）才是天道 – 天心的原型言说。

自然的审美呈现是天人内在贯通性关系呈现，也是多层次意味整体的呈现，自然物象是心心相遇与对话的中介。人之真正的审美凝神是内在性的，是通过自然中介陷入心灵的内在交流的专注状态。天道 – 天心之创造性言说体现在自然的整体中、体现在自然的深处。这种基于天道 – 天心言说的自然在西方的话语体系里被称为“绝对的自然”“神性的自然”“超验性的自然”等。在我们这里也同样是，只是基础是天道 – 天心，这也是拥有最高价值梯次的自然。这个层面的自然植根于源头的创造性，其与人的关系是神圣维度之祂－我的关系。最高层次的自然呈现关联最初之源头性创造及至善性。这是非遮蔽性自然，或者说是充分显现了源头特性的自然，也是充满绝对心性的自然，这种被原型言说支撑的自然常常也是难以言明的。

天道－天心原型言说折射于具有源头心性的自然性意境中。真正大自然的内在力量及精神性价值与其对源头心性的映射相关。和源头相关的自然是超越的、绝对的自然，人与其关系也是我－祂性质的。自然的绝大部分呈现是与人无关的，也是人无法真正企及的，那个原初创造者更是超乎人类的智慧层面。自然的深层性价值蕴含在天人内在贯通性关系里，蕴含在由此而来的源头心性的显现里——单纯、绝对、无限、永恒、空灵、宁静等。在海德格尔那里，真正的自然含义代表存在之初始，与存在本身的特性联系在一起，是纯存在性或终极实在性的体现。在东西方传统社会中，基于其源头特性的自然成为崇拜的对象，而在现代社会基于人的理性却要“祛除”自然的那些魅力。所谓自然进化（缓慢的），其进化动力归根结底还是源自天道－天心及其源头心性。整个大自然的运行史就是天道－天心进行创造性展现的故事史、思想史。艺术家们要想获得创造成就，就得敞开心扉，让自然的源头心性进驻，由此自然就散发出了源头的魅力与光泽，比如永恒的光泽。万物从它的源头得到生命之光，它是艺术的源泉、目的和标准。思想家、科学家、浪漫主义者（美学家）等都在讨论自然，但他们言说的自然层次是不同的。自然之源头心性与人通过自然中介获得价值体验、意义体验紧密关联。源头视野中的自然是天道－天心及源头心性的映射。

诗人 E. 扬在《夜思》中说：“大自然是反映上帝的镜子。”所谓上帝就代表创造性始源。自然在西方的文化语境中被认为是神的启示性显现，《圣经》是神的特殊启示，自然是神的普遍启示。神是自然的创造者，是自然的支撑者，还是自然的维系者，也是自然的最终回归之地。自然不仅是活着的，而且具有精神启示性，也因为其与创造源头的关联成为神圣的，自然是激发人们神圣情感的源泉。人类的神圣的深邃情感与大自然的内在的隐蔽的心性具有先验性的感应关系。大自然是源头心性（神性）的折射，如果人们领悟中的自然不能上升到与源头心性（神性）相关联的高度，那么这个自然还算不上最高层次的自然。尼采在《悲剧的诞生》中认为，若抛弃神话，所有的文化都将失去其健康、自然的创造能力：

> 人类孤独地站在这里，脱掉了神话的外衣，精神上永远饥饿，他试图从过去的岁月里，甚至是古物中刨找自己的根源。永不满足的现代文化对历史的强烈渴求、对其他文化的紧紧追随、对知识的渴望，所有这些，若不是表明我们丢失了神话、神话家园、孕育神话的子宫，又意味着什么呢？①

因天人贯通性关系使自然与人形成基于总体心性的内在关系，这时的自然成为充满心性意味的自然。天人贯通性关系中的自然是中介性自然，也是自然与人对创造性源头敞开的自然，是“道”之自然。在哲学家眼里，只有这个映射了源头心性的自然才是真正的自然。这是敞开性的自然，也是原初存在的涌现或显现。这个超越了物性的自然更珍贵。最高层次的自然，不是物质自然，不是生命自然，也不是德性自然，而是通向创造始源的自然。在中国的思想传统中，天道－天心代表自然之创造性始源，就像在西方文化中上帝代表自然创造性始源一样。天道－天心是一个超时空的始源创造概念，而不是一般意义上的宗教性的概念。天道－天心代表最高的肯定性存在，代表最高的存在本身，这是使万物得以存在的存在。天道－天心始源使自然存在变得不再是偶然的，也才使人类的价值观念变得合理、有支撑。天道－天心超乎自然物质性，是自然万物的缔造者，是第一存在。对自然有两个不同层次的叙事：一个是科学性的、物质性的，片段性的；另一种是把其当成始源创造与源头心性的映射、外显。

---

① ［英］李·斯平克斯：《导读尼采》，丁岩译，重庆大学出版社2014年版，第35页。

第三章　自上而下价值审美与社会作为心心相遇中介

人类社会的历史不是单纯的现象物的堆积性呈现，更事关天道－天心（及其心性）原型性、根本性、限定性言说。衡量人类社会内在价值需要遵循天人内在贯通性关系尺度，而不能单向地以人的封闭性意愿、需要为标准。天人内在贯通性关系始终是衡量社会内在价值的基础与中心标准。社会本身的审美价值不能从封闭的人的活动自身中得到本质性的解释。社会的内在审美价值需要从社会之心的敞开联系性中获得解释，也即从其与创造性始源的关联中获得根本性解释。社会只是一个特别的中介，社会的美的光辉因心心相遇而生，并由此产生笼罩于社会之上的多层次意味整体。有价值（包括审美价值）的社会历史是天人关系的贯通性历史，是心心相遇与对话史，是天之源头特性（或属性）隐蔽显现的历史，或者说就是源头心性的显露史。一个社会的内在的美之光辉更多在其“源头心性”，在其能唤起“原初统一性经验”（或初心之经验），在其对原初心性的隐蔽领悟及其外显性延续上。可以说社会之美主要植根于整体性意味、韵味环境，源自社会形象（形式）给成员带来的整体意味－意义感。社会的崇高（悲剧）与滑稽（喜剧）等也都与此显现相关。从源头心性的内含量（这种内含量是通过敏感的直觉来判断的）可以帮助我们评判审美的价值品级，价值性审美（及其品级判断）并不忽略社会外在之形，也不否定社会生活之差异（及其偶然性、相对性、不确定性等）方向，但认为源头心性是更为原初内在的方向、方面。对社会历史中介的领悟理解也是人的一种自我理解，对社会历史中介性语言的领悟理解可以加深我们领悟理解天心之本体言说密码。反过来说，要想真正了解社会历史的统一的整体性秘密就不能停留在其外在的显性上，必须深入社会历史的最深层，而所谓社会历史的深层就和社会历史深层中所蕴含的源头心性相关。内在的社会历史主体是心性的，是心心相遇与对话性主体：

> 但凡生成之物，必将归于终结。或许可以说，一个社会总是具有两种历史：(1) 内在于其生存的那种历史；(2) 它在其中进入生存，又脱离生存的那种历史。①

社会之美体现在天人贯通性关系的显现上，也即体现在一个社会（及其历史）与源头特性（属性）的关联上。内在的社会历史进程是天人贯通性的历史进程，也是“源头心性显现史”，是天道－天心（及心性）创造史的一种隐蔽表达。人类不仅有一个外在社会演变及其历史，还有一个内在的心灵交流的“心灵社会”及其历史。这个内在的心灵性社会及其历史对人类极为重要。这个内在的心灵性社会和外在性的政治、经济、科学技术等有关，但其不是最根本的决定因素。可以说，心灵性社会及其历史是一部心心相遇与内在对话的社会及历史，是基于社会性的意味整体的表达史，也是社会历史之美的显现史。

第一节　天道－天心言说与社会性整体意味显现

一　自上而下社会本质及整体韵味显现

> 总的来说，很显然，宗教性牢牢地印刻在社会生活的整体中，在人们感受存在的方式中，在他们设想他们与孩子们、与儿孙们关系的

① ［美］埃里克·沃格林：《秩序与历史：天下时代》卷四，叶颖译，译林出版社 2018 年版，第 253 页。

方式中，还在他们的说话方式中……宗教如同言语。①

天道－天心言说是原型性言说，也是根本的限定方向性言说。社会有一个外在的演变及运行历史，还有一个天人贯通性的，也是先验性的敞开倾听史，这是心心交流的社会历史。这个内在的心灵性社会历史对人类的精神发展极为重要。人类社会只有通过敞开，透过源头心性才能保持自明性根基价值，才能保持其“同一性”或统一性，才能形成基于统一性的精神价值观念。人类社会（及历史）具有自上而下的内在本质。这种内在本质体现在人类与“共同的心”（爱默生语）的根本性关联上。所谓社会之美来自天人内在贯通性关系，来自心心相遇而生的社会意味性整体显现，这也是以社会存在为中介的心心相遇与内在对话的体现，或者说是心心相遇与对话性在社会中介层面的展现、显现。社会历史的内在本质关乎人的本质的理解，或者说关乎人的本质的界定方式。

现在的人文性学科（包括美学等）是封闭性的，差不多遗忘了根本之道，遗忘了最根本的内核，工具性的“技”的色彩太浓，对“技”的强调已经达到本末倒置的程度。人文学科的根基在于对“技”的琐碎探讨及娴熟运用吗？这种“技”包括一般意义上的收集、梳理资料，也包括其实证化、物化与精确化等倾向，其总体的碎片化、原子化倾向越来越明显。这种碎片化、原子化的研究没有太大的意义。自然科学可以做这种研究，自然科学的研究本来就是物质化、分割化、片段性研究，这是自然科学的本性决定的：它就是要对脱离整体的局部进行精确的实证探求。切割的、隔离的实验观察无损于自然科学研究的价值，比如专门研究眼睛、肺、心脏等。人文学科却不同：

一切形而上学的思想都是存在－学……存在本身能够在人的本质

---

①［法］让－皮埃尔·韦尔南：《神话与政治之间》，余中先译，生活·读书·新知三联书店2001年版，第620页。

方面把人重新纳入一种原初的关联之中。①

海氏的“存在本身”在中国思想传统里就是作为创造始源的“天道－天心”。探讨人的本质需要超越形而下的方向，需要脱离基于自然科学的科学性框架。现在人们对本体论探讨（尤其是人的本体论探讨）有很多带有贬义的称呼：比如，本质主义、基要主义等。在人文科学领域的反本质化成为一种时尚，似乎一谈本质就是宏大叙事，就等同于玄虚的空想。在美学的研究中，各种反本质化倾向也很明显，但对人文学科而言，所谓的本质问题是无法回避、躲开的。本质意味着最深的那个基础、根基或中心，人的本质代表人之存在最重要的基础、根基、中心，其也关乎人的精神性的最深的憧憬与渴望。受后现代思想的影响，现在流行多元主义，包括美学领域也是如此，反本质的美学流派现在很活跃。这些流派的“反”常常显得突兀。有些未经思考的概念、命题或观念一经追问，就破绽百出、问题成堆。人的本质问题实际上关乎人存在的方方面面，文化、社会、文学、美与诗性等。如果没把人的本质问题思考清楚，去谈论和人相关的一切——包括审美、艺术等——都属于没有瞄准靶心的行为，常常形同胡扯。问题的关键恰恰在于如何理解人之为人的那些基础性品质。

人们思考人的本质问题路径确实不同。有自上而下的垂直层面的理解与自下而下的水平层面的理解。所谓平行层面的理解是指从非本体的非创造源头的层面上的理解，具体就是指从人与自然、人与社会、人与人之间的形而下层面上来理解人的本质。平行层面的理解也有很多路径，包括从自然生物层面去理解。最著名的达尔文、弗洛伊德等都属于这种角度的理解，也即更加突出人的生物本质，还有从社会的历史层面的理解，其更加突出人的可见的社会历史关系。还有一些思想家对人的理解持自然机械论态度，把人混同于机械智能人，认为人就是一种特别的机器，比如法国哲学家拉美尼特，就很突出人的机械性的技术性本质。

① ［德］马丁·海德格尔：《林中路》，孙周兴译，上海译文出版社 2014 年版，第 205 页。

东西方古老的传统差不多都突出天人内在关系，也就是突出从天人内在贯通性关系的角度去理解人的本质及社会的本质。人类社会（包括社会性场景）的整体韵味就显现于天人之贯通性动态关系中。人的本质既代表根基，也代表人的存在整体与中心。人的本质力量就是人的存在整体的、根基性力量，或存在中心处所拥有的力量。如果不是能撼动存在根基、存在整体与存在中心的力量，那就根本谈不上什么本质力量，那只能算是边缘性力量。在当今的世俗主义、多元主义的推动下，很多思想家常常把人的那些非中心、非内核的边缘力量（或外围性的非中心、非内核力量），当作人的本质性力量。而每一种对人的本质的片面性理解视角似乎也都有自己的道理，似乎也都抓住人之存在的某一个方面，每一个视角似乎也都有些优点，但不管从哪个角度看人的本质，人的本质问题都无法做基于实证的科学化的理解。关于审美的中心基础似乎更是如此。同时，丧失人的本质或人性（或人的本质异化）就是割断天人之先验性、贯通性关系。人完全回归动物状态就是和天之根基失去联系的状态，人完全被社会集体同化或人完全变得理性化，被机械的、精确的理性控制（像机器一样）也是人与创造性源头疏离隔绝的体现，也可叫“失心”。所谓“失心”就是失去心心的联系性，就是失去了天心的依托，就是失去了心的敞开联系性，从而也就是失去本心。人类社会的“失心”有同样的方向。我们现在差不多都在成为“失心疯”。基于此，我们就失去了社会的整体的精神性韵味，失去了感受体验韵味的心，自然也就失去了社会美的整体之基础与氛围。

实际上，一切封闭在人或社会自身的叙事，都是关于有限者的叙事。我们需要思考人（人类社会）自身的有限性，这个问题思考不清，会带来很大的问题。近代以来的文化都属于封闭在人自身之内的狭隘人本主义文化，但从本质上说人就是有限的具有偶性的被造物，人的社会性世界本质上属于有限世界。人，作为一个物种，有自己的界限，甚至有自己不可能逾越的界限。宽阔但有形的大自然与深邃无形的存在源头为人设限。人的存在（人类社会）本身是有限的，人所有的存在工具及存在手段也都是有限的，人的语言是有限的，人的理性—科学技术等是有限的，人的劳动实践及其潜力和生产工具是有限的，人的种种制度等都是有限的，包括人的所谓的进步也都是有限的。人不安于自己的有限，人的存在悲剧就此发生。人是一个具有悲剧性的存在物种，是一个叛逆的不甘于自己有限性的物种。在西方的文化语境中，这就形成了一种罪性。所谓背叛神实际上就是背叛天，就是背叛自己的源头性存在根基，就是割断天人之贯通性联系。人是一个悖论，人的存在是一个悖论，人的文化事实上是个充满悖论的文化。人的存在处境就是一个困境。在某种程度上，人的社会与文化故事就是人的困境的故事。人就活在这样一个悲剧性情境里。

人类（及人类社会）摆脱困境的方法就是恢复天人之内在的贯通性联系，就是活在天人之贯通性关系里，也就是要借此活在自己的根基里，借此活在与深邃根基的沟通里。人类存在的最有价值（包括审美价值）的状态是这种有根的状态，这也是有存在意味、存在韵味的状态，人类的存在不能离根、离基。真正好的充满美学感的社会状态就是天人关系畅通的状态，也就是天人关系贯通的状态，也就是心心相遇与内在对话状态。充满美好感的社会或充满美好感的文化（及文学艺术等）差不多都使人回到存在之根上，使人远离根的社会或文化很难成为真正有价值的社会或文化，那只会使置身其中的人成为“异乡人”。那些使人离根的思想（包括哲学）很难成为第一流的思想（或哲学）。这个根基包括一般意义上的大自然。这个根似乎不常被遗忘，也经常被提起，但还有更为重要的根基，其就是作为创造性始源的天道－天心：

> 如果某个事物是好的，那它也就是神圣的。①

社会历史的本质与人的本质是一致的。社会历史发展的错误差不多都

---

①［英］维特根斯坦：《维特根斯坦全集》第 11 卷，涂纪亮等译，河北教育出版社 2003 年版，第 6 页。

在于试图隔离、阻碍天人之畅通性关系，社会历史摆脱困境的办法也只能是恢复天人之内在贯通性的和谐关系。关于社会的本质也有理想的（纯粹的，也是内在）与现实的（或现象的、外在的）两个或两种界定方式。理想的（或纯粹的）界定方式是垂直层面的，是从天人畅通性关系着眼的。在富有美学价值的社会状态里，人们的心是敞开的，是“虚己”性的，而不是封闭在自我之内，社会成员的存在状态基本是天人贯通性的，由此也是充满意味与韵味的，并由此构成了整体的意味、韵味基调。这些正是通过社会总体的天人合一式的价值体验显现出来。现实的（或现象的）界定方式是外在的、是平行层面的，看重各种现实社会关系及社会关系活动。从垂直层面（也是从内部）来界定社会文化，社会文化的故事就成为心灵的故事，就变成了心心相遇与内在对话的故事，而不是物质的或经济的故事，不是生产力或生产关系的故事，不是社会制度的故事，也不是语言的故事或风俗的故事。其是以社会为中介的人的内在的心灵的故事，更准确些说是“心心”相遇与内在对话的故事。

二　自上而下精神秩序及精神性共同体

东西方古老传统一直立足于存在直觉，追寻有意味（韵味、意义）的社会生活，而审美性社会生活归根结底不是外观性生活而是被意味整体支撑的生活，意味整体的核心根基却在上面，即在天的维度上。由此，东西方古老传统差不多都强调自上而下的精神领悟秩序。黑格尔是哲学大家，他差不多是用这种眼光打量哲学精神的。他在《哲学史讲演录》“开讲辞”中热情地说：

> 我们可以认为是接受我们时代较深精神的感召。让我们共同来欢迎一个更美丽的时代的黎明。在这个时代里，那前此向外驰逐的精神将回复到它自身：得到自觉，为它自己固有的王国赢得空间和基地，在那里人的性灵将超出日常的兴趣，而虚心接受那真的、永恒的和神圣的事物，并以虚心接受的态度去观察并把握那最高的东西……那最初

> 隐藏着的宇宙本质，并没有力量可以抵抗求知的勇气，它必然会向勇毅的求知者揭开它的秘密，而将它的财富和宝藏公开给他，让他享受。①

现代文化是忘却源头离根的文化，是向外驰逐的世俗性文化，也是强调人自立自足、自我依靠的文化，这种文化精神领悟秩序是外在的自下而下、自下而上或由外而内的。在这种外在性的精神领悟秩序里，有被过分强调的人的种种封闭孤立的特性，有人的种种脱离天的外在特性，这种孤立的与外在的特性也成为文化发展的核心支撑，日渐渗透到了现代文化的诸多方面。前面我们已经说过，价值性文化的核心是天人内在贯通性关系，是天人之相遇、沟通、对话，价值性文化也是天人关系和解的体现。这其中人、人的特性、人的要素（包括人自身的活动，人的思想、观念与情感活动）等是文化的重要承载者，但不是最重要的决定性基础力量，不能把人类文化完全“人化”，尤其不能把文化完全封闭化、感性化。美国学者劳伦斯·格罗斯伯格的《文化研究的未来》（中国人民大学出版社 2017 年版）持自下而下偏外在性的文化观念。他反对强调文化的本原性、普遍性、本质性、完美性，而着重强调文化的相对性、地域性（即文化的和人的日常生活相关的具体语境）。这同东西方古老的主流传统，也同诸如谢林、马修·阿诺德、艾略特等的文化观点是相反的。谢林在《有限事物在绝对者那里的起源以及它们与绝对者的关系》一文中说：“堕落者仅仅通过自己并且为着自己创造出感性事物的虚无。”②

社会的内在的美之光辉显现在社会性之意味整体上，其也有更多的“原初性质”，并能唤起“原初统一性经验”（心性经验），也可以说社会之美主要来自社会心性的显现。心心相遇与对话恰恰是社会内在精神秩序的关键，其也自然地导向某种基于心性的精神形象、氛围、气氛、情境、韵味或意境，但在倡导现代性的现代文化背景中，人心是封闭的，人的存

① ［德］黑格尔：《哲学史讲演录》，贺麟、王太庆译，商务印书馆 1983 年版，第 2—3 页。

② ［德］谢林：《哲学与宗教》，先刚译，北京大学出版社 2017 年版，第 53 页。

在总体是封闭的，文化的总体也是封闭的。人通过自己并为自己的倾向变得更加突出，人为人造的倾向更加明显突出：封闭的人及人的物欲性生活成为社会文化的核心，人为自己立法，甚至为自然立法，让自然听从自己的单向意愿。人不再遵循自然法，逐渐走上了独立的进化路线。人类的封闭的物质性实践能不能成为人类文化的核心推动力呢？

一个社会一种文化的异化的内在标志就是：人的存在失去了深长的意味感（韵味感、意义感）。人类文化叙事归根结底是为了让人获得意味感（韵味感、意义感），人类社会文化叙事说到底就是为了编织意味（韵味、意义）之网，而这个意味之网的核心就是天人之贯通性关系，也就是心心相遇与内在对话。具体来说其由三个方向的叙事构成。首先是天道－天心作为创造源头与人的关系叙事，其次是人与自然的关系叙事，最后是人自身的叙事。依照现在的文化发展情形来看，创造源头那面以及自然的这面受到疏远。这两个方面的元素在现代社会文化中变得越来越少。封闭的人的方面——尤其是理性及其衍生物——被突出，且被突出得太厉害了，但人不是狭隘理性及其延伸物，如果是，那么未来的智能机器人将比人更像人。如果人的本质不是理性及其延伸物，那么过分突出文化的这个发展方向就意味着异化。这就需要社会文化的内在矫正机制发挥作用。界定人的本质有两个参考性坐标：一个是和动物的区别，一个是与未来智能机器人的区别。人的存在本质不同于动物，也不同于未来智能机器人的是：人既不是本能性的，也不是基于理性的机械式的，人需要超越这两个方向，而超越这两个方向的标志是：人能体验到丰满丰富的存在意味，及从这种意味中感受到存在的升华。不能让人体验意味的存在不是真正的人的存在，没有意味的存在也是远离人的本质的存在的，所谓意味体验就是人与自己的存在本质和谐吻合时产生的体验。这种与人自己的存在本质一致而生的深长意味体验，根据人的文化历史，其恰恰是天人内在贯通性的，是心心相遇与内在对话性的。

天人内在性的贯通产生共同的趋近神圣性的观念。基于心性的神圣观念及其感受的增强有助于社会群体的内在统一。一个社会最内核的联系性或者说能把一个社会联系团聚起来的最核心的精神力量是什么，就是与创造性起源相关的神圣观念。中国传统文化的最内核及核心精神组织原则就是天道－天心观念及其衍生的神圣观念。西方传统社会文化的最内核及核心组织原则是以上帝为核心的神圣观念。东西方社会生活大体上属于最高价值指引下的社会生活，其更注重内在的精神统一性秩序，或者说其是以超越精神为核心的精神观念秩序。自上而下的内在的精神秩序才是让社会凝聚起来的保证。这种内在的精神秩序在心心美学的视野里就是心心存在秩序。心心存在秩序是个体性的，也可以是社会性的。一个社会，人心有着落了，心也就有秩序了，心有秩序了，其他方面自然也就有秩序了。种种无序常常通过精神危机——心的危机——体现出来，而精神的危机最终通过种种文化性危机显现。

与天道－天心及其神圣观念密切相关的是共同的信仰观念，也即通过信仰使人的灵魂向上做超越性攀升。信仰观念的核心是敞开及联系中心，对那个创造性起源及其绝对属性敞开，冥想、信奉、回忆、沉思与领悟，在中国社会传统里，也就是对天道－天心及心性的敞开，冥想、信奉、回忆、沉思与领悟。信仰观念与审美观念联系在一起。所谓始源性审美观念就是自上而下的本体性的，并与创造性本原相关的观念，而具有始源性审美观念又与真正的自由观念密切相关。本体性自由观念来自我们存在深处的那份纯粹的渴望。康德的自由观念、道德观念和审美观念紧密相关。自律的依据是绝对的道德动机，这实际上就是源头心性的内在召唤（或内在神性的召唤）。我的意志源于自身、源于我自身的本性及自发性，并免于行为选择被外在地强制、免于行为选择中的自然的必然性，直接源于自身的一种内在的自发性，那内在的心性自发性及行动的内在自发性来自哪里？这种自发性来自内在的先验性的绝对命令，也就是创造始源及源头心性的内在隐蔽召唤。谢林称这个绝对命令为“神圣的必然性”，自由来自我们顺应内在的神圣必然性。所以人类真正的自由最后还是以天人贯通性关系作为终极性依据。

爱的观念可视为统一性观念的一种延伸。同审美一样，价值性的爱也是心与心的相遇与对话。真正的爱的情感是由内而外的，其也是人文社会精神及其故事的第一推动力。基于爱的情感，人文社会之道才会变成生动的、理想的、和谐的精神体验之道，也才会变成完善的、圆满的、和谐的生命之道。社会的人文性叙事与基于爱的圆满和谐完善的精神体验联系在一起。基于源头心性的爱的感情的滋长是人类社会进步的核心标志，也是个体人真正成长的标志：

> 如果我们用埃斯库罗斯与柏拉图的语言，那就是 nosos，即灵魂的疾病。哲学是通过神性存在（Divine Being）——作为秩序存在的源头——的爱而产生的对存在的爱。①

天人内在的贯通性关系与日常性观念并不矛盾。日常的生活观念及经验、日常的社会生活形态等被现代人强调，但生活的日常性如果不能与心性融合在一起，那么这种日常性就很容易坠入物性与单调性之中，也很难用美描述之。“含美量”多的日常生活会透露更多心性意味，并能显现出存在之意味整体。17 世纪荷兰伟大的风俗画家维米尔的代表作——油画《窗前读信的少女》，他的这幅作品表现的就是日常生活的场景。这种日常性与心性是融合在一起的。这种富有美感的看似平常的日常性潜含着一种神圣意味。一个孤单的、若有所思的少女，在明亮的窗前，读信时的神态是聚精会神的。桌子上的果盘已然翻倒，少女却浑然不觉她的脸庞倒影在明净的窗户上，但是墨绿色的着装和右边的窗帘颜色交相呼应，就是因为那封充满了爱意的信，因为这里暗示着爱，来自远方的爱人的爱，日常的爱的情愫让整幅画的意境更加明朗。与其说这是单纯的日常性场景，不如说这是心性流露的心象情境。只有心性才能穿透日常物欲性的滞重与惰性，才能把其零碎的、分散的部分聚合起来，才能由此让美之光泽显露出

---

① ［美］埃里克·沃格林：《秩序与历史：以色列与启示》卷一，霍伟岸、叶颖译，凤凰出版传媒集团、译林出版社 2009 年版，第 24 页。

来。日常的分散的生活需要一种内在性、完整性、统一性，而这种内在、完整与统一只能是内在的心性带来的，也由此才可成为心性显现之地，也由此才会有真正的审美内核及其气氛。现在将审美（及其艺术）日常生活化趋向并不是偶然的。这一趋向在哲学大家的著作中也有论及。没有内在心性的介入，一个具有整体感、和谐感的经验日常可能产生吗？这种具有完整感、和谐感、圆满感的情境的出现恰恰是心带来的，恰恰需要抑制人的现象性物欲欲求，恰恰需要能将其分散性统一起来的内在力量，恰恰需要摆脱看似日常的功利性的意识形态的束缚或控制。

天道－天心原型言说经常通过共同体的精神向往体现出来。这个共同体性的精神有助于克服人之自然欲望的任性，克服各种现象心的漂浮流动。这个处于内在交流与对话中的精神性共同体中介可以帮助人们克服各种精神原子主义。在这里“同一性”的基础是共同共通的心，即天心。美国哲学家保罗·蒂里希在《政治期望》这部著作里，提出了“宗教社会主义”的概念，认为人类的出路在于实现“宗教社会主义”。这也可以说是以信仰精神为纽带的社会主义，或精神性社会主义。这也是拥有共同的新的精神中心的社会大群体。共同共通的信仰是这一精神的内核。在东西方古老的主流传统中，人们最高追寻恰恰是精神深切向往的方向。西方的《圣经》之新旧约的核心主题之一就是要让地上社会成为“祭祀的国度”。所谓“祭祀的国度”在东方的话语背景里就是敬畏天道－天心的国度，也就是形成认识最初、最高与最深的统一性的信仰民众，也即形成以天道－天心指引人性的传统，并形成一个被存在意味环绕支撑的文化。社会世界如果缺少了基于心性的意味维度，如果缺少了内在的精神性生机——导致价值虚无——那就不能算是一个具有内在生机的社会。或者说这是一个散乱的、病态的、不健康的社会，是一个缺乏真正时代精神的社会：

社会存在属于精神生活，像是精神生活的外壳表现，精神生活的化身，它所固有的独特的客观性不是什么臆想的“客观化”……它如同沉淀物，由人的精神本身挖掘和离析出来并与之紧密相连、不可分离。敏锐的真实的意识始终应该能从最平常的、最世俗的，“尘世的”社会现象中找到某种神秘的精神成分……历史是一部没有止境的巨篇戏剧，是人的精神生活在时间上、空间上的体现与展开，是构成人类本质的超人力量及因素的外在演示与行为生成，谁若抓不住这一点，谁就没有历史认识的对象，而只有某种与它外表上相似的东西。①

德国哲学家黑格尔在自己的美学体系中，没有将“社会美”纳入其中。因为在他看来——同柏拉图一样——真正的美是美本身，或者说只有触及美本身的事物才是美的。一般意义社会存在或社会关系性只有折射美的理念本身时才具有美的特性。他的美学视野本质上依旧属于始源创造——绝对理念——在人类社会历史中的言说，本质上也属于超越性的。现在人类自身封闭性活动的世界甚至成为人类精神建构的主要依据。从东西方传统本体论的视角看，处于不断流变中的人类世界——包括人类社会历史——难以成为人类精神的最核心基础。人类自身所建构的世界——包括人类社会历史——也难以成为人类精神的本体性来源。人类社会的隐形基础精神恰恰是超越性的。用中国的天道－天心思想传统视野看，天道－天心之隐蔽而潜在的创造性始源力量才是真正推动人类的社会历史基础性力量，也才是真正社会历史的隐形的基础。天道－天心言说是“原型”性言说，隐蔽牵引着万物的方向，也隐蔽牵引着人心意向或向往。由此，社会历史也将逐渐迈向更加符合其内在本性的阶段，也即逐渐迈向合乎心性的历史阶段。社会历史之美在其深长的内在意味（意韵、韵味）里，在社会性的意味（意韵、韵味）整体里，并通过种种社会性形象、情境、气氛、韵味等具体体现出来，但其主要植根于天人相遇性内在贯通里。“源头心性闪现”是社会历史之美的关键。

精神性共同体具体到社区就形成了共同的精神社群：

---

① ［俄］C. 谢·弗兰克：《社会的精神基础》，王永译，生活·读书·新知三联书店2003年版，第87—89页。

> 它是一种假社群，赋予人的是一种虚假的存在。……在《共产党宣言》中，则表现为“自由人自由结社”的革命目标；在那个将来的社群中，分工已被取消，人对其他人而言是最高本质，每个人只能以爱换取爱，以信任来换取信任，由此这个将来的社群生产出来的“具有无所不包的、深刻的心灵的人”。①

虚假社群的特点是外在性的，人与人之间没有实质性的精神关系，构成这种社群的人与人之间的关系是实用的功利性关系，社群中的人的关系不是堆砌事实与产生利益交换的关系，不是不自然的目标设定、各种协定与事实性关联。真正的社群是共同生活在某种深长的意味 - 心象 - 意境整体里，也可以说是共同生活在美学性氛围里。从心心相遇与对话美学的视角看，所谓社群就是心与心相遇与对话之域，没有心与心的相遇与对话，就没有真正的精神意义上的社群。社群不是让外在自然性的孤单的人拥挤在一起，也不是通过技术手段将其“管理”起来。社群是心心相通与交流之地，能把心与心拢集起来，把人与人团结在深邃宏大的精神之境中，并形成有意义的精神共同体。这种社群既是道德的（在某些文化中是宗教的），也是审美性的。从存在论角度看，道德主体必须是接受、认同共同体目的并实践共同善的“构成性自我”。社会最内核的内在联系性、团聚性，社会之终极性基础不是社会的自然物质性方面，不是社会中的人的外显的活动方面，也不是社会的一般的精神方面。最内核的联系性、团聚性，社会的终极性基础——也就是使社会成为社会的最内在方面——在天人关系之内在贯通性方向。自上而下的精神浇灌在精神社群里是最重要的。在这种共同的精神社群里，心心相遇、沟通与对话性活动经常发生。在较大的精神社群的沟通性活动中，也经常创造出具有象征性、中介性、沟通性的集体仪式。

---

① ［德］莫尔特曼：《盼望神学》，曾念粤译，香港：道风书社 2007 年版，第 324—325 页。

三　社会的精神确立与人文学者使命

海德格尔把面向真理之源头视为一种天命，这其实也是人文学者的核心使命。社会自我精神的确证就在于社会自发自然地体现源头精神（或源头心性），并以此形成具有奠基性、限定性的价值指向。这是中国的天道－天心思想传统的要义。所谓人文学者就处在这一发现的中心位置，真正的人文学者就是天人关系贯通的中介者或沟通者，并由此开拓人类的思想视野，影响、激活人类潜在的精神潜力。一个真正的社会具有内在统一性，具有能将人内在地联系团结起来的心性力量，在古希腊，这被苏格拉底称为至善的内在力量。一个社会如果不断封闭，那必然是失根离根的，一个社会如果封闭在狭隘的现象性活动里，如果不能使人心敞开，让更深邃精神力量帮助人们塑造内在心性，不能由此提升人的精神性体验，不能影响并激活人类的精神感受，那其就不能算是真正的有价值感的社会。知识的累积只是这种开拓与激活的手段与方式而已。能为人类开拓思想视野的知识通常也是指原创性知识。随着机器智能化（包括强大的知识储存功能等）时代的来临，一般知识（及其生产）的价值早就开始贬值，而且还会日渐贬值。

这其中，以大学为代表的思想机构扮演着重要角色。所谓的超一流大学更是如此。世界一流大学首先在精神上要有超一流表现，世界一流首先体现在其一流的精神显现上。超一流大学的标志就是：对社会而言，其具有自我依赖、自我肯定、自我确证的精神特性，对天道－天心之真理源头而言，大学是其最诚挚的倾听者，由此其也成为人文真理的源泉。超一流大学要能成为——基于真理源头——各种精神（包括创造精神等）诞生之地，要能成为真正精神的标志与输出主体，或者说，超一流大学要能输出真正意义上的精神，是真正精神最有影响的主体之一。超一流大学是带有天命的，就应该与一般的市民社会不同，并以自己的、内在的、自我确证的精神抵御市井社会过于世俗的影响。现在的情形似乎正好相反，有意让大学仿效社会，并让学生去市井社会接受驳杂精神的影响（名之“受教育”）。整体社会的精神需要激活，这其中，大学里的人文性学者可以扮演较为重要的角色。

中国社会（尤其指向大学）的现实又是怎样的呢？现实就是我们的社会（包括那些自封的所谓超一流大学）缺乏真正的精神创造力，缺乏思想的开拓性，缺乏基于精神自我确证的影响力。大学中几乎每一个角落都弥漫着功利主义，或者说种种显形的、隐形的功利主义占领了大学的每一个角落。从整体上看，当下的大学几乎失去了诞生真正思想与精神的深厚潜力。大学陷入了精神日渐荒漠化与思想日渐贫瘠的危机，这种危机是明显的又是内在的，当大学不再是精神与思想诞生地与体现者，并失去了自我确证、自我依赖、自我肯定倾向时，大学也就只能日渐变成各种职业培训（现实取向）工厂，这时大学的真正危机就来了。从人文视角看，现在的大学几乎已经成为各种流行时代风气的追随者与应声虫，而不是时代精神的开创者与激活者，或者说现在大学几乎成了时代风气的被动接受者。这样的大学还有什么精神与思想意义？还能给社会什么思想或精神性启示？

大学的这种尴尬现状和大学里人文学者的整体精神使命的失落相关。人文学者的最高价值是为社会奠定基本的精神方向，做天人关系顺畅的中介者、沟通者，并在此基础上开拓人类的思想视野，激活、启示人类的精神。这种沟通、开拓与启示不是通过一般意义上的知识生产（拼凑）来实现的。非真正原创性知识也没有这个功能。人文学者——尤其指宗教、哲学、艺术、文学等方向的学者——需要具有自上而下、由内而外的领悟力、思考力与判断力，即从最高精神本原处出发打量感知领悟世界的能力，有从内在精神本性（本心—灵魂）出发体验捕捉世界呈现的能力，人文学者是对人的本质的理解与领悟者，所以人文学者的最高使命就是以其特有的学科方式满足人的本质性渴求，安顿人们的精神与灵魂（心）。由此才需要领悟这个世界的内在精神价值。真正的人文学者是自上而下、由内而外者，也是内在精神价值的领悟者、发现者、歌颂者。通过领会世界的内在精神价值，开拓人类的思想视野，激活启发人类的精神，并以此合理地“复魅”世界，让世界被一个意味性整体支撑、环绕，这是人文学者独到的核心使命，也是其实现自身价值的重要途径。这种敞开性、沟通性的领悟及思考也要通过非僵硬的语言表达出来。我们这个时代的人文学者基本情况又是怎样的呢？基本都是外在性物化世界的观察者、认识者、记录者，自下而下、自下而上、自外而内的倾向较为明显。

首先，当今的人文学者普遍具有功利性价值取向，现在几乎没有不功利的学者，这种功利心必然使思想与精神创造力消退。当下的人文学者和商人其实没本质区别。做学术大体遵循了做生意的原理，注重学术市场的风向。做课题、做项目也几乎成了学术的标志，而所谓课题、项目基本是实用性的。对真正的人文学者而言，做这种基本与灵魂热爱无关的课题与项目，究竟有什么真正的思想与精神意义，其只是满足了讨好各种现实（包括政治现实）功利欲求而已。现在的一些学者倒更像看市场风向的商人或精明的政客。这种过分明显的功利性欲念使人文学者几乎失去了纯粹性，由此也就失去了精神创造力，变成了无自由意志与独立思考力的重商主义者或政治风向的测绘者。我曾经有一个比喻：在课题与项目申报成风气的大学中反功利主义，就像在“春院”中反性侵一样乖谬。

其次，当今的人文学者乞讨巴结自然科学的意识太明显，几乎变成了崇拜、乞讨、巴结自然科学的下人，或者说变成了崇拜、巴结、乞讨自然科学范式的侍女。都说现在追捧明星的粉丝很疯狂、不理性，缺乏智慧与判断力，其实当代的人文学者和这些粉丝没什么实质性区别，都是被虚假的、经不起推敲的偶像支配，也都属于因为崇拜而深陷盲目幻觉状态者，至少粉丝迷恋的偶像还是生动的活人，而人文学者迷恋的偶像则是自然科学表象，及自然科学的那些服装道具——各种实证材料与实证性观点和程序等。人文学者的危机来自这种粉丝心态：乔装打扮以便接近自然科学偶像的愿望，也即试图把自己打扮得近似科学偶像一些。试图通过这种崇拜与自然科学连成一体，试图把自己归属在受人崇拜的科学大家庭里。中国当下的人文成果基本上都穿着偷来的科学的袈裟，这也被叫作“做科研”，好像人文学科就是自然科学，好像人文学科就该以当自然科学的跟班性粉丝为荣。人文学科通过整容有了自然科学偶像的近似表皮，似乎这样人文学科就可和自然科学偶像连成一体。这种粉丝心态导致人文学科的失态与失衡，但人文的最内核恰恰不是“科学性”，而是“超科学性”，真正的人文关乎对人的存在的深刻理解与领悟，关乎天人关系的内在贯通，关乎基于此的人的灵魂，人文最需要联结人心（尤其是深层人心），而要联结人心（尤其是深层人心）就更需要在科学性基础上的精神超越性，这包括以天为依托肯定人，肯定人的尊严、价值与意义等。人文（及人文科学）的真正危机恰恰来自试图把自己更加自然科学化的愿望。甚至可以说，人文学科的每一次危机都来自试图把人文学科更加自然科学化（及其技术化、标准化、精确化等）的冲动。所谓科学（自然科学）顶多能解释演化中的自然现象，却无法解释始源创造的秘密。而始源创造却是一切秘密中的最核心秘密，不了解这个秘密等于没了解秘密。自然科学无法触及本原或源头，源头创造观念也超越了自然科学理解的视野。人文学者反而可以凭借其灵性更多感悟创造的精髓，也就是自上而下地领悟源头创造及源头心性的秘密。

再次，在知识生产上，当今的人文学者在模仿粗糙的智能机器人。所谓知识只是人类思想与精神开拓的手段与方式而已。随着机器智能（包括强大的储存功能等）时代的来临，一般知识的意义不像以前那么重要了，那种知识资料梳理整理等已经没有太大的意义，人文学者靠贩卖、拼凑知识就能获得荣耀的时代已经过去。这样的资料堆积日渐失去其价值。现在不少学者常常打着尊重前辈与传统经典的名义搞各种鸡零狗碎的知识贩卖。比如在哲学领域，哲学差不多变成了哲学知识的堆积（即变成哲学史的知识堆积），各种哲学翻译家成了学术的大热门，成了阐释哲学的核心权威。而人们需要从哲学中获得的是恰恰是能给人启示的智慧、思想与精神。美学也是如此，美学变成了美学知识的堆积（包括文献堆积等），其失去了活生生的影响内心的倾向与能力。

需要指出的是：世界上真正有价值的人文观念基本都是自上而下的，或者说由内而外的，其不是遵循自然科学原则与范式，也不是立足于僵死的知识堆积。比如自由，比如爱。如果人类的核心人文观念都不是依据自然科学原则与范式建立起来的，那人文学者为什么又要依据自然科学原则从事研究呢？大学早已失去了真正的精神性使命、抱负与责任，以及与此相关的精神创造力及精神智慧，失去了精神感召力与精神高度。失去了这些核心的存在依据，大学与知识工厂有啥区别呢？欠缺精神内核、缺乏内在的自我确证的尊严意识（人文学者最需要捍卫与维护的意识），缺乏与此相关的内在的价值意识与意义意识。没有这几种意识就肯定缺乏对人的存在的真正理解，也肯定缺乏对人的真正的关心与爱，没有对人的理解、关心与爱也就没有人文。欠缺上述内核精神的人文学者必然成为摇摆不定的四不像，或成为学人口舌的鹦鹉。可用一句话来概括当下人文学者的著述：看似有理有据，实质缺乏基本的思想（包括理性）与精神价值。当下大学里的人文已经离根，像浮萍一样无目的地飘零，偏离了真正的方向，失去了自己独有的灵魂和思想根基，也早已失去了内在的精神感召力。

第二节　天道－天心原型言说及其核心观念

一　原型意味与源头——内在文明观念

所谓“文明”不仅仅关乎封闭在人类活动领域里的自身感性满足。“文明”顾其名思其义，拥有一种能够发出内在光亮与温暖的内在性，用阿诺德的话来说，其散发着完美光辉，现在差不多成了衡量一个社会价值高低的关键用语。现在也有不少学者喜欢谈论文化与文明的差异（或区别），但在做这种区分的时候，每个学者的区分标准似乎是不同的。俄罗斯哲学家别尔嘉耶夫在《末世论形而上学》一书中也谈到了这个，他是从负面的意义上来看待文明的，他把文明理解为外在性的，认为这种所谓的文明同机械与技术的出现相关，是外化性的，是机械性组织生命。相反，他认为文化具有自然性、有机性的特征。德国学者诺贝特·埃利亚斯在《文明的进程：文明的社会发生和心理发生的研究》一书中也提出了文明与文化的区隔，即“文化”指向某种特殊性、个别性，文化把这个特殊性与另一个特殊性区别开来，是使各个民族的文化体之间表现出差异性的东西，文化时时表现着一个民族的特殊性及特色，基于此，文化本身也没有高低之分。只有把我们的文化与他者的文化区别开来的功能。他认为文明则相对指向普遍性方向，而且不仅是显现于外在的社会发生层面那些，更是通过内在的心性层面——包括情绪情感形式——表现出来：

> 不加掩饰的虔诚、残酷和攻击欲，这样的情感表达方式，在我们自己的生活圈子里一般只有在孩子的身上还能看到，所以我们把这种情感表达的方式称为“天真无邪”……在这样的社会里，如果有谁不是以其全部的力量去爱、去恨的话，如果有谁没有激情的话，那么这个人就应该进寺院，在世俗的生活中他失败了；而在以后的社会里，特别是在宫廷中则恰恰相反。在那儿，如果有谁无法抑制自己的激情和情感，就无法表现得“文明”……①

他似乎认为所谓“文明”就是通过内在心性指向普遍性的方面，其也暗含着价值的高低。换句话说，其暗含着“好的”“有价值的”指向，但他似乎没有说清楚内在的心理文明背后的根基性依据。这样一种具有“普遍性”“普适性”文明，其真正的根基性依据又是什么呢，表面上看来就是使各个民族差异性逐渐减少的那些东西，就是表现着人类的共同共通的普遍的方面，就是这个“文明”使各个民族越来越接近共同共通方向。基于此种视点，他认为“文明”是需要学习才能获得的东西，并和“有教养”“有知识”“有规则”等词语相连。文化与文明的区分论者常常是那些包含理想主义的哲学家们，这些人更看重文化（或文明）的有利于精神完美的走向，或者说看重文化（或文明）中的精神性指向及其带来的价值，而相对忽视物质、技术等文化发展外在呈现，这也包括忽视代表生产力的生产工具及生产性社会关系。但文明的真正基础性根基是什么，他们并没有说清楚。

---

① ［德］诺贝特·埃利亚斯：《文明的进程：文明的社会发生和心理发生的研究》，王佩莉、袁志英译，上海译文出版社2013年版，第215页。

在世界各地的广泛而实际的使用中，这种界定似乎未能生效。人们常常继续将两者不加区分地使用。通常的说法依旧很流行：文明没有高下、优劣之分，只有特色、地域之别，也认为文明差异不应该成为世界冲突的根源，而应该成为人类文明进步的动力。这里所说的文明，差不多就是文化的含义，没有一般意义上的那种区分。这种文明视角差不多就是一般意义上的文化视角。从这种视角来看，人们倡导文明的多样性，倡导文明的多姿多彩性，也由此倡导人类文明的交流互鉴及其平等。在这种基础上，倡导人类文明之间的相互包容等。有的学者喜欢强调文化与文明这两个词语的差异性（有内外之别），有的则强调这两个词语相同的一面。现在在通常的情况下，似乎用文化来描述人类特有的生活方式与生活状态的较多。

在我看来，真正的文明内核恰恰就是使文化发出完美光辉的那些要素，或着说有利于使文化走向完美的那个方向、方面，其也和天道－天心原型言说，和人类整体存在的精神之根联系在一起，和代表完美的创造始源及始源特性联系在一起。在中国的思想传统中，其代表与天道－天心（及源头心性）相通（而不是隔绝）的方向、方面。由此，真正的文明与人的存在支撑性基础力量不会割裂，与人之本心不会隔离。那些和人的存在之根，和人的基于敞开的本心隔离的文明很难被称为“文明”。文明的真正内核也不是那些外在的显现，而是其内在的精神性光亮的方向，其也是自上而下、由内而外的。衡量文明通行的也是最内在标准是：人类置身一种文明（文化）中，感受到了存在的尊严、感受到了价值光辉。那些让人的基本存在尊严受损害的所谓文明是虚假的文明。任何未能闪烁价值与意义光辉的文明都是可疑的。社会的发展归根结底还是为了这种内在意味，为了存在尊严与价值光辉。那什么叫人之存在尊严？就是让文化个体感受到了存在的深度、光辉，感受到存在被提升，仿佛被带向一个存在高度。中国思想传统中的天道－天心思想恰恰有助于这种境界的产生。

文明在平行的社会层面的走向是：理性、多元、开放、自由、宽容等，但真正的核心的文明观念来自垂直层面，也即来自天人关系的贯通性方面，真正的内在性文明是自上而下的，而不是自下而上的，是由内而外的，而不是由外而内的，没有基于天人关系贯通性视角，没有来自“上”的最根基性的精神烛照，文明的先验性与普遍性又来自哪里？到目前为止，人类的一切有深度价值的文明观念基本都是自上而下、由内而外的。日本学者福泽谕吉在一百多年前就说：

> 首先改变人心，然后改革政令，最后达到有形的物质。按照这个顺序做，虽然有困难，但是没有真正的障碍，可以顺利到达目的。倘若次序颠倒，看来似乎容易，实际上，此路不通。①

归根结底人心是最重要的文明指标，或者说内在性才是文明的标志，也就是体现在人类的精神方向上，倘若颠倒过来，那势必会有理解上的偏差。那么是一种什么类型精神方向使一种文明更像文明？英国哲学家维特根斯坦说：

> 奇怪的是，我们倾向于认为文明——房屋、街道、汽车等等——使人与他的本原，与崇高之物和永恒之物等等分离开来。在我们看来，仿佛我们的文明环境以及其中的树木、植物都被随便地包裹在玻璃纸之内，仿佛与一切伟大之物。与上帝隔离开来。这是一幅强加于我们的奇怪图画。②

文明的根基性基础及其力量来自那些使人更加崇高的方向，也就是来自人心敞开、面向创造性源头而在的方向，来自由此而生的对源头本源性心性的映照。这种创造源头及其特性在中国的思想传统中被称为天道－天心（及其心性）。天之始源性初心才是真正的持久的文明力量的核心基础。

---

① ［日］福泽谕吉：《文明论概略》，北京编译社译，商务印书馆 1992 年版，第 14 页。

② ［英］维特根斯坦：《维特根斯坦全集》第 11 卷，涂纪亮等译，河北教育出版社 2003 年版，第 69 页。

天之始源性初心在美国思想家爱默生那里被称为宇宙“共同的心”，人类的文明与个体的文明都在于其与天之初心的种种关联。人类最应该追寻的文明是被意味整体支撑环绕的文明，为此，最有价值最正确的存在姿态是“拥有敞开的心”，而不是一味地向外追寻：

> 一个人是一座寺庙的外观，一切智慧和一切善都住在里面。我们通常称之为人的东西……他只不过是灵魂的器官。一切改革的目标就是让灵魂贯穿我们……我们躺着，身体的一侧向着灵性的海洋，向着上帝的属性。①

二 原型意味与真理——实事求是观念

天道 - 天心一直在隐蔽言说，其是最根本性的也是限定性的原型言说。这是一种本源性的言说，传递天道 - 天心创造性本原话语。这种本源性观念与我们这个时代的实事求是观念有冲突。本源性观念关乎心、关乎原型言说，而所谓实事求是则主要是在平行层面上展开的，事关自然世界与社会世界物质性外观，事关其感性本性与感性外表、客观本性与客观外表、工具本性与工具外表。本源性观念比事实观念更基础，对人文学科更具有奠基性价值，对人文思想更具有方向性引导作用，其立足于垂直层面，是最源发性的，也是超越世界的感性本性及其外表、客观本性及其外表、工具本性及其外表的。本源性存在是使事实能成为事实的那个存在。这才是真理观念的最基础内核，其也是最初的物质事实播种者，但被人们强调的事实常常会成为遮蔽之物，也就是成为遮蔽源头真理的工具性幻象。在我们这个时代，所谓实事求是差不多成了真理观念的代名词。这是基于自然科学的自然科学式的真理观念。这种真理观念依循的是“知识学原理”。与费希特、谢林同时代的德国哲学家雅可比称其为“虚无主义”。黑格尔也说哲学应该放弃“对知识的爱”。真理观念并不能仅限于自然科

① ［美］爱默生：《爱默生随笔》，蒲隆译，上海译文出版社 2010 年版，第 152 页。

学与知识学原理。近代以来，真理更多具有自然性质，更多的和人的种种活动相关联。这种真理观把我们引向更为外在的方向。纯自然物质性真理适合自然科学，属于外在的冷酷的真理。人文学科作为一种精神性较强的学科，是不是也要把这种真理奉为最高圭臬？所谓理性有小理性与大理性之别，有世俗理性（包括所谓的工具理性）与神圣理性之别。

大理性、神圣理性与天道－天心言说相关，大理性与神圣理性也是限定性的原型意义上的。在东西方众多哲学家的思想里，真理的内核是超越性的，关乎超物质自然的层面，也是超越人的活动层面。这种真理恰恰不是仅关乎自然感性本性、客观本性与工具本性，而是关乎那个最源发性的本原。柏拉图、亚里士多德、托马斯·阿奎那、海德格尔等大哲的真理观念恰恰说的是去蔽之后的本原观念，而不是关于平行层面的自然与社会外观的事实观念。在东方的婆罗门哲学、道家哲学与佛教哲学里，所谓真理被称为"真谛"，以区别于"俗谛"。真谛的显现以去蔽为前提，这种真理把我们引向有价值的存在。人文真理观念应该基于敞开性、内在性与超越性。

我们这个时代把实事求是观念当真理观念，这一倾向需要慢慢修正，否则整个人文学科所建立起的思想大厦就缺乏最严格的根基，或者说其根基就是摇晃的、幽灵般的，随时有倒塌的危险，随时会陷入虚无的深渊。胡塞尔在《逻辑研究》中说：

> 我们要回到"事实本身"上去，我们要在充分发挥了的直观中获得这样的明见性……而且在认识实践中，我们要唤醒我们所具有的心境，即：用可再造的直观……在含义的不可动摇的同一性中牢牢把握……①

这是胡塞尔心中的"事实本身"。实事求是是一个被我们这个时代用

---

① ［德］埃德蒙德·胡塞尔：《逻辑研究》，倪梁康译，商务印书馆2015年版，第310页。

烂了的词，其已被流行观念认可并大力宣传，其也为民间的朴素的常识所支撑。其既是流行的，又是接地气的。其已经成为我们这个时代最热门的代表真理的词组。人的思与行要实事求是，这样好还是不好？就一般的生活常识而言，当然是好的。要不然会带来很多生活的麻烦。比如你兜里只有三块钱，只够买一瓶可乐，你却要买三瓶，这就有点不实事求是。你是个穷光蛋，却总想娶美丽富有的公主，这也不算实事求是。实事求是之所以热门变为常识，是因为“实事”“求是”被一般的科学观念支撑：尊重感觉经验中的事物的因果关系及规律性秩序。对于一般的自然科学家来说，这一点是毫无疑义的。对日常普通人而言似乎也应如此。长着两个眼睛就是为了看清需要适应的环境，以便在某一特定环境下存活，但对思想家而言，长两只眼睛不只是为了准确地看，还要能真正地越过这种看，越过狭隘的环境，朝向更为辽阔的远方。这时两只眼睛恰恰可能成为犯错误的诱导。真正深刻思想的对象恰恰不是浮在自然表象上的。

所谓实事求是在通常的情况下就是尊重并强调事实的可见性，而可见性又与客观物质性、规律性联系在一起，所以强调实事求是常常就是强调眼见的物质世界（及其因果性、规律性）为实。大多数所谓的研究就是以此观念为基础的。明明是这样，你为什么不尊重这个事实呢？问题是肉眼所见的并不就是“实”与“是”（包括那些因果与规律），肉眼不可见或不能见并不就是“虚”与“不是”（那个“虚”“不是”或许就是使因果与规律成为可能的基础）。按照传统佛教“五眼”说法，肉眼所见的部分恰恰是不实的、狭隘的，其实现代前沿科学基本持有这个观点。狭隘的实事求是的最大问题就是让人活在“物之表象”里，但问题是世界之物象（有形世界）对世界而言只是很小的一部分，局限于世界之“物象”就相当于坐井观天，这种坐井观天也很容易丧失使人成为人的内在精神。“物之表象”背后还是天道－天心在言说，那是最为根本的原型性言说。

从人之存在论的角度看，人活着归根结底是要活出一种价值感，而有深度的价值性存在立足于不可见性。可以说生命中的真正的价值性感受都是不可见的方向带来的，都是那些超越物质深度之不可见带来的。不可见的“虚”之方向、方面才是人之有价值的存在源泉。没有一种肉眼可见部分可带来持久的价值深度，甚至连男女爱情都是如此。一个女人可见部分似乎很重要，这被称为“漂亮”，但其很难给男人带来持久的有价值的爱的感受，反过来也是如此。爱情的价值深度就是靠不可见部分，靠不可见的理念之光唤起深长的存在意味、内在想象与激情，靠那种不可见的微妙的内在体验，等等。

上升到思想（尤其是人文思想）的领域更是如此。一个真正有思想者绝对不会把可见性、可证实性当作思想的最有价值的支撑依据。把一般意义上的求真务实当作学术（尤其是人文类学术）的最高原则，这只是一帮缺乏灵性的呆子的蠢行。糊弄一下只有生活常识而没有思想天分者是可以的。经常看到一些自以为是者亢奋地大谈“求真务实”，好像一加一等于二的道理别人不知道似的。关键是你是在哪个层次上谈论“真”与“实”的。如果物质表象为“真”“实”，眼见为“真”“实”，那你这个“真”“实”“是”就是片面之真、之实，甚至可以说是低层次的真、实。如果一个国家的自然科学局限在这个层面上，那还能理解（但也很难有真正突破性发现），毕竟自然科学就是研究有形有限之自然。如果一个个国家人文科学也局限于此，必丧失“人文”之核心。这种立足于可见的“人文科学”一定会遗忘原型的无形言说，由此其一定是深度精神与深层情感的颠覆者，而这些“人文学者”必然变成最危险的深度精神与深层情感的杀手。

深刻思想家与被束缚于粗浅常识者的区别在于：那些被生活感官支配的常识者只知道“肉眼”重要，并依靠肉眼为代表的感官（及其经验理性），真正的思想家却是超越者，更着眼于超越可见性，看到形而上的存在源泉与背景。不管是哪个方向的伟大思想家，其思想基调都是超越性的，都是为了越过肉眼的肤浅羁绊，看到更多的肉眼看不到的方向、方面及更为深邃的基础部分。佛教所谓天眼、法眼、慧眼、佛眼之说，只是为了说明智者（或思想家）这种超越性而已。

对人文学科来说——或对人文性真理来说——流行的真理观也有可能被转化为价值虚无主义。人文性真理涉及精神总体，涉及终极性秘密，也涉及深邃的体验，人文性真理事关终极性倾向。人文性真理与人的基于敞开的本心紧密相关。也可以说，一切富有创造性的文化都根基于文化成员的特别的心。一个民族、一种文化只有使文化成员过得充实，才会有真正的意味发生，也才会有真正的创造力。常常以审美始源为方向、为根本的民族——也是具有精神敞开性特点的民族——更具有基于超越的内在精神，其文化成员也更具有内在持久的充实感。能专心倾听始源天道－天心的原型言说的民族会有更为深邃宽广的创造力。反过来说，一个缺乏始源精神的以功利追求为根本的民族难以具有实质性创造力——或者只具有狭隘的基于欲望理性的创造力——也难以具有内在的精神生机。倡导创新首先就需要构建内在的天人关系，并构建拥有心的文化——这种文化既富有创造力，又能使其成员过得充实而有生机。

三 原型意味与解放——女性主义观念

女权观念关乎女性对自身的觉知，尤其关乎对自身价值的认知——内在独特价值的理解，但这个问题在最近的历史演变中变得有些混乱了。有人曾称我为中国反女权第一人。这个有点戏谑的称号可能源自 20 世纪 90 年代中期那场关于女性文学的大讨论。戴锦华、陈晓明、陈思和、林白、王小波、徐坤、艾晓明等都卷入其中。这场争论的导火线就是我在《中华读书报》上发表的《女性文学及其他》（与林白的《一个人的战争》写作有关），与其中的几个人（王小波、林白、徐坤等）或直接或间接地发生了论争。这场论争的核心焦点其实是“何谓女性意识的觉醒”，或女性性欲望的觉醒能不能代表女性意识的觉醒。在正式论及这个问题之前，我先简要概括一下女权运动的一个潜在的核心线索，女权的历史就是女人为自身争取权利的历史。那么一直以来，女人争取的权利的主要参照坐标是什么？主要参照坐标归根结底还是男人所拥有的那些权利（女权主义者通常不会争取男人所没有的生育权，争取女权者通常也都不是积极的生育者），就是争取拥有和男人一样多的权利。要像男人一样受教育，拥有发达的理性智慧、各种文化与社会权利，包括各项政治、经济权利等，最后甚至要在自然欲望的层面上与男人比较是否平等。不能像男人一样拥有主动性自然欲望（及意愿），不能拥有主动性表达欲望（及意愿）而不受过多指责的权利，女人觉得那依然是不平等的，或者说，当女人只是习惯性地被动地表达自然欲望（及意愿）时，女人依然觉得是不平等的。

所以女性性欲望的表达就变得重要了，由此，女性欲望的觉醒才被看成女性意识的觉醒，这有女权运动整体的大背景，但女作家的性欲望表达以及女主角的性觉醒等能否体现女性意识的觉醒？我认为，以男人的欲望表达特性为参照坐标，以人的某一局部生物功能来表示女性意识的觉醒，这是不严谨的，甚至也有对女性的羞辱意味（同样男人的性觉醒也不是男人意识觉醒的标志）。女性意识的觉醒应该是内在的精神的觉醒，也即女性存在中心或整体存在觉醒，而能代表这一中心与整体存在的，只能是心（及其基于心的爱与美之价值观念）而不是身（及其感性欲望）。这就像真正的爱只能是心心之爱（价值之爱）而不是身身之爱（欲望之爱）一样。女性价值意识的觉醒与整体的人的意识的价值觉醒是一致的。人的意识的觉醒的标志是整体性的心对存在的觉知，而不是局部性的某感官对某一生物功能方向的敏感。

能不能不把男人的那些权利（包括自然欲望表达特性）作为争取女性权利的方向与核心参照坐标？这是衡量女性是否真的具有独立性的标志，也是衡量女性是否获得自由意识的标志与标准。事实上，有两种类型的女权主义：一种是明智的女权主义，一种是愚蠢的女权主义。愚蠢的女权主义未能立足于自身的“如其所是”，其争取的方向也不是发自内在的自由意愿，争取到的女性权利也未必是女性真正需要的，只是因为男人拥有那些权利她们才会去争取。明智的女权主义只争取发自内在自由意愿的方向，那也是适合女性的方向，那也是女性发自本性真正需要的权利。男人的权利坐标只是外在性的坐标，不应成为女性争取权利的标准。那么，立足于女性的内在价值与内在需要的坐标在哪里？在那些涉及她们存在根本的方向上。其实男女的真正的价值意识都来自天人关系贯通的方向上，来自这种内在贯通带来的深长意味整体的显现上，而不是来自分裂的局部的差异性的感官感性。人的局部性的性意识不可能代表女性的整体意识，也不可能代表人的整体意识。有人喜欢拿文艺复兴时期的文学作品作为例子，认为文艺复兴时期的人的意识觉醒，就是通过人的感性欲望的觉醒表达出来的，但我认为不能做这种简单化的类比。中国20世纪90年代中期和西方中世纪后期，在文化背景上不能相提并论。事实上，任何一种关于人的意识的觉醒都不可能是基于自然欲望与生物性，也就是说不可能是纯自然性的。在特别的历史条件下（比如西方的中世纪，人的自然身体被强行刻意遮蔽）感性欲望被突出，只是一种矫枉过正的手段，但这种权宜性的手段绝对不能成为放之四海而皆准的精神真理。自从人脱离动物界之后（虽然人还保留动物之身），人的意识的觉醒就不可能是动物式的，也就是说不可能是自然欲望式的。相反，人的意识的倒退倒极有可能通过动物式欲望间接传达出来。这用在女性权利的争取上是一样的。

摆脱了主要以男人权利为参照坐标的女人，她们的权利争取应该立足于更为深远的存在基础，即那些能让她们更像人、能让她们散发存在光芒的方向。女性应该立足于自身（不是第二性，也不是第一性），立足于她们自身的“如其所是”，也应该确立立足于自身特性的内在的独立价值标准，她们由此应该意识到：人的意识的觉醒既是心觉醒、整体的意识觉醒（女性意识的觉醒也是整体的意识觉醒），也与女性自身的“如其所是”相关。这种觉醒集中体现在能给人带来内在价值与尊严的方向。所谓大写的人字说的就是这个意思。人的意识的觉醒虽然不能排除私密化的小写，但在本质上却是大写的，女性意识的觉醒主要体现在大写的方向上，也即能给女性带来价值感、意义感、内在尊严与存在光辉的方向上。如果这一论说前提成立，接下来要问的就是：能够给女性带来价值感、意义感、内在尊严与存在光辉的方向是哪个方向呢？我们同样可以从文学作品中找到例子。易卜生的《玩偶之家》就体现了女性意识的觉醒，女主人公不愿做男人的依附与玩偶，决心走独立之路。这是能体现女性独立与尊严的方向，这部作品被视为作为宠物的妇女的觉醒过程：呼唤了“真正的人”的复归，其也可鼓励女性特有的自强。如果某一种意识觉醒不能给女性带来价值感、意义感与真正的精神性尊严，这难道也算意识的觉醒？

摆脱了主要以男人权利为参照坐标的女人，应该确定立足于更为深远的存在基础，立足于自身特性的独立的内在的价值标准（不是第二性，也不是第一性），立足于自身的“如其所是”。哪些属于女性自身的“如其所是”，哪些属于女性独有的内在价值坐标或内在价值取向？这个不能拘泥于生物基础与事实，女性的内在价值也要做自上而下性的理解，即天人关系内在贯通带来的深长意味整体上，也即体现在女性的“心性面貌”的显露方向上，能代表天道 – 天心原型言说的某些精神适合女性去表达与展现，而且这种表达与展现正是符合了她们的“如其所是”，并能给女性自身带来内在的基于源头心性的快乐。基于此，我们这里提出几个具有参考性的思路，除了女性享有的一般的人的权利，与男性相比女性有哪些独有的天然的优势？通常认为女性具有能把人类联结与团结起来的内在力量，有更强的协调能力，也更有爱的天性，更着重心与心之内在整体对话。还有女性似乎更具有美的潜质——尤其是指向优美——是优美的主要承载者、体现者，关乎与联系、团结、和谐、均衡相关的优美，是内容与形式的协调与统一，其中包括单纯、柔美、宁静的精神力量。相对而言，男人更偏重崇高，按黑格尔的说法，崇高中有分裂、对立与冲突，是内容冲破形式。由此，是否可以以能给女性带来和谐魅力、价值与尊严的爱与美作为女性权利的独有的参照坐标。美——尤其是优美——是天道 – 天心与大自然赋予女性的重要特性之一。在漫长的封建社会中，统治阶级为了压抑女人把其置于干枯僵硬的道德坐标系里，女性成了这种道德的主要承载者、体现者，他们制定的那些道德标准本质上就是为了压抑女人的魅力、价值与尊严的展现。只有以爱与美为女性权利独有而重要参照坐标系才能促进女性的真正发展，而不致偏离方向。当然这种爱与美不是物化性的、被动诱惑性的，而是基于价值感、意义感与尊严感。在这个独有的坐标系里，女性性格与性别魅力、存在意义感及尊严感将能获得最大程度的展现。这一展现过程既可让女性自身，也可让整个社会感受到她的存在的独特的基于爱与美的精神光彩，这一过程伴随着女性各种创造力的最大发挥，伴随着女性精神上的某种优于男性的坚韧与柔性的力量。在这个爱与美之坐标系里，普通女性的一切——包括自然自发的女性柔情、诚挚的同情心、内在的宁静温柔之力量，独有的生育特性及其母性的充分显现，等等——都可以是女性的富有价值感的美好展现。

第三节　天道－天心原型言说及心性韵味价值递进

中国传统的天道－天心言说是根本的限定性的原型言说，其也内在地引导社会的发展方向，社会的内在价值展现需要与天道－天心原型言说协调、对话，最终与之和解，并谦逊地接受天道－天心的指引。社会使人产生种种外在的或内在的联系性或关系性，使人在外在或内在的许多层面上发生关联。这种关系或关联可以是外在性的经济的、政治的或技术的关系，但更是内在性的心灵层面上的关系，也就是心心之精神性维系、共鸣、共振或共情关系。这是以社会为中介的心心相遇与对话关系。从自上而下的视角看，内在的社会的心心精神性联系，或者说内在个体之间的心灵相通及联系性才是社会的本质。能把孤立的个体内在地统一地联系起来的那些努力应是一个社会的最高追求。一个社会可以被那些看得见的线索（社会事实等）联系起来，这是感官的感性生活的聚集，也可以是看不见的内在心灵线索把大家聚集在一起，这个看不见的内在心性线索在某种程度上更为重要。更具有美学性的是人与人之间的内在心心关系，社会之美就体现在这种内在性的社会存在的心性韵味上，也即体现在社会之存在多层次意味整体上。这可以形成社会的内在的复归、解放、希望及意味（意韵、韵味）美学。这些美学的视角也是自上而下的，是以内在社会情境（景象）为中介的心性—灵性的打开、敞开与联系、相遇、对话。在不同视角、不同衡量尺度下，社会的呈现方式是不同的。自上而下的价值性审美也是具有批判性的审美。

一 社会感官感性生活及内在存在复归

价值性审美也是批判性的，这一批判的核心要义就是用代表纯全的天道－天心批判以封闭局部的人为核心的人道－人心，或者说用立足于倾听的原型言说批判种种扭曲的现实言说。所谓社会感官性生活就是社会的物性自然意志占上风的生活，也可以说是社会遵循物性自然性法则的生活。现代社会正以一种特有的方式回归自然感官，这种趋势越来越明显。但物性自然欲望的满足只是局部性的满足，如果一个社会陷入这种局部性满足的追逐中，那存在整体的价值感意义必然被削弱：

> 超出生物水平的人类需求的强度、满足乃至特性，总是被预先决定的……我们可以区别开真实的需要与虚假的需要。“虚假的”需求是指那些在个人的压抑中由特殊的社会利益强加给个人的需求：这些需求使艰辛、侵略、不幸和不公平长期存在下去……最流行的需求包括，按照广告来放松、娱乐、行动与消费，爱或恨别人所爱或恨的东西，这些都是虚假的需求。①

把人的存在整体局部化、分解化、物化甚至精确化，都是属于异化。马克思早期思想的核心之一就是批判存在的异化，倡导“存在的复归”。他所谈到的“存在的复归”实际上包含过度自然物欲的抑制。共产主义就是要消灭各种多重异化，包括纯自然主义的物性异化及劳动的异化等。单纯的物质财富增值及崇拜并不会更加符合人的本质，也绝对不可能给人真正的自由及幸福感，也不是人真正想要的。社会的单纯自然物质性导向不会把人引向真正美好社会。这是早期马克思的核心思想之一。马克思在《1844 年经济学哲学手稿》中谈到了“存在的复归”的主题，认为人类要

---

① 陈学明等编：《痛苦中的安乐：马尔库塞、弗洛姆论消费主义》，云南人民出版社 1998 年版，第 31 页。

实现的目标社会——共产主义——就是要克服各种异化，实现人的存在的复归。[①] 马克思是在整体的社会层面上来谈论人的存在的复归的。马克思主义的一系列批判就是为了克服资本主义拜物倾向与劳动的扭曲，就是为了人的存在的圆满复归——向自由人的联合体复归。

社会应复归于何种存在状态？复归于人具有存在中心的状态，复归于种种异化被克服、各种矛盾被解决的状态，包括人与自然、人与人、人与自己之间的各种异化矛盾解决的状态。各种异化如何才能被克服与解决？其核心就是恢复人的存在的整体性与内在性，也就是恢复天人贯通性的关系，使人在根本方向上回归自己的存在根基。人与自然之间的异化关系突出体现在人的存在的物性化上，体现在人的感官感性的功利物欲膨胀上。感官物欲与基本生存相关，生存延续导致自然竞争，物竞天择式的竞争，也使人的存在自然化、物性化。在《新教伦理与资本主义精神》一书中，韦伯感叹于社会职业失去了原初的神圣性，导致出现人心虚空的生存局面。职业不再为了荣耀上帝，而是为了物欲满足。本来职业是天职，是为了实现“神圣”的目的，是为了响应召唤，但后来成为职业性责任，不再直接和精神、文化的最高价值有什么联系，而渐渐发展成为满足物欲的手段。为了凸显新教伦理及精神，非异化的资本主义社会本质上应该是苦行禁欲性的。[②]

现代社会人们工作的目的主要体现在各种物欲满足及消费方向上。社会自然物质性是自然物质特性的延伸，也是人与物质自然关系的体现。社会的感官感性活动是以自然物质性为基础与前提的。人们的自然需要或需求与社会经济技术活动关联最大，或者说经济技术活动是人的自然性需要满足的最直接的显现。人类社会的最直接最外在的呈现就是物质性。不少现代思想派别特别重视社会的物质性基础及人的自然性身体基础。但过分

---

① 参见马克思《1844年经济学哲学手稿》，人民出版社1979年版，第77页。

② 参见［德］马克斯·韦伯《新教伦理与资本主义精神》，于晓、陈维纲等译，生活·读书·新知三联书店1987年版，第五章。

强调这个局部性的基础就会产生异化，异化社会就是以某种夸张的形式崇拜各种自然物质特性。存在的复归就包括过度物化状态的克服，也就是矫正过分的自然感性物欲。存在复归就是要让物欲背后的根基呈现，在此基础上人与之建立沟通性的关系，由此可以说，就是要让深邃的精神大背景显现出来。这涉及人类存在动力引领问题：推动人类社会进步的动力不是单纯来自基于物性的外部，更是来自基于心性的内部，整体社会的存在意味（价值之网及意义之网）需要抑制过分的自然导向。一个非异化的社会是基于天道－天心之自然的自由的生长的创造性功能。美国哲学家杜威在《经验与自然》一书中拓展了自然与经验概念的内涵，将经验与自然、生活、历史等内容有机地统一在一起，认为能揭示这种统一性的经验法是建立在原始经验基础上的。在异化的人与自然关系状态下，人类更大程度地被自然物欲吸引、诱惑。在《空虚的时代：论当代个人主义》一书中第一章的题目就是“无休止的诱惑”。利波维茨基在其中说：

> 后现代的诱惑既不是交流缺失的代用品，也不是对卑劣的商品关系的一种粉饰，而是系统的个性化，是系统的个人主义逻辑的无限扩大化，是它们将诱惑纳入到对产品和虚拟符号的消费中来，使其成为一种诱饵。①

在物性为主的存在状态中，产生愉悦快乐的感性经验是主流，这也包括外围现象性审美视野中的美之诱惑，而任何真正的存在复归都意味着在某种程度上“守朴”“抱朴”，也即回归于天道－天心，并与之发生内在的贯通性关联。自然欲望膨胀到一定的程度就蕴含着自然感性欲望自我消解的内在力量。天道－天心是人之存在极简主义的基础。在自然天道的延续中延续的不是单纯的自然欲望，而是延续了那种自然韵律与节奏。日本的

① ［法］吉尔·利波维茨基：《空虚时代：论当代个人主义》，方仁杰、倪复生译，中国人民大学出版社2007年版，第9页。

大前研一提出了“低欲望社会”概念，并写了《低欲望社会》一书。他认为日本社会当下比较显著的特征就是消费主义慢慢淡化，开始崇尚“极简主义”“断舍离”“性冷淡风”。日本地铁上已很难见到 LV 包，因为那被认为是老土的象征。现在日本女孩都爱用更加质朴的帆布袋和大众化的包包。这也是代表抑制自然欲望的风潮，也代表极简主义生活方式。本质上这也代表了人的存在的内在复归。这是一种基于天道－天心而不是自然欲望的闲暇的倡导，与中国传统的无为与逍遥观念相吻合：

> 为了反对相对主义，关于……理论任务，也就是对宗教态度、诗歌以及形而上学的历史发展进行分析，从而把人类精神与世界之谜和生命之谜的关系系统地呈现出来。①

中国传统文化的精髓就是对天道－天心的遵从，就是让人们过着与之一致的具有原初性的质朴生活，质朴的生活更能显露源头心性。相反，过分物质化的生活更有可能将源头心性遮蔽与覆盖。中国传统的天道－天心代表创造始源，代表最初、最高、最深的统一性，天道内在化、拟人化的表达就是天心，但人们也经常以人的现象性心念理解这一点。遵循天道－天心可让人的生活具有统一性、原初性色调，可让人的生活更为接近“道”之质朴，同时也可让人行走在更为普遍、更有创造性的存在之路上，而不是让人在狭隘的观念的圈子（包括道德圈圈）里打转转。当下还有人把《易经》乾坤思想庸俗化，散布什么男为天、女为地之类的天道，还说这是最正宗的“传统文化”“国学”思想。据说在各种“女德班”里就散布这一套理论体系。所有灾难的根源都是违背了天与地这套自然规律，灾难是通过自己“感召”而来的。总之，人们遭遇的每个不幸，都是因为违背了天与地分工之“道”。这是典型的以人之狭隘的现象心机械理解“天道－天心”的例子。

---

①［德］狄尔泰：《历史中的意义》，艾彦译，译林出版社 2014 年版，第 238 页。

二 社会关系性修正及内在解放之蕴含

还有虚假的、外在的、扭曲的社会关系。在这个层面上，价值性审美也是批判性的。这种扭曲的社会关系主要体现在，人的存在越来越被一种外在性力量奴役，包括经济、政治组织、技术性关系等带来的奴役，其使人的内在主体性——核心是本心——越来越匮乏。随着科学的不断发展，整个社会关系的技术化趋向变得越来越突出。这种技术化趋向使人日渐成为机械的工具，使人日渐智能化。人与人之间的关系日渐被外在的技术联结，而且机械性的交流日益成为主要的交流形式，日渐成为人与人之间交流的重点内容。总之，外在的虚假的社会关系扭曲了人的真正的内在性需要。这事实上就是人与人之间的关系性异化，即人与人之间的关系违背人之内在本性，违背了人的存在整体的意义原则。克服这种异化的关键就是返回到社会关系之内在根基上来。这一外在关系性异化突出地体现在人与现代技术的关系层面上。关于技术的潜在奴役，不少近现代哲人都有过论述。美国著名媒介理论家和批评家尼尔·波斯曼在媒介三部曲《技术垄断——文化向技术投降》《童年的消逝》《娱乐至死》中存有一条贯穿前后的思想红线：技术对人类社会关系及心理产生了重大影响。尤其在《技术垄断——文化向技术投降》一书中，他突出了这一观点：美国社会技术对文化的支配愈益明显，传统的社会关系正在改变，人们日渐失去驾驭技术的能力。他认为人类技术的发展可分为三个阶段：工具使用、技术统治和技术垄断；人类文化大约也分为相应的三种类型：工具使用文化、技术统治文化和技术垄断文化：[①]

> 科学的技术化在于无视原型……技术化就是丧失记忆……计算带来的技术化，使西方的知识走上一条遗忘自身的起源、也即遗忘自身

① 参见［美］尼尔·波斯曼《技术垄断——文化向技术投降》，何道宽译，北京大学出版社2007年版。

的真理性的道路……遗忘的主题在海德格尔关于存在的思想中占有主导地位……对真理的定义是对柏拉图式的回忆的回应，这种回忆的意义取决于它和记载记忆的对立，而记载记忆作为存在的遗忘即是存在的命运。①

德国海德格尔也对技术有过追问，他说：

现代科学和极权国家都是技术之本质的必然结果，同时也是技术的随从。在为组织世界公众意见与人的日常想法而准备的各种手段和形式中，也有同样的情形……当里尔克体会到作为完满自然的非对象性的东西的敞开者的时候，有意愿的人的世界就必定与此相反地并且以相应的方式作为对象性的东西显露于里尔克面前。反过来，洞察那美妙的存在者整体的一瞥……技术生产的不伦不类的产物涌现于被纯粹牵引的敞开者面前。旧日成长的事物迅速消失。这些事物一经对象化之后，就不再能显示自身的特色了……技术统治之对象愈来愈快、愈来愈无所顾忌、愈来愈完满地推行于全球，取代了昔日可见的世事所约定俗成的一切……人之人性和物之物性，都在贯彻意图的制造范围内分化为一个在市场上可计算出来的市场价值。②

在里尔克看来，经过技术化处理的事物（一座房子，哪怕是一个苹果、一棵葡萄树）都与我们祖先的希望与沉思所寄托的房子、果实、葡萄毫无共同之处。一句话，技术扭曲了满足人的内心的存在原貌。所谓人的解放就是把人从扭曲的关系中解放出来，也就是从各种畸形扭曲被遮蔽的内在外在关系中解放出来，并使人的存在达到自由。而所谓人的存在的自

① ［法］贝尔纳·斯蒂格勒：《技术与时间》，裴程译，译林出版社2000年版，第4—5页。

② ［德］马丁·海德格尔著，孙周兴选编：《海德格尔选集》，生活·读书·新知上海三联书店1996年版，第429—432页。

由，其核心就是内在的心的自由。社会关系可分为外在的和内在的两个方面。外在的社会关系是看得见的人们之间发生的联络与联系，包括政治的、经济的、技术的等。内在的社会关系是看不见的人们之间发生的联络与联系，这也包括了人与人之间的内在心灵关系，社会关系的扭曲与畸形事实上也有外在的、内在的区别，改变与解放也涉及外在的与内在的两个方向、方面，而更具有美学性的解放事实上是在内在的心性层面上，这种内在的解放经常与外在的解放形成矛盾，内在解放恰恰就是把人从外在性的束缚中解放出来。内在层面上的解放的美学就是人摆脱奴役的心灵美学，也是让人与人的关系达成自由的美学。所谓解放则是以各种外在的压迫与束缚为前提的，包括各种各样的文化性压迫、限制与奴役。

不断变动的社会关系的外在性解放给人带来种种不确定性，而内在的心灵则需要某种确定性，或者说心灵的解放需要某种不确定性中的确定性。内在的心灵性社会关系的解放需要确定的同一性方向，这个方向的寻求体现在宗教的、道德的、美学的等层面。人类是处在外在的、不断变动的关系网络里，包括处在外在历史的、不断衍化的网络里，但赋予变动的社会历史以意义的是社会历史中所蕴含着的那种统一性方向——内在心性方向，也即人在变动的社会历史之中的同一性方向——这是要靠本心来实现的，也即靠心心相遇与对话来实现。失去了社会历史之中的源头心性蕴含，社会历史可能就会变成混沌杂乱分散的现象，也就失去了根基性的统一性。真正的统一性或同一性在创造源头里，所以中国思想传统一直把人类社会看成天道的一种延伸或延续。天道 - 天心赋予社会历史关系以统一的精神特质。这是社会关系中的内在的、隐蔽的心性线索。虽然从外在的外观上看，社会似乎只是由现象物质性的关系构成的，好像人与人之间的多层次的关系性只是社会的外在联系性种种体现，包括自然物质的、经济的、政治的、技术的……

所有的社会关系性解放最后都会落在基于内在心性的解放上。反过来说，没有心性的觉知、去蔽、去惑，只是外在的关系性解放，那还算不上真正拥有了主体性的解放。虽然主体心性解放不排除在历史的、变动的现实层面上的不断改造或反抗，但现实社会关系方面的各种改造或反抗的语言最终还是要体现在内在的心性里。关于被压迫阶级的解放的学说，以及人类解放的学说就是试图修正社会关系的学说。中国思想传统似乎更强调这种关系的修正内心的体现，这是以"修心""养心""存心""明心"为中心的。如果社会缺乏深刻的内在性，社会的人与人之间不是基于心性的精神伙伴或灵魂伙伴，那么单纯外在的社会的变动是缺乏内在意义性的。利益性的现实关系束缚了人的内在的自由精神，社会关系解放的目的——在马克思看来——就是要形成"自由人的联合体"，所以所谓共产主义也应该更多从内在精神层面解读：

> 现在整个社会都像我描述的那样。车水马龙的大都市（生活在这种城市里的人都有失落感）、高耸入云的高楼大厦、震耳欲聋的无线电广播，一日三变的新闻报道（人们搞不清楚哪种报道是真实的）、眼花缭乱的各种演出（女孩子们像一台小巧玲珑的机器一样运转着，她们的动作像钟表一样准确无误，可同时她们的个性也被摧残了）……说明了人正面临着一股自己无法控制的力量，与这种力量相比，人只是一粒微尘罢了。①

内在的心灵性解放是社会关系解放的核心。在西方基督教文化运动中，常常把现实的历史解放与人的灵性的解放联系起来。所谓解放神学就是一例。根据解放神学家的解释，解放神学是根据上帝的道对基督徒的实践进行批判性的思考。他们理解"解放"的意义有三个互相联系的层次：被压迫的人民和社会阶级要从经济、社会和政治的不平等地位中获得解放；通过历史观的解放对自己的命运自觉地负起责任，通过自己的整个生活和历史来造就自己，造就新人，造就本质上不同的社会；神把人从罪中

---

①　陈学明等编：《痛苦中的安乐：马尔库塞、弗洛姆论消费主义》，云南人民出版社 1998 年版，第 162 页。

解放出来。他们认为解放是拯救的另一种说法，即在今天的具体的历史条件下，把人的得救从现实生活中表现出来；解放神学不仅仅是政治解放的神学，政治解放只是拯救的一个方面。解放神学强调实践，即思考和行动之间的不断相互作用。他们认为政治解放的根基，乃是从罪当中解放出来，强调神是“解放者”，并要求神学不仅要反思世界，而且要改造世界，正是通过神，才能了解真正的解放是什么，才能获悉如何得到真正的解放。实际上这也就是强调“心灵解放”，也就是通过信仰达到心灵的救赎。解放神学的理论提出者们尤其提出了“解放灵性”的观点。这和中国思想传统中的“修心”“养心”“存心”“明心”传统有了思想的相似性。社会层面的解放最后落在了“心”的层面上，社会层面解放着眼的恰恰是心，也就是心心相遇与内在对话。用中国思想传统的视野看，社会历史的进步最终体现在符合天道 – 天心上。行天道 – 天心隐蔽指引重于社会的外在的世俗进步。而在基督教的思想视野中，灵性的解放是关键，受圣灵感动的生活恰恰体现自上而来的福音，并认为“解放的灵性”是在信仰中体现出来的。解放神学的出发点是基督教信仰，但在某些方面受到马克思主义的影响，如对人类社会的阶级分析、理论与实际的联系等。解放就是力图使世界得到内在的去蔽性改造，以此真正解放人的内在的心灵。

三　社会有限性精神与现实希望性指向

> 孟子曰：仁也者，人也，合而言之，道也。（《孟子·尽心下》十六）
>
> 子曰：道不远人；人之为道而远人，不可以为道。（《中庸》第十三章）

20 世纪 80 年代，中国社会出现了一个被称为第二次启蒙的历史时段。人们感觉自己置身于“希望的田野上”，整体社会具有较强的向上的精神性的面貌，是一种有着无限现实未来的感觉。虽然这是立足于人的有限性而生的精神，但这种精神依旧给人带来了希望。这种精神是现实的人从事各种现实性改善的精神，也就是向着人的意愿规划的现实方向前进的精神。这也是基于人性化意愿的精神，是立足于对人——这一特殊有限者——自足力量的肯定，肯定人的基于自身愿望的主体性精神力量。社会人性化的有限精神具有可触摸性的特点，这种精神可以给现实人类带来现实性希望，也即基于有限者自身的希望。这种基于有限性的所谓希望，其本身既有现实感又带有一定的理想性。随着信仰的衰落，人们的希望有了更多现实性指向。这是能给人带来精神安慰的希望，又立足于社会现实（包括世俗层面的习俗风俗）及其传统。

西方马克思主义者布洛赫的核心思想是希望。他撰写了三卷本《希望的原理》，表达了他对人类前景的希望：一个没有剥削、压迫和异化的社会世界。《希望的原理》一书蕴含着人类一直向往的一个关于美好生活的梦，即没有剥削、贫困和压迫，而“希望”（HoffnlJng）集中体现了人类的内在憧憬，集中表达了人类走向更美好未来的意图。其丰富了人类的思想内涵，并构想大有希望的人的命运。布洛赫从他所构想的种种景象中看到了希望的踪迹。这个希望内在于社会客观现实总体中的根本结构。这种希望哲学着眼于未来，内在于未来思维，内在于未来的社会存在。人带着某种匮乏、空虚来到这个世界上，他缺少某种东西，他尚未持有他所需要的东西。人不是自给自足的存在，他缺乏自己想要的东西。他想要比现在更多的东西。正是这种不可遏制的渴望推动他不断超越自己，超越孤独，把主体变成客体，把人变成世界。“希望”集中体现了人类向往一个更美好的世界，即涉及绘画、雕塑、建筑、音乐、电影、时装、舞蹈、节庆等人类社会的各领域，并证明这些活动和现象是人类希望在人类文明中的表达方式。①

社会的人性化精神是以肯定人的有限性为基础的精神，这种基于有限性的肯定常常转化为对人类自身诸多方面的信心，转化为立足于现实的希

---

① 参见［德］恩斯特·布洛赫《希望的原理》，梦海译，上海译文出版社2012年版。

望的指引，也即不断地通过现实性的展望实现人类现实性超越，不断地通过现实实践行动超越有限，不断地向前迈进，并不断地以现实创新精神为指引。这种希望哲学的核心就是强调基于有限的现实性超越，把可触摸的精神动力转化为现实性的超越行动：

> 我们有意识地掌管我们自己并加速我们进步的时代到了。不再有神，不再有信仰，不再有懦弱的退却。让我们摧毁我们的旧形式、我们的无知，我们的弱点和我们的必死性。未来属于我们。①

所谓现代性主要寻求在体力上、智力上和心理上的进步。这就是奠定于现实人类自身的精神，常常代表现实的希望性指向。被现实希望感觉环绕的那种精神气氛是美好的。与其相对应的是人的精神性渴求、梦幻、憧憬等。一个社会要保持自己的精神生机就需要希望的指引。当然给人带来希望的内容是具体的，其中，关于人的种种权利的意识常常是促进人前进的核心动力，鼓励个体的自由与独立，鼓励自发性、独特性，包括像自我实现这种精神性的鼓励。一个社会的希望精神需要现实楷模来引领，尤其需要各式各样的天才与明星来引领，他们也成为效仿的对象。那些能给人带来希望力量的天才或明星们，通常能保持自身的精神的独立与自由，不受他人过多干扰。近代以来，西方是伟大观念的重要的诞生之地，也产生了许多伟大的思想家。这些有价值的伟大而深邃的观念给他们的生活带来了现实的希望。这些观念也支撑着他们的文化。这些观念是基于现实的信念与希望，不断地带着热情革命在某些时代成为人类的希望，但这种常常摧毁信念的革命性希望容易崩塌：

> 革命理论所提供的知识只是一个理想。因而它根本不是什么真理，只不过是一种求真欲望的表达。它和过去的宗教一样，都源于对真

① 曹荣湘选编：《后人类文化》，上海三联书店2004年版，第75页。

理的相同的信仰……所有信念的崩溃是一种解放还是一种灾难?①

从可见的希望视角看，现实的逐步改善推进可帮助人们走向存在的自由。现实性的希望不仅仅体现在经济、政治方向，最后更会指向基于现实感的自由、平等、公平与正义的显现。人类的希望之路、进步发展之道与自由、平等、正义与博爱显现密切相关。这是人类希望的核心指向，也是人类最核心的梦，这也是人的心灵自我提升的途径与方式。人类的现实希望指向存在的尊严，存在的尊严与自由、社会平等、正义及爱的气氛等相关，与此相关的权利观念紧密相连。爱的情感是使人获得内在尊严的体现之一，其既可以是自我提升人化性的，也可以是超越超验性的。所谓人文精神——如果从现实视角看——核心就是人被重视、被肯定、被关爱的精神，也是能给人带来希望的精神，而人间的真诚的互爱，爱与被爱是人类最大的也是最现实的希望，只是这种现实的人间之爱通常以人现实自我的内在需要的满足为核心。可以说，这种现实之爱是人文社会精神的最大推动力。真正的人文社会之道旨在使人类不断地完善，不仅不同于动物世界，也迥异于智能机器人。怎样使整体的社会更加满足人的现实性需要，并使人在自由、平等与爱的气氛里感受存在的尊严，这是人文性社会关于希望叙事的核心。

四　天心始源性牵引及神圣性意味显现

社会之美被多层次的意味整体支撑。其中最具价值感的存在情境是基于源头统一性的神圣意味的显现。审美的最高追求也是显露源头心性的神圣意味性整体的出现。更具有心性感的社会蕴含着更多敞开性，蕴含着更多与存在源头的相遇与对话，蕴含着由此而来的原初性、统一性的经验。这种具有统一感的原初性经验主要不是源自人类自身的封闭性愿望推动，

---

①［法］文森特·德贡布：《当代法国哲学》，王寅丽译，新星出版社2007年版，第240—241页。

而是源自天道－天心的"纯粹牵引"。看似仅仅关乎人类的社会生活在其隐在处也被始源性纯粹地牵引着，也就是被源头心性隐在地牵引着。天道－天心言说是原型性言说，其隐在地规定着社会整体的深层的精神向往、趋向。社会之美主要是心性的，是源头心性—原型精神的显现，其更多地体现于那些具有原初性的社会意味整体里，这些富有意味的心性场景更多体现于——像人们常说的那样——人类仰望星空性的姿态形象（单纯情境、永恒情境、无限情境、圣洁情境、光明情境、空静情境、自由情境等）上。当然这只是一种比喻性的说法。人类社会整体存在的深处会被无形高处始源力量牵引，或者说，社会整体中有被创造性源泉引领的深层力量。如同星际世界被创造性源泉隐蔽引领一样。这种力量甚至会成为社会整体价值存在的隐形基础。其也是社会历史之美成为美的背后的深层动因。俄罗斯哲学家 C. 谢·弗兰克《社会的精神基础》一书第二章第三节的标题就是："作为精神生活的社会存在。"

看似外在的社会存在背后有一个更深的隐蔽的始源性力量：天道－天心。从中国传统思想看，社会从根本上隐蔽倾听并体现了天道－天心的原型言说，要真正地理解社会就必须有这种自上而下的审视视角。社会共同的信仰给社会带来有终极色彩的神圣基调。以社会为中介的心心相遇与对话，创造出富有源头心性审美意味——心象－意境整体。法国著名哲学家马利坦在《个人与利益》一书中认为：

> 唯物主义类型的各种世界观和人生观以及不承认在人身上有着灵性的因素和永恒因素的各种哲学，都不可能在构成真正的人的社会的问题上避免错误，因为它们不可能正当地满足人的需要，从而也就不可能了解社会的性质。[①]

社会生活常常被一种超验性内在精神力量指引，这常常是通过信仰或

① 转引自陈麟书、田海华《重读马利坦》，四川人民出版社 1997 年版，第 91 页。

类信仰的内在精神方式（包括审美）达成的。在中国的思想传统里，社会是受自上而下天道－天心的始源性牵引的，其作为一种隐蔽力量渗透在社会生活当中。社会的更深的联系性或联结力量就体现在这种内在里，体现在整个社会共同的超越性精神指向上，这也构成了社会超验层面精神的内核。这个共同共通的指向把人与人之间紧密地联系起来。这也形成了社会的绝对观念层面上的种种叙事（包括与信仰相关层次上的叙事），或者说形成了超越性层面上的精神叙事。这最终涉及人类文化发展的隐形动力问题。人类社会的有价值的故事之网及意义之网常常以我们不能意识——没有意识到的——方式显现出来。其涉及人文社会的有价值的故事之网及意义之网的超验基础。整个社会的精神面向源头心性—精神原型而在，包括面向单纯、永恒、无限、自由、创造、空静、光明、圣洁、气韵而在：

> 相反，人对神性突入的回应倾向于强调的，是有关人位于神之下生存的单一真理的不同方面，例如古希腊有关神性实在的理智性启示，或是以色列—犹太有关神性实在的灵性启示，这就是直到保罗时代为止的那个过程中，由那些更加敏锐的参与者所体验到的“历史”……在启示录式的意识中，对那种位于实在之内、以超越其结构为目标的运动的经验，已分裂为一种信念和一种变形信仰。前者相信，历史是一片无序领域，人们的行为无法修复它；后者则相信某种神性干预，认为它会为即将到来的王国建立起完美的秩序。[①]
>
> 沃格林对于历史和综合实在的哲学观，他将其视为未完成的故事，这故事是神讲述的……第一卷引言的第一段如此写道：“神和人、世界和社会，构成了一个原初的存在共同体。这个四元结构共同体既是又不是人类经验的对象。就人们参与共同体存在的奥秘而认识这一共同体而言，它是经验的对象。然而这一共同体并不以外部世界对象的方

---

① ［美］埃里克·沃格林：《秩序与历史：天下时代》卷四，叶颖译，译林出版社 2018 年版，第 406 页。

式呈现出来，它只有通过参与其中这一视角才能被认识。就此而言，她不是经验的对象。”①

沃格林说的那个深邃的巨流性存在，在中国思想传统中被称为天道 - 天心。整个现象社会（及其现象飘动之心）本质上只是随波逐流者。整个现象性社会都被那个存在——也就是天道 - 天心以隐蔽方式隐蔽牵引。社会的超验性指向也就是中国思想传统所说的天道 - 天心指向，用西方思想传统术语说就是存在指向或上帝指向。与社会现象性流动对应的是存在的巨大的深邃而隐蔽的推动性趋势，与人的有限性对象性经验对应的是人的非有限非对象性的超验经验，与人的现象心对应的是人的本心—灵魂性。人之本心—灵魂代表的是人的存在中心、基础与深层，代表的是人的深层的整体之“我”的向往，而不是部分的表层“我”的渴求。当人陷入表面的局部的需求时——或人被表面的局部的需求包围时——差不多就是缺乏本心—灵魂的。人与人之间需要更深层的精神性关系，即需要整体的非局部、非片面的本心—灵魂性的关系。这也体现了人的深层的整体性的精神性渴望。这是一种被源头心性牵引的社会性状态。

人类社会需要能感受、分享到的共同的纯粹、伟大而深邃的精神，人类社会都需要由此而生的深长的意味整体。社会历史也由共同的纯粹伟大精神内在地联系在一起，通过社会中介，通过心与心的相遇与内在对话，人们“拥有共同的整一而纯粹的灵魂”。社会历史也拥有由此而来的整一的精神方向。人与人之间的更为深层的连接是基于共同的源头心性，而不是基于物质性、社会性或一般的精神性。美国著名政治哲学学者在谈到海德格尔的哲学时说：

这样的解释至少部分误解了海德格尔的思想，因为他试图说明的

① ［美］埃里克·沃格林：《秩序与历史：求索秩序》卷五，徐志跃译，译林出版社 2018 年版，第 15—16 页。

> 不是存在即历史，而是历史即存在的启示，由此，他的目标不是存在的历史化，而是历史或时间的永恒化。对于海德格尔来说，历史作为命运基于存在的启示而反复展开自身。①

存在即历史，这是黑格尔式的观念，但这种观念有些机械、僵硬，其与海氏强调的重点不同。在我们这里，社会性存在史即本质上也是受天道－天心牵引的历史。这种社会或历史的价值性显现就是以某种隐蔽方式从源头向内返归，而不是向外的驳杂性呈现。所以，外在的历史虚无主义未必是内在的精神虚无主义。虚无虚假的、堆砌起来的外在历史未必就具有内在的精神价值。我倾向于虚无那些琐碎的没有多少精神性显现的历史，但不会虚无那些富有精神性闪现的历史镜像，那些富有精神性的方向、方面能给人带来精神激励及其深长的意味－意义感。人类的内在的价值历史不同于外在的物质性事物的运动史，也不同于人类的各种欲望消耗的历史，人类的内在的价值历史本质上是天人关系的内在贯通史，也即天道－天心及其始源心性的某种呈现史。由此出发，那些缺乏天人贯通性的历史质料及呈现，人们通常不会从价值层面过于看重，甚至可以将之虚无化。从哲学的角度看，这是一种看上去是存在的本质上却属于非存在的历史，是没有多少精神价值支撑的非存在性的历史。刻意强调种种外在的物质性历史，是现代人的一种基于感性欲望及技术理性的习惯，但这种习惯却是缺乏真正的价值视野的，是缺乏审美视野的，也是缺乏基于天道－天心之精神智慧的。这是黑格尔哲学关于历史的核心思想：看起来物质性很强的社会历史本质只是绝对精神的运动史，或者说社会的历史的最有价值的部分是绝对精神被凸显的历史。

始源性源头心性通过社会性内在经验——天人贯通性相遇的经验及其他内在的信仰经验等——显现出来，其常常也是“原初统一性经验”，这

---

① ［美］列奥·施特劳斯、约瑟夫·克罗波西主编：《政治哲学史》（第三版），李洪润等译，法律出版社 2009 年版，第 900 页。

种具有深长意味的经验和世俗性经验不同。我们从现代化过程中的一些历史事件也能看出：单纯的进步主义、世俗主义经常会经历内在性的挫折。人类的社会生活充满了种种隐形的内在性。关于阿富汗的变局，人们从各种不同的角度进行的解读——从政治的层面上，从关于国家制度的建设层面上，从其变局是有利于美国还是有利于中国层面上，还有从文化的层面上，从关于进步与落后、关于女性地位的变化的层面，等等——但很少有人把着眼点放在纯精神层面，放在人们最深的内心的天人贯通的渴望与需要上面。事实上，基于超越性的内在精神需要或许也是这次政治变局的核心。其他的分析都是可见的现象性的。基于天人贯通相遇的古老精神传统常常显现出内在的韧性与生命力。现在自下而下的现世主义与俗生活日渐成为世界的主流生活形态，其也被视为最进步的具有现代性的生活形式，因而一旦出现了存在的复归，出现一些看起来有些外在倒退的社会变化——从外在的现代化视角看的倒退——很多人就会感到意外，其实，这并非完全不可理解：毕竟人从精神上更需要总体性的意味支撑，由此更需要天人内在的贯通性的关系，人不是简单的惰性物质，也无法还原分解为物质。人的存在的最有价值的核心是心性的，是超物质的。人不是简单的机械，无法活在纯机械式状态里。人有一种内在的心性需要，需要活在基于天人贯通的“心性”里，需要活在“本心还在”的状态里，需要“心心相遇相通”生命意绪，需要一以贯之的存在感觉，需要活在被根基支撑的具有深度精神的大背景里。可以预见，随着技术化的演进，愈演愈烈的世俗主义还会被越来越多地反思。那种单纯追求用外在形式——数量标准——来衡量社会进步的文化思潮还会继续落入空心化境地。

第四章 自上而下价值审美与个体作为心心相遇中介

衡量人类个体内在价值（包括审美价值）需要遵循内在性的标准，以其存在意味的整体作为尺度，而个体存在的意味整体归根结底还是在天人关系贯通性的方向上，而不是在单向的封闭性功利性意愿方向及其实现上。天人贯通性关系始终是衡量个体内在价值（包括审美价值）的基础与中心标准。个体本身的审美价值不能从封闭的个体人的活动自身中得到本质性的解释。个体的内在审美价值需要从个体敞开联系之心中获得解释，也即从个体与创造性始源的关联中获得根本性解释。个体只是一个特别的中介，个体的美的光辉因心心相遇而生，并由此产生笼罩于个体之上的深长意味。个体的内在的美之光辉更多在其“源头心性”显现上，在其能唤起“原初统一性经验”（或初心之经验）。天人贯通性关系始终是衡量个体内在价值的基础，由此，个体内在的价值（包括审美价值）历史差不多就是心心相遇与对话史，也是由此而生的个体存在意味整体流露史。个体的崇高（悲剧）与滑稽（喜剧）等也都与此显现相关。自上而下价值性审美立足于天道－天心之源头特性，从源头特性的内含量（这种内含量也是通过敏感的直觉来判断的）来评判个体存在审美的价值品级，而不是立足于其杂多感性特性来做审美判断，价值性审美（及其品级判断）并不忽略个体之形及个体生活差异性（及其偶然性、相对性、不确定性等）方向，但更加尊重其基于源头心性核心的引导。要想真正了解个体存在的统一的整体性秘密就不能停留在其外在的显性上，而必须深入个体存在的最深层。个体存在的审美价值归根结底体现在个体（及其历史）与创造始源（及始源性）的关联上，体现于个体的源头心性的流露上。

真正的审美性个体关联着个体内在的意味整体的显现，关联着个体敞开联系中所展现的创造性及“源头心性闪现”。这正是心心审美视野所关注的。由于信仰的衰落，人类个体对流变中的诸多事物越来越感兴趣，对人之自身自然性身体越来越重视。现在封闭的人几乎成为人类精神建构的主要依据，但人自己（尤其是个体存在）不可能是价值精神的最核心基础。人类个体的最基础精神恰恰是超越个人性的，恰恰是向外出走的。就个体的审美呈现来看，我们可以说，感性—感官的审美趋向肯定个体的杂多性及差异性呈现，而价值性审美则趋向肯定个体之精神性的统一或同一那面，趋向肯定个体联结精神之源头的存在状态——天人合一之心心相遇存在状态，或处在心心秩序中的存在状态。个体的最高存在境界，照佛教的视野看，就是无自我之真我，也是忘我之真正个体我，是和本体论关联着的个体我，也是更具有本质意义的个体我。天道 – 天心言说是“原型”性言说，牵引着万物的方向，也牵引着人心意向或向往。“源头心性闪现”是个体存在意味整体的关键性基础，也是个体成为富有审美价值的个体的关键性基础。

第一节　心心相遇性个体及存在之意味整体

每个具体的个体都能被意味整体支撑、环绕，这是人类文化最应该追寻的，而所有真正有价值的精神意味都是通过敞开联系获得的，或者说都来自对存在源头的某种敞开、联系。个体最有光辉的价值状态——真理状态、道德状态、审美状态等——都来自自上而下性的敞开联系。真正的自由是敞开性的，而不是封闭性的。封闭性自由不是真正的自由。真正的人格是敞开性的自由人格，真正的良知也是敞开性的良知，真正的神圣是基于敞开性的神圣。基于这种敞开联系的自我才是本真的自我。富有审美价值的个体是自由的敞开联系性个体。“从源头心性显现”而不是“从有限有形出发”判断个体的审美价值，这差不多是东西方古老共同的核心叙事。“源头心性闪现”也是个体被意味整体环绕与支撑的关键。

一　相遇中介性个体及敞开性自由人格

封闭性个体在我们这个时代越来越突出；封闭性个体停留在平行层面，遗忘了天人内在贯通性关系的重要性，这也减少了个体之为个体的审美光辉。真正的审美性个体是敞开联系性的，是内在的价值性个体，是超越了物质—自然性的个体，是超越了社会—社会性的个体，是能充分显露心性的个体，是被意味性整体支撑的个体，也是能唤起人们审美经验的个体。现代人似乎越来越片面地理解个体，由此个体的审美价值愈益削弱，而所谓片面性的理解就是封闭性理解，主要是指自然主义式或表现主义式的理解。自然主义式的个体最缺乏内在主体性，也缺乏存在的意味，其常常奠基于人之外在自然性表现。日常俗语中所说的基于“血气”的个性或消费主义式的个性，大体属于自然主义式的，而真正的本真的个体是内在性的，是内在心性的显现，而不是基于自然物欲式的，也不是基于自然主义之表现主义式的。这是加拿大著名哲学家泰勒在《自我的根源》及《世俗时代》等书中所表达的思想，与被称为美国存在心理学之父的罗洛·梅的说法基本一致，他在《人的自我寻求》一书中说：

> 体验自我意味着什么？这种对我们自己的同一性体验，是对我们所有人开始成为一个心理学意义上的人的基本证明。它绝对不可能从逻辑意义上得到证明，因为自我意识是所有这些讨论的先决条件。在人对自己的存在的意识中，总有一种神秘的元素——这里所指的神秘是指一个问题，而关于这个问题的资料已经侵入到这个问题中了。因为这样一种意识是对自我进行探究的先决条件。这就是说，甚至对作为自我的个人自己的同一性反思，也意味着这个人已经处于自我意识之中了。①

① ［美］罗洛·梅：《人的自我寻求》，郭本禹、方红译，中国人民大学出版社 2008 年版，第 68 页。

他所说的“存在”就相当于我们所说的“天道－天心”。源头心性特性之一就是“同一性”或“统一性”。这个时代越来越缺少基于真正自我之个体性，这种个体性与源头特性相互关联，与统一性、创造性等相互关联。我们这个时代之空恰恰就体现对现象（包括自然物质性等）的突出上。人具有普遍感的心灵性趋弱，人心被现象性的自然意志支配，由此人的基于自然的现象心随物飘动，人心几乎变成了物质感性的附属性伴生物。自然感性是世俗现实的核心标准之一。现在所谓美（审美）差不多也成了世俗现实的一个核心部分，甚至成了世俗现实的感性标签，成了封闭的自然感性世界里的一种拯救。而富有审美价值的个体是意味性的，与创造性源头相遇与对话才能保证个体的真正内在性。心心相遇与对话中的个体是敞开联系性的个体，也是自由感临在之个体。

价值性个体之美是敞开性的，拥有自由的稳定性的人格。价值性个体之美主要不是奠基于物质自然特性，主要奠基于“心性”或源头心性显现，即个体通过自己的身体、行为等散发出的“心性”，这种心性常常以“敞开性自由人格”的方式呈现出来，具有审美价值性的人格是自上而下的，也是自由性的。关于人格，施特恩的定义是：

> 人格是一个个体的独特的整体，它有目标有追求地工作，是自我关涉的和向世界开放的，它生活着体验着……尽管每一个人格都始终是并处处都是带有个体独特性的，有目标追求的总体活动，是带有自身关联和世界关联，生动性的总体——但并非始终带有意识。①

在我们看来，富有审美价值的人格是个人之开放的敞开性的相遇与对话系统。失去了这种自由的敞开性与对话性也就无所谓真正的精神性人格。通常意义上的个体包括几个层次：生物性个体是作为特定生命种类与形态的个体，社会性个体是处在社会关系中的特定成员，而精神性

① 转引自倪梁康《意识现象学论域中的人格问题》，《河北学刊》2021 年第 1 期。

个体则是以心心之精神状态来标示的个体——尤其是指拥有内在信仰的个体，虽然个体在一般的情况下会强调差异性、特殊性，但如果没有同一性或统一性，没有以此为基础的源头心性显现，也就没有真正的特殊的精神性个体。心心相遇与对话性审美个体，是敞开联系的具有个体自由意志之个体，是天心进入人心，是以天心为心者，这个天心在西方的话语语境中就是上帝或神：

> 没有上帝，自我意识仅仅揭示了一个没有任何目标的自我绝对孤独感，而不是那些由一个人的当下欲望所揭示的隐蔽深渊。在自我意识之中，无神论者因此无法理解其自身或在生活中找到其他方向。[①]

天人内在的贯通性相遇——心心相遇与对话——包含着种种敞开性显现，其可以是各种传统的灵修方式，包括东方的冥想静定慧的方式等，也可以是内在默想的方式。富有审美价值的个体不是孤立的，而是处在天人及人人之内在的相互关联中的，是相遇性与对话性个体。这种相遇与对话性常常体现了个体的“虚己”姿态。具有审美价值的个体是富有意味的存在整体，是个人性、敞开性、联系性、创造性、人格性多重交融。强调个体的差异性与特殊性，就是强调其殊分性质，包括其在现象意识层面的显露。心心美学强调的是个体存在的整体意味性及充满意味的个体呈现，这种个体在某种程度上消除了现象性自我，并成为“虚己”的忘我的个体性。这个个体性是敞开性的，关联着始源性心性。忘己的“无我之境”是对超越现象的个体性的一种极致性描述。

所谓自由的敞开性人格本身就含有超越的内涵。人格强调个体的统一性、普遍性及其永恒不朽性的方面、方向，代表的是人之存在中稳定不变的方面、方向，也是具有“原初式样”的方面、方向，是人向着存在源泉

---

① 刘森林、邓先珍选编：《虚无主义：本质与发生》，邓先珍等译，华东师范大学出版社2020年版，第242页。

打开的方面、方向。与之相对的就是变动不居的人的具体的个人生活现象性显现。在德国诗人、哲学家、剧作家席勒看来，人身上具有两种对立因素，也即人格和状态。这代表着人性中的形式方面、方向或形式冲动，与形式冲动相对的是感性冲动与状态。形式冲动给质料以形式，排除时间差异性，并在变化中保持恒有，使世界的多样性服从于自我的立足于敞开联系的同一性，或者说使世界的多样性服从于自我的人格中心，服从于自我的自由的面向源头的敞开性。

二　相遇中介性个体及敞开性良知意味

世界上古老文明宗教与哲学差不多都倡导“善”（及其德性），问题在于怎样真正地理解“善”（及其德性）。在西方，通常认为德性概念起源于苏格拉底。在包括苏格拉底的古希腊人看来，所谓德性（善）就是每一个事物特别理想的形象，是善使每一个事物都是其所是，如其本然地呈现。善“把一切都联结和结合在一起”。（《斐多篇》99c5—6）而能把一切联结和结合在一起的善，当然就不是一般意义上的善而是至善，至善及其德性是自上而下的，涉及神与人的对话性关系，其也体现人之为人的本质。恶作为德性的对立面意味着“灵魂本质的否定”，德性也就是灵魂本质的实现。① 德性代表着联系与联结作用。德性的界定是自上而下的，德性就是“与神相似”。德性就是直观永恒的理念滋养自身的不变性。所谓灵魂也是如此，就是与神圣事物、永恒事物发生亲缘性关系。善或德性是所有事物的根据、所有事物的真正本原，以及所有事物从这个本原产生的标志。这也构成了斯多亚学派的伦理学的目标——抑制感性情感，张扬基于灵魂的德性，坚韧不拔地追求生活的逻各斯——也即生活的统一性与同一性。德性体现的是人的内在良知、尊严及存在光辉。

存在个体的审美价值与内在善紧密相关但超越外在性的道德标准。在严格的意义上，道德只是关于个人与内在纯粹动机的事情，正如宗教事关

① ［德］潘能伯格：《神学与哲学》，李秋零译，商务印书馆 2013 年版，第 42—43 页。

人与神，法律事关人与人一样。真正的道德意识是一种基于敞开联系性的内在良知，也是自由意志的体现，还是精神内在深邃的体现。富有审美价值的个体是天人合一性的，信奉的是内在的敞开性良知，是人的良知的内在的自我倾听，依赖的是内心的先验性心性的种子，并在此基础上自我约束。相反，不听从内心的声音，受外在的他人所束，那是外在的律法性的。良知状态是心心交流状态，也是个体人的内在的自我倾听，是心灵的自我倾听与约束，是灵魂的自我拷问、自我净化、自我反思，其与深沉的道德情感联系在一起。这是使人的内心更深沉也更丰富的道德，也是不违背内心真实的道德，还是充满意味的道德。在康德看来，倾听内心深处的声音并依此行动就是道德的。所以，依据康德的观念，所谓道德从本质上说是"良知道德"，也是充满意味的道德：

> 至善必然不朝向或渴望其他什么事物……是所有自然活动的"源头和源泉"，给予其他事物善的形式，但不是通过指向它们的活动，因为事实上，是它们指向它，它是它们的源泉。①

真正的内在良知是敞开联系性的，也是自上而下、由内而外，也是心心相遇与内在对话。这种敞开性的良知与个体的情感、情绪、感觉、感受交融在一起。这种良知性体验是一种有价值的深度体验，是一种精神的深沉状态，是一种真诚的、诚实的、忘己趋天的灵魂状态。敞开性良知状态和种种外在的社会规范性道德状态不同，这是与真实的体验交融在一起的状态，也就是一种灵魂的特别理想和谐的状态。有关道德的思考大体有两种类型：他律型与自律型，前者是偏外在社会规范性道德，也是律法性道德，其常常不能和人的生命体验融合在一起，后者代表内在的良知，是能和人的生命体验融合在一起的，或者说是心心相遇性的，其依据内心深处的那种纯粹的神圣的声音（谢林称之为神圣的必然性，康德称之为绝对命

① ［古罗马］普罗提诺：《九章集》，石敏敏译，中国社会科学出版社2009年版，第72页。

令），感受行动，落脚点在个体的内在，在个体的深沉的良知性体验里、在这种良知性体验里常常有争战，并通过真诚的真实的内心发生作用。

这种个体的良知性自律是交流性的，即是在心心相遇与对话过程中体现出来的，是形而上根基在内心的折射。这种良知个体不是生物性的自私个体或自然性的欲望个体，而是深刻的精神性的个体，是被源头精神支撑的个体。倾听自己的内在“良知”就是倾听内心的天道 - 天心之呼唤。相对来说，遵守社会他人的舆论、遵守社会的规范，属于形而下之德。在西方的基督教文化中道与上帝可以同义，而内在道德是道内化在人心的内在的善，真正的内在良知体现的是一种精神性光辉，体现的是一种灵魂性的光辉，这种灵魂的或精神性光辉在人的自律式自我倾听、自我遵从中实现。良知性道德光泽就是在这一过程中闪现的精神光辉，其也是对不朽精神的映现。

信仰给予良知以坚实的支撑，其也成为良知的支柱和坐标。信仰性良知是把我们的生活、思想与内心统一起来的精神力量。没有建立在统一感基础上的信仰性良知，所谓的道德常常也是没有深厚根基之德。儒家注重“内圣”，而所谓内圣也是天人内在性的贯通修行。这种贯通性心学才能使源头特性与真实的生命（或内心）交融。所谓圣人就是那些敞开心扉者，就是那些能够心心相遇及内在对话者，其也代表价值与道德水准，代表道德方面达到复归性“圣”之境界者，也是克己忘己方面达到了一般人根本达不到的高度者。真正的道德价值当然与伦理之“行”有关，但这个“行”并不是单纯外在的，而是心行合一之行，更体现在内在的“良知”里，以及体现在真实自然的顺天（天心）利他倾向里。没有这种内在性、真实性与自然性，所谓良知就会流于外在，而外在性道德常常把人当作工具。只有“走心”的良知性道德才会有真正的内在力量，才会拥有道德本该有的那份深沉性，也才会具有真正的审美价值。在中国思想传统中，后期儒家、道家与佛家的德性观差不多都具有一种内在性，并和西方的主流道德思想相近，这种内在道德状态具有美学性或美学价值。

以心心相遇与对话个体为基础的良知，是净化性的也是拷问性的，其是本于天心之人心，是天心在人心里被纯粹地体验。这和西方文化中所说的圣灵被置放在内心里相似：圣灵被置放在内心深处，变成内化的上帝与内在的至善，也是上帝在每个人内心中的回声，是人在内心里和纯粹的上帝的对话。干了坏事内心常常就会内疚忏悔，因为内心的源头性纯粹会拷问你，并会使人灵魂产生不安、动荡，甚至产生激烈的争战。这其实也是“良知”的核心内涵。所谓“良知”本质上是天人贯通性的，在此基础上可延伸到个人的敞开性的修为，一种立足于内心敞开的信仰与修为。良知表现在心行合一里，这种立足于敞开联系之心的内在之德也会给人带来精神性尊严。这同康德的道德神学的思考相似，在他看来，倾听内心深处的声音并依此行动就是道德的，也可以说就是有良知性的。天道－天心就代表康德所说的绝对的“内在的道德律令”，也代表王阳明所说的内在“良知”的最终依据。

中国思想传统所谓的“内圣”就体现在“良知”里，这是一种心心相遇与内在对话。和属于他律性、约束性的道德形成对照。外在性道德的维系维持主要靠社会舆论与传统习惯等，但这种外在性规范或律法道德缺乏深邃的内在感，也常常缺乏能彰显人作为人的生命尊严或精神尊严。“道德”（Morality）一词起源于拉丁语的“Mores”，意为风俗与习惯，一种约定俗成，后来就变成了一种准则、一种规范。这种外在的准则与规范常常以“戒律”的面目出现（摩西十诫、佛教的八戒等），常用的句式是“不许”“不允许”。这里的风俗、习惯、准则、规则等差不多都是立足于现实的人际关系，是以外在的人际关系为支撑点的，并用社会群体的标准、习俗或习惯来约束个体。这种道德也被称为“约束道德”（非礼勿视、非礼勿听等）或集体道德，这种外在性道德常常不能深入个体的活生生的内在存在，常常不能“深入人心”（尤其是不能走向更为深邃的内心），也缺乏以天道－天心为依托的神圣维度，也缺乏内在的审美价值。

三　相遇中介性个体及敞开性神圣趋向

在禅中，认识到绝对无，就是认识到人的真我。因为认识到绝对无，展现了人主体性的最深基础……只有认识到超越任何形式二元性的绝对无，才能开悟。①

天道－天心是创造始源，也可以说是创造性的无，但万有诞生于此，这种无意味着绝对、无限、永恒与最高单纯等。没有这种对创造源头无的领会，没有超越性审美个体。富有审美价值的个体是自由的敞开性个体，其领会的是源头心性，而不是世界之有形有限的外在的相互关系。倡导"从源头出发"而不是"从物出发"，这差不多是东西方共同的核心价值叙事。对相遇中介性个体来说，最重要的就是拥有自由的敞开性意志，这个自由意志的本质就是不被遮蔽的敞开，就是面向本原而在：

这样看来，主体就是人。人格的要义在于，我作为这个人……在有限中知道自己是某种无限的、普遍的、自由的东西。②

在哲学中更进一步认识到，上帝与世界的关系是由对上帝的本性的规定所决定的……摒弃那些表达上帝与世界的联系的心情的、幻想的和思辨的表象方式和体系，而为了在信仰与和意识中纯粹地拥有上帝，上帝就被当作本质而与现象分开，当作无限东西而与有限分开……事情的全部困难正在于对这种联系的反思方式。③

---

① ［日］阿部正雄：《禅与西方思想》，王雷泉、张汝伦译，上海译文出版社1989年版，第217页。

② ［德］黑格尔：《法哲学原理：或自然法和国家学纲要》，范扬、张企泰译，商务印书馆1961年版，第45页。

③ ［德］黑格尔：《精神哲学》，杨祖陶译，人民出版社2006年版，第394页。

在黑格尔看来，个体的人格意味着内在自由，意味着与实体性关联，而无人格就意味着不自由，不自由就是活在有限的外在性的物的状态里，与实体性相隔相对立，而所谓实体性在中国思想传统里就是天道－天心之源头特性，也可以说是创造始源性。所以，真正个体及其个体体验的基础是源头性的。个体的审美价值在敞开联系中显现，在敞开中个体的存在呈现为悠长的意味整体，这种个体是精神自律又是敞开的，而不是他律的、封闭的、原子式物性个体。既自律自足又联系敞开，这是真正的个体存在特征。自律的敞开者就是自由的敞开者。个体是自由的，也是敞开的，因为敞开联系而完整。个体不是封闭的精神上的单个原子，不是各式各样的精神碎片，而是向着源头而在，并与社会他人内在地发生关联。

富有审美价值的个体不是生物性的自私个体或自然性的欲望个体，而是贯通性的精神性的个体，是被大精神支撑的个体。个体的自我倾听常常也就意味着倾听根基的声音，也就是倾听内心的大精神的呼唤或召唤。我们所理解的个体即自由的敞开的个体，也是接受源头之光照耀的个体，而不是只具有分散意识的个体。面向源头个体是单纯的具有神圣倾向个体。过于分散的存在状态及意识并不构成真正的个体性，真正的个体性蕴含在把发散（或分散）聚合起来的存在状态中。面向源头的个体是能够体验永恒的个体。一般人有种偏见，把把握现在、把握当下视为实在，而把面向永恒视为空洞，其实没有永恒感支撑的当下、现在与瞬间是破碎的当下、现在与瞬间，而这种当下、现在与瞬间也是没有价值与意义感的当下、现在与瞬间。强调永恒感或面向大精神而不是牺牲自己的当下性、现在性、短暂性、瞬间性，反而支撑了瞬间性、当下性、现在性与短暂性的质量及深度，使这种现在、短暂、瞬间、当下具有了超越时间性的神圣的精神光辉。面向源头个体还是能体验无限、温暖与光明、圣洁、空静、自由、气韵的个体等。

加拿大哲学家泰勒认为真正的本真性自我与“唯我论”是不相容的。真正的本真自我拒绝肤浅的立足于表现主义的“唯我论”。如何才能成为真正的自己呢？他通过认真的反思得出的最重要的论点是，表现主义的运动及其本真性的理想不是反对现代性的态度；相反，它也是现代性重要的文化面向，它认为我们每个人都有一条专属自己的路要走，它要求我们每个人都不辜负我们的本性。针对现代社会中人的体验日益多元化和私人化的倾向，泰勒认为表现主义可以为信徒寻求本真的灵性体验提供一种有价值的参考。泰勒对自然主义和表现主义范式的讨论对应着现代两种不同的个人主义理想：

> 许多年轻人在追随他们的灵性本能，但他们在寻找什么呢。用一个敏锐的美国观察家的话来说，许多人正在“寻找一种更直接的神圣体验，寻找更伟大的直观性、自发性和灵性深度”，这往往源自对完全处于内在秩序中的生活的深刻不满。人们感到这种生活是空洞的、乏味的、缺少更高目的……这意味着他们在追求一种自我的统一与完整，重申感觉的地位，以此来对抗理性之单面的突出，以及重申在规训的、工具化的认同中，带有负罪感的、地位低下的身体及其快乐的重要性，“重点在于统一、完整、整体感与个体性；他们的语言常常包含‘和谐、平衡、流动、整合、成为一体、中心’等词语”。①

第二节　心心相遇性个体及存在韵味的递进

依据个体敞开联系性程度及心心相遇与对话畅通性的情形，我们可将个体分成四个层次。真正的个体是面向源头内在敞开的，而不是封闭于外在性的物欲世界里，敞开联系性个体既自律自足又与天道－天心及社会他人产生联系，但这个与社会他人的联系更多是内在的精神性联系。在西方的文化语境中，真正的内在个体就是与上帝直接联系沟通的个体。个体的特殊性并不取决于外在的差异性，而是取决于内在相遇、去蔽与对话沟通

① ［加］查尔斯·泰勒：《世俗时代》，张容南等译，上海三联书店 2016 年版，第 574 页。

的特别性。在中国的传统文化语境里，真正的个体是天人内在贯通性的。这种既特别又联系的个体最具有存在的光辉，最能彰显人的尊严，也最具存在的意味性，也由此最具审美价值。最有价值的个人主义就是以这种个体为基础的。英国经济学家哈耶克说：个人主义就是把个人“当作”人来尊重，但人有许多侧面或层次的显现，作为个体的人最值得尊重的方向在哪里？恰恰是天人贯通的方向，或者说是在能够显现源头心性的方向。个体的与天相通的意向、意愿、爱好最具价值性。尊重个体的深邃的存在基础，同时尊重其内在的自发性。这两个方向同时受到尊重，人的尊严才能真正显现出来。个体内在的敞开性自由是关键。在不同视角、不同衡量尺度下，个体的呈现是不同的，换句话说，个体的基于源头心性的韵味显现是不同的。

一　自然个体与生理欲求之物质性层次

这是遵循自然意志与自然法则的个体，是与人的自然物欲的满足为方向的个体，或者说和人之物质及消费相关的生理意义上的个体。自然个体基本上属于封闭性个体，而不属于敞开性个体。人有肉体，有一个随之降生随之死去的外在的身体，也即纯物质自然性的身体。这个身体是物质—生理意义上的，俗称皮囊，也是生物学或肉体意义上的生命。这个自然身体要自我保持，要存活延续自身，其天然地追求快感，追求物欲消费。这个物质—生理意义的个体最近几十年来受到重视。“身体叙事”是近年来的热门话题。以生物器官为核心的身体近来日渐成为人们打量世界的“窗口”，也成为个体之所以成为个体的一个叙事基础。在一般的意义上，所谓身体指人或动物的整个生理组织，有时特指躯干和四肢。就人是大自然之小宇宙的意义上，身体就是大自然这个大宇宙的微缩版，充满了各种各样的基于生态性的自然物质性秘密。现在身体叙事已上升到文化层面，形成了诸如身体政治、身体教育等概念。身体美学（Somaesthetics）概念最初由理查德·舒斯特曼于 1996 年提出。将身体理解为审美的主体，也将人首先理解为身体。人是身体，身体是审美的主体，据说这是身体美学的第一原理。有些艺术项目——比如舞蹈等——就是以身体为主要承载者的。

在观看了冬季奥运会的冰上花滑项目及高山滑雪项目之后，人们更能感受到身体美学的一些含义。据说这是到了19世纪末期才通过尼采之口说出的美学真理。后来身体美学又依据各种存在情境，细分为：分析身体美学、实用主义身体美学和实践身体美学三个分支方向：

> 培育更强的身体审美能量和身体审美意识，有助于我们解放那些被征服的主体吗？……身体教养是强化我们身体性的关键，有助于我们获得更大自由……波伏瓦喜欢滑雪。骑脚踏车和打网球，尤其爱好徒步旅行，喜欢美食，有充沛的丰富的性经验，尤为突出的是她对暴力的公开狂热，她童年时为激进的禁欲主义所做的身体实验也体现了她的这种激情。①

所谓激情事实上可以有两个方向的理解。一种是受始源性牵引的精神性激情，一种就是感性激情。人的自然性物质外壳（包括与动物生命相似的身体等）意义上的个体不是人之个体的核心。生理—生物性个体从本质上讲，算不上个体，或者说算不上真正意义上的“个体”，真正的个体是内在敞开性的，也是内在超越性的。在动物世界有些物种具有强烈的“身体美感”，常常能表现出大自然的美丽美妙的一面，但哪怕是其中最优秀者，和人相比也缺乏内在性，也因为缺乏这种内在，其最优秀者也只能被种群淹没，很难以个体形式存活。很难想象动物会以绝对个体的方式存在着。生理—生物身体只是个体的物质性基础。这种个体具有自然物质性的生命活力一面，但很难称得上“个体”。在生物学的意义上，每一只动物生命形式都可被称为单一个体，指的是一个生物个体。

自然物质性个体是人之存在个体的基础，但不是个体作为个体的核

---

① ［美］理查德·舒斯特曼：《身体意识与身体美学》，程相占译，商务印书馆2011年版，第117—118页。

心。价值性个体敞开联系性的，是超自然性的个体，是内在个体，是宗教与道德个体，或是审美个体。价值性审美个体是处在不断交流中的心性个体，是意味－心象－意境个体。真正意义上的个体差不多都指向人的与源头相关联的内在方面，而不是指向外在的自然独特性方向。如果被突出的自然生物性身体缺乏内在的心灵性，这种个体及存在状态是真实的吗？一个缺乏内在心灵性生机的身体，算不算得上个体：

> 每一个人都选择他自己的核心，通过击中这个核心……一定是有多少选择核心的人就有多少接近核心的方式。人们不能因为她不听从理性或者听从她最好的直觉，因此她未能成功地接近她的核心，等等……要么你（以接近的方式）成为你所是，要么你失去你自己，你将成为一个绝对的失败者……在接近中有一个统一体。①

没有天人内在贯通性就很难有专一的精神核心，没有专一的精神内核就意味着各种实用性零散，而被零散的、摇摇摆摆的实用性需要组合起来的个体，在严格的意义上讲是不算个体的。美国心理学家马斯洛的需要划分理论也给我们以启示，尽管我们更多是哲学意义上的谈论这种需要的。生理上的需要、呼吸、水、食物、睡眠、生理平衡、分泌性等，如果这些需要（除性以外）中的任何一项得不到满足，人类个人的生理机能就无法正常运转。换言之，人类的生命就会因此受到威胁。从这个意义上说，自然个体之生理需要是推动人们存活延续的动力，但不是真正有价值层次的需要。马斯洛认为，只有这些最基本的需要满足到维持生存所必需的程度后，其他的需要才能成为新的激励因素，而到了其他层次时，这些已相对满足的需要也就不再成为激励因素了。

① ［匈牙利］阿格妮丝·赫勒：《个性伦理学》，赵司空译，黑龙江大学出版社 2015 年版，第 346—347 页。

二　社会个体与社交安全之社会性层次

这是遵循社会意志与社会法则的个体，也是以社会交往安全为考量的个体。社会性个体大体属于封闭性个体，而不属于自由的敞开联系性个体。德裔美籍政治哲学家汉娜·阿伦特的代表作之一就是《人的境况》。在我们看来，此书揭示了“社会个体”的含义，或者说揭示了个体之社会性方向的含义。这种意义上的个体不是内在敞开性的，不是与源头心性相关联的贯通性个体，而是在社会关系领域摇摇摆摆的个体，是被社会制约的个体，也是政治性很强的个体，是依赖种种社会条件而成为“人的条件”的个体。正如《人的境况》第二章第一小节标题所说的，“人：一种社会的或政治的动物”。这种制约性“社会”摧毁了个体人的基于敞开性的永恒的卓越，在社会中人们为了生存相互依赖，获得了公共领域的重要性，而与纯粹生存相联系的活动被允许现身于公共场合。所有近代社会共同体差不多都遵循围绕着生活所必需活动组织起来的模式。“社会”要求它的成员像一个大家庭内的成员一样行动，最好只有一种意见、一种利益。阿伦特还对“公共”一词进行解说：首先，其意味着能被所有人看到与听到，有最大限度的公开性；其次，公共表示世界本身，世界对我们来说是共同的。到处相同的利益和全体一致的意见以纯粹数量的方式发挥作用，所释放的巨大自然强力最终废除了代表共同利益和正当意见的一个人的实际统治。社会的逻辑就是通过施加无数各式各样的规则，使它的成员都“规范化”，排除任何自发的行动或特立独行的成就，卓越成了个人的私事，因而在人类的发展进程中，个人的卓越行动被忽视，人们不再关注个人的卓越，不再争取表现卓越的机会，不再主动地显示自己对政治体的热爱，长此以往，人的复数性被忽视，历史（人类前进的过程）就成为统计学、现代经济学可以预测的某种行为模式。①

在《人的境况》一书开篇，阿伦特就解释说明了“积极生活”，她的

① 参见［美］汉娜·阿伦特《人的境况》，王寅丽译，上海人民出版社 2017 年版。

积极生活含义明显地和传统的“沉思生活”（及理论生活）相对立。积极生活与三种根本性的人类的外在活动——劳动、工作和行动——密切关联，其间的区分是基于人的条件而做出的，她理解的人的“条件”，既不是所谓人的本质属性，也不是康德意义上规定人类经验方式的超验条件，而是人在地球上被给定的那些基本条件：劳动的条件是人们维生的需要，工作的条件是人们必须建造一个人造物的世界，行动的条件是人们必须在交往中彰显自己，回答“我是谁”的问题。离开了这些基本条件，生活就不再是“人”的生活了。在此意义上，人是被种种社会性条件给定了的存在：

> 社会领域也没有完全消除公共领域和卓越之间的联系……它重视人类的进步而非个人的成就……教育、独创性或天赋都不能代替公共领域的构成因素……除非它们被转化成一种适合公共显现的形式，也就是去私人化和去个人化。①

这样一来所谓个体就失去了特殊性，成了社会性个体，也就是非独立的部分性个体。真正的个体性自律自足的，直接显现为某种差异性、相对性、偶然性或不确定性，但作为个体不能只是一味地停留在这种差异、相对、偶然与不确定性之中。还有与个体的社会联系相关的学科，诸如个性社会学或个性伦理学等。这些学科的思想核心大概就是为了制约过分的差异、相对、偶然与不确定性。价值性审美强调敞开联系性，强调基于敞开的自足自律，价值性审美强调同一性引导，但不是强调“同质性”引导（包括基于社会的同质性引导），心心相遇与对话本身是敞开性的，本身就充满特别性、际遇性与偶然性，但强调这个方向意味着矫正过分的差异、偶然与不确定性。这就是涉及个体与源头、社会性的种种关联。审美个体不是社会学意义上的个体，社会学意义上的个体是作为部分而存在的个

---

① ［美］汉娜·阿伦特：《人的境况》，王寅丽译，上海人民出版社 2017 年版，第 33 页。

体，常常过分强调的是社会沟通、社会联系、社会普遍性、一般性及社会性规范。

在东西方古老的传统中都有强调社会性的思想倾向。西方自亚里士多德起就有一种观念：人就其本性而言是政治的，人按其本性而言趋向于一定的目的，即政治目的。政治性个体常常是处在社会关系之中的个体，是和大众群体共同性、集合性紧密联系在一起的个体。群体是集合体。这种集合体也有不同的表现：原始群、氏族、部落，不同的民族，不同的阶级、阶层、党派、政治团体。真正的个体指向特定的特别个人。真正的个体（包括审美性个体）区别于社会关系中的人。社会意义上的个体倾向于被部分化的个体。他或许有个体的外观，但又是部分化的。

社会性个体不属于内在敞开性的联系性个体，而是作为部分参与到社会之中。美国哲学家保罗·蒂里希在《存在的勇气》一书中，谈到“作为部分而存在”的人：

> 人参与他所属于但同时又与之分离的世界……他参与的那部分是使他成为一个人的世界的某个部分……人参与的部分现实，直接是他所属的共同体。通过并且只有通过这个同体，参与到作为世界的整体之中，参与到这个世界的所有部分之中……凡有作为部分而存在的勇气的人，都有勇气去把他自己作为他参与其中的共同体的一部分来加以肯定。他的自我肯定是社会团体自我肯定的一部分，这些团体构成他所从属的社会。①

传统中国人对社会共同的公共的部分敏感，对伦理观念的重视就是这种敏感的体现，但这种社会的公共的政治倾向如果停留在表象上，就会影响真正的真实的卓越个体的形成。社会伦理观念面具常常影响个体的精神

① ［美］保罗·蒂里希：《蒂里希选集》，何光沪选编，上海三联书店 1999 年版，第 215—216 页。

真实性。作为部分的个体常常缺乏深厚真实的体验基础。近代以来，各种类型的共同体主义差不多都是在社会政治层面上展开的，这和东西方古老传统中所说的精神的内在的天人贯通性相通有着明显的不同。齐格蒙特·鲍曼在《共同体》一书中称近代以来的共同体为“严密的集体责任之网”。其中的任何共同体本质上都是利益共同体，这个利益包括经济利益、政治利益、文化利益、心理利益等。社会成员之间共享兄弟般的责任。他认为：这个对所有人开放的社会很快就变成了一个这样的社会：在其中，展现特殊能力的失败，足以成为把这些人置于一种生活境地的充分理由。过分强调共同体，而不是个体，就意味着特殊展现的失败，而真正意义上的精神性个体恰恰具有特殊展现的强烈动机，基于此，这些个体常把重复他人的行为（包括语言的重复或复述）看作缺乏精神尊严的事情。和各种形式的共同体比较起来，精神性个体意味着孤独、意味着特殊特别的偶然的一系列显现。所谓陌生就是植根于这种非类型化的独特的偶然性中。①

三　精神个体与存在尊严之精神性层次

这是遵循一般的精神性意志与法则的个体，是以人的精神性尊严为寻求目标的个体。基于人为性的有限精神肯定的个体，也是半封闭性个体，而不是敞开联系性个体。阿伦特在《人的境况》的第六章专门写了“沉思与行动的倒转”小节。她说：

> 这里的关键不是真理与知识不再重要了，而是真理和知识只能靠“行动”，而不是靠沉思来获得。正是一种器具，一种人手的作品——望远镜，最终强迫自然（或更准确些说是宇宙）吐露了它的秘密。信任做而不信任沉思或观察的理由，在最初的积极探索获得成功之后变

① 参见［英］齐格蒙特·鲍曼《共同体》，欧阳景根译，凤凰出版传媒集团、江苏人民出版社 2007 年版。

> 得更有说服力。真理不再向观看者心灵的眼睛显现、泄露或揭示自身之后，就出现了一种必须在欺骗的表象背后追寻真理的真正需要。对于获得知识和接近真理来说，再没有比被动的观察和纯粹的沉思更不值得信任了。①

从东西方古老悠久的思想传统看，个体的精神性标志恰恰是天人贯通性的，而不是天人隔绝性的，是内在的而不是外在的。个体意味着拥有内在精神的独立性，而不是作为社会的一个分子或一部分，个体恰恰就是汉娜·阿伦特所说的以理论的沉思性（静观性）体验为中心的个体。精神性个体就其作为敞开性的个体，更具有存在的光辉与尊严感。尽管阿伦特似乎倾向于否定这种个体性。在东西方古老传统中的个体，差不多就是倾向肯定这种敞开联系性个体，以忘我沉思（静观）为体验核心的生活也被视为积极生活的集中体现：

> 存在与价值的个体化恰恰是随着精神性的纯粹性而加剧的。②

精神个体的叙事基调就是纯粹性的，伴随着普遍性的沉思或冥想，其既不是物质自然性的（既不是基于自然身体的消费性个体，也不是作为社会一部分的社会性个体。精神个体叙事指向敞开性、能动性与独立性，其叙事基调指向一般意义上的精神敞开、能动独立、自由联系之方向，并与人的存在的内在性及存在尊严密切相关。这也是真正的人文主义的精髓。早在 15 世纪意大利哲学家皮科·德拉·米兰多拉就写了《论人的尊严》的演讲稿，其中认为人是一个伟大的奇迹，是不可思议的生物。启蒙时代也凸显人的理性与自由取向，凸显了基于此的人的尊严及其价值。德国的

---

① ［美］汉娜·阿伦特：《人的境况》，王寅丽译，上海人民出版社 2017 年版，第 228—229 页。

② ［德］马克斯·舍勒：《伦理学中的形式主义与质料的价值伦理学》，倪梁康译，生活·读书·新知三联书店 2004 年版，第 623 页。

哲学家康德也写了《论人的尊严》一文，认为人作为精神性个体与人的内在的自由、尊严密切相关。人身上具有不可化约的核心要素就是人的价值与尊严，而这个核心意味着人格，人格是尊严的体现。精神个体是敞开性的，通过有价值的内在体验性显露自身。有价值的意义体验或意义感正是通过心灵感受的，渐渐被心捕捉到。心就可代表精神。五代末、北宋初的周因朴在《大道论》中说“道外无心，心外无道”，还凝练出“修道即修心”“修心即修道”的精要论断。不管是普通人还是艺术家、思想家、学者，其言论方式、感受方式、思考方式、行为方式等一旦游离了心，游离敞开的心，游离了内心深处的感受，那谈论道也会显现其空洞的性质，也会以某种方式显现出虚假、肤浅的一面。不管它表面上看起来多么的正确——比如有证据、有逻辑，似乎也有条理，但只要其游离心（及基于心的体验），那么其就偏离人文精神的内核。“心”的秘密不是单面的理性能够完全理解、领悟的：

> 个体主义从属于特定的历史和文化对个人或自我的概念化过程。这一过程包含人作为个体的终极价值和尊严。他在道德和精神上的自治、他的理性和自我知识，他的灵魂、隐私权、自我统治、自我发展以及自我选择加入某一社会、市场或政治组织的权利。与此相对，个体性指的是人的普遍性特征，即只有个体才具有能动性。[①]

我思，由此，我是意识的绝对真理：

> 笛卡尔关于意识的描述，如果不被抛弃，那么其实可以很容易地延伸到下列词汇中，例如“感受”和“想象”、“感知”和“梦幻”、“评判”和“经历”以及“思考”……作为人的隐喻性本质，就在分

---

① ［英］奈杰尔·拉波特、乔安娜·奥弗林：《社会文化人类学的关键概念》，鲍雯妍、张亚辉译，华夏出版社 2009 年版，第 172 页。

散的意识中得到坚持。由此，“我思考并感知——我经历——在某一特定时刻，由此，我就在那个时刻”。①

精神性个体未被外在化，也未被物化。物化的人生常常是缺乏精神与价值的人生。

> 人类生活无法脱离个体性，人类生活本质上就是一个主观的限定；人类个体总是具有主观性：总是能动的并且总是在实践着他的能动性。实际上，个体之外不存在任何其他的人类能动性的源泉……在认识到我的首要任务是坚守我个体的完整性时：我遵从我的个体性尊严。②
>
> 在人的这两个特征（即意志自由和可完善性——引者注）基础之上，我们可以说自然的人的主要区别特征是：他几乎没有任何本性，而纯粹是潜在的存在。没有终结，而只有可能性。人没有任何限定，他是自由的动物。③

一般精神性个体，其核心追求都是在平行层面显现的，包括一般意义上的自由、尊严，也可包括爱与创造等。爱的本质是把分散的碎片融合在一起，这就是俄罗斯哲学家喜欢说的“团聚原则”或“聚合原则”。爱是具有独特性、自发性的不同个体之间的合为一体与团聚。爱的精神原则是敞开性的，是以内在合一与团聚为基调的。男女性爱是最让人类留恋的迷人戏剧之一，但这出戏剧到了我们这个时代似乎上演得越来越不精彩了。问题出在我们这个时代的潜在的爱的原则：由外而内、自下而上的原则。

---

① ［英］奈杰尔·拉波特、乔安娜·奥弗林：《社会文化人类学的关键概念》，鲍雯妍、张亚辉译，华夏出版社2009年版，第181页。

② ［英］奈杰尔·拉波特、乔安娜·奥弗林：《社会文化人类学的关键概念》，鲍雯妍、张亚辉译，华夏出版社2009年版，第184页。

③ ［美］列奥·施特劳斯、约瑟夫·克罗波西主编：《政治哲学史》（第三版），李洪润等译，法律出版社2009年版，第565页。

爱越来越外在，可见的功利性方向也越来越被强调。在这一外在原则的支配下，爱差不多成了自然感性快感、社会功利关系与物质数量堆砌起来的果实，但爱的价值绝不会来自这种基于自然感性的“下面”。价值之爱更多来自不可见方向、方面及基础，来自上面源头的浇灌，来自内里的自发性涌现，来自对最高精神本性的映射，而能映射最高精神本性的只能是心，而不是身，创造其实也是如此。

四　贯通个体与明心去蔽之贯通性层次

这是遵循天人内在贯通性的个体，是以明心去蔽为存在目标的个体。这种个体不是封闭或半封闭性个体，而是敞开联系性个体。最具审美价值性个体是天人贯通性的，也是心性中介性的。这种精神独立性用东西方混合的文化语言来描述就是：每个人通过敞开联系性交流，都可以成为贯通性、相遇者，都可以是奉天承运者，每个人都可以独自地向天道－天心寻求支撑，每个人都是独立的敞开联系性的祭祀。总之，每个人都可独自地、忘我地与天道－天心（及原初心性）相遇、对话并获得同在感。天人贯通性个体指向忘我之境，指向形而上的本原性方向。最具审美价值，也最能感召人心的个体就是这种敞开联系性的超验个体。从个体存在形象看，超验性个体最具存在意味，是被幽深意味（意韵、韵味）支撑的个体，常常也会形成合一性的意味整体，因而最具审美价值。个体存在中的这种非功利的忘我的超验倾向，不同的思想家也有不同的称谓。美国著名人本主义心理学家马斯洛把其称为最高程度的自我实现，只是这个自我实现的“自我”，更多的“忘我”，即忘却现象性的功利之我。这个自我实现者的动机叫作超动机。在超动机状态下，一般意义上的功利动机不再起任何作用。包括一般精神意义上的自由、爱与创造活动等都不能算是超动机，超动机反而可以成为一般意义上的自由、爱与创造的基础。在这种超动机的隐蔽推动下，人并不力求弥补感性或现实的欠缺，减少紧张。这些人在环境中没有获得特定目标的对象。这种动机被描述为“存在”或“存在动机”。马斯洛称其为存在价值，其本身就是目的，而不是达到其他目的的手段：

> 那么这些自我实现者的动机是什么呢。在动机这个词的通常意义上，他们是没有动机的。然而他们有成为具有完美人性，实现他们全部潜能的"超动机"……马斯洛也把它们称呼为存在价值。①

这种存在或存在动机，这种超动机或无动机境界在东方可被理解为"涅槃"：

> 在涅槃中，同一即是个体化。②

这是无我之我境界，也是天人合一返归源头同一性境界，还是佛教与海德格尔所说的忘我"去蔽"境界。正是在这种绝对无目的性的空之中，人之真我获得了创造性的表现。这里的个体是贯通性的，也是超越性的超验无我。无现象之我之个体真我之所以能够产生，还是因为天人内在地相遇与贯通，这是基于源头心性之创造性个体。东方的"涅槃"叙事本质上就是把人带入同一性体验秩序，这是超现象个体层面的叙事，其他层面的叙事的意义基础或根据，归根结底要通过个体的同一性体验秩序发生作用。从现实来看，人类作为一个整体，其意味体验似乎越来越弱了。现代社会可以使人活得更富、活得时间更长、活得更有快感，却无法使人获得更多的能够支撑人的存在的意味整体。这或许也是物理熵的规律在人类身上的体现。或者人类种群深处就隐藏着一种精神性的自毁机制：越来越难以获得自我圆满感、统一感、完整性。只有自律的敞开联系性的个体才具有最可靠的真实性：

---

① ［美］舒尔兹：《成长心理学》，李文湉译，生活·读书·新知三联书店 1988 年版，第 133—134 页。

② ［日］阿部正雄：《禅与西方思想》，王雷泉、张汝伦译，上海译文出版社 1989 年版，第 211 页。

> 不可对象化的无，是真正的主体与真我。它不仅是存在与非存在的根源，也是自我与他人，自我与社会的根源……认识到真我，才是恰当地建立我们社会联系的基础。①

个体人的真正的所谓成长，应该是成为真正有内在核心的真我。其能更多地体验存在的源头性，感受因天人贯通而来的意味整体，这才是真正意义上的内在的精神与心灵的成长。成长不是外在的各种成熟性的变化，而是存在不再依赖外物，不依赖外在的方向，依靠人们自身的向天的敞开联系就能产生或创造好的存在感觉，我们更多依赖内心中的固有的心性种子，这颗心性种子是先验性的“一点灵明”，或者也可以称这种内在性依赖为信仰。首先，要摆脱对外在世界的依赖，其次是依靠自己的内在的心性力量，并从这种内在性里获得存在的意味支撑。外在的客观现实等都在时间流之中，而在时间流之中的事物都缺少基于源头心性的不变的稳定性，由此也相对缺少内在的心性特质。意味－意义体验有其最核心的根基，而我们这个时代的基础差不多坍塌了，或者说几乎失去了意味－意义体验的基础与源泉。意味－意义体验的源泉是什么呢？是天道－天心，是天人关系的内在贯通，是面向天道－天心敞开的确信的存在状态，包括单纯、自由、宁静等意味性存在状态。保持存在的单纯、自由、宁静等是有信仰的重要标志之一，也是灵魂性的标志之一。这是稳定的意义源泉与根基：

> 人类学的讨论涉及很多这样的问题，但是都不应该（虽然有这样的趋势）脱离个体性、这一概念的具体性。具体的个体构成了先验人，以及生理—心理的基础，所有关于世界的认识和人所有的创造性都是建立在这个基础之上。人的意识具有必然性和不可化约的个体

① ［日］阿部正雄：《禅与西方思想》，王雷泉、张汝伦译，上海译文出版社1989年版，第220—230页。

性，人的所有建构（包括社会文化环境和他们的社会文化人类学）都是由这一事实决定且激发起来的。①

第三节 相遇中介性个体及个体消融性境界

审美境界是敞开联系性的心心交流境界，是天之心性被充分显露的境界。道德境界如果也是敞开联系性的，如果源头特性（属性）被凸显，那其与审美境界无本质区别，只是审美境界更多随着随意味而来的心象－意境，即随着所谓的物随心转、境由心造内在过程。在这种存在境界里，肯定有限现象之我的倾向消融。心心相遇与对话带来天人贯通，带来源头心性显现，而源头心性显露充分的状态恰恰是现象之我的消融状态。这差不多也是东西方的共同的美学视点：以现象之我的消融——无我之境——为最高审美境界。过分肯定作为有限者的封闭性个体，肯定不能趋向道德最高境界，也不可能趋向审美最高境界。现象我的消失是审美境界产生的表征之一。

一 相遇中介性个体与个体之死亡练习

如同我们从柏拉图《国家篇》的洞穴寓言中所了解的：在那里，哲学家挣脱了他和他的同胞束缚在一起的锁链，在完美的“独自”中离开的洞穴，既无他人陪伴，也无他人追随……关于永恒的体验就是一种死亡，与真实死亡唯一的区别在于它不是终极性的，因为没有哪个活生生的人能长时间地忍受它。②

---

① ［英］奈杰尔·拉波特、乔安娜·奥弗林：《社会文化人类学的关键概念》，鲍雯妍、张亚辉译，华夏出版社 2009 年版，第 179 页。

② ［美］汉娜·阿伦特：《人的境况》，王寅丽译，上海人民出版社 2017 年版，第 11 页。

练习死亡也可以说是练习一种相遇，练习一次与源头心性的相遇，练习死亡也就是练习以此为基础的寂静、单纯、自由、空灵等，练习死亡就是练习现象之我的消失，就是练习与源头心性的同在。过分惧怕此世现象肉体之死可以说是一种病态。从严格的意义上讲，过分惧死者很难谈论纯粹的精神形式——诸如真理、正义与道德等——如果强行谈论那也基本是不可信的。这就像习惯服从自然意志的自然个体及热爱物质者谈论伟大的精神基本不可信一样。或许这就是以苏格拉底为代表的众多哲学家强调训练自己无惧死亡的原因。练习死亡就是练习一种敞开联系性，就是通过各种形式练习“无己”，包括练习现象个体之消失，练习现象个体消失时的镇定、无畏与勇敢：那是哲学家特有的和解性超验之存在态度，自失于具体的个别性特征，融入更为源头性的也是普遍的存在根基里。这种和解性“自失”是建立在勇气与无畏之上，也是建立在价值性审美态度之上。真正的哲学境界（包括审美境界）本质上是“无己的”，尽管哲学家（包括审美者）可以谈论各种基于差异性、偶然性与不确定性之个性。

富有审美价值的个体是自由的、敞开性的，是对着存在源头的敞开，其不用过分封闭于现象界，不会过分关注自己自然性身体，也不用过分注重养生以保养自然躯体。有些人担心死亡，甚至担心“偶然的死亡”。和那些自我感觉良好的世俗性存在不同，深刻的信仰者、思想者或审美者（审美个体）经常在精神方面练习提前到死中，这也就是精进一种哲学思考。正好这也给他们提供一个机会：可以像先知性哲学家（深刻的审美者）一样无畏镇静地存在着，真正的先知性哲学家（深刻的审美者）本质上也是“无己的”，能通向宽阔深邃的无己：

> 故常无，欲以观其妙。（春秋·老聃《道德经》第一章）

练习死亡就是练习获得一种无，就是练习基于“无”的一种敞开。真正敞开性的爱的生活与审美生活，在其深处都以某种方式暗示着“无”，或者说暗示着基于“无”的妙。众妙之门的那个根基是无。爱的生活与审美生活也暗示着对存在短暂性——死亡的征服、克服或拯救的动因，这种征服、克服的努力常常是无意识的。“本无”实际上与源头心性、终极实在感或终极实在性密切相关。我们都知道现象之躯体终将“无”或死亡，我们一直竭力维护的现象之“我”也终将不在。如果“无”或死亡是人的一切的终止，如果一切终将不在、消失至无，那人短暂地活着是否还有意义？开开心心、快快乐乐地及时行乐，这是一条抵抗无的途径。中国传统文化被李泽厚称为“乐”的文化，也就是通过肯定人世之乐忘却死亡的悄悄逼近。按理说，相信常在的天道 - 天心的民族，应该对感性的幻灭更敏感，但为什么先秦之后的中国主流文化对感性生活带来的幻灭感体验不深呢？究其原因，还是因为我们的文化价值根基偏离了最早的“天道 - 天心”传统，偏离了与此相关的天人合一传统，渐渐把文化基础建立在“流变”之上，而不是建立在一切皆天道 - 天心显现的思想基础之上，这样就没有超越感性的最高价值坐标，没有来自上面的最高价值指引。由于人们试图通过流变本身获得价值体验、意义感，所以对常在来自上面的那个“源头心性”体验不深，由此对感性之幻灭感也领会不深。

西方哲学传统中的一切皆流之“流变说”——赫拉克利特是最早的代表——是对现象世界的一种描述，感性世界属于现象世界，由此可以说所谓流变说就是建立在各种感性论的基础上的，是建立在感性杂多基础上的学说。与此相对应的是不动之“存在”说——巴门尼德是提出该学说最早的代表。中国传统的“天道 - 天心论”恰恰对应于西方传统的“存在论”。所谓存在论是建立在存在之“一”基础上的学说。现象世界与本质世界，流变说与存在说代表的是东西方哲学传统中——东方印度中国哲学传统其实也是这样——的两个世界的基本划分及两条最基本的哲学路线。事实上其也代表两条基本的审美路线。这两条路线也可以说是流变主义与永恒主义的分歧，而能够抵抗时间的侵袭的方面恰恰是各种精神价值的最核心支柱，也是审美价值的最重要支柱。基于超时间性，存在说有许多变种。基于时间性的流变主义也有许多变种，各种强调历史重要性——自然的历史或人类的历史——的历史主义事实上都属于基于变动的流变主义，各种强调存在之一——超自然的或超人类历史的——存在主义差不多也都属于基于常在的永恒主义：

> 朝闻道，夕死可矣。（春秋·孔丘《论语·里仁》）

练习死亡就是练习“入道”，就是练习归于根基之“无”，这是一种深刻性存在方式。这和海德格尔说的“面死而在”相似，实际上也可理解为面向另一种“长存”而在。中国文化传统经常祈福死去之人能“千古”走好，这也潜含着永恒主义色调。其实不用祈福人迟早都要“无”或“千古”的。没有比死后汇入“无”或千古更普通也更充满必然性的事情了。要么坦然地面对“无”或“千古”结局，要么被大自然推动着向“无”与“千古”走去，这没有什么大的区别。最主要的是我们不要过分害怕“无”或“千古”，不要害怕在敞开性的信念指引下的“无”与“千古”。所谓千古就代表另一种“无己”，或者说代表另一种更为普遍的存在形式，即与万物之根本——天道－天心——交融在一起的普遍存在形式，也代表一种持久的想象中的绵延吧，融入无形的存在根基处，融入大自然那神秘的循环里。这也是一种存在的绵延或“千古”吧。

二　相遇中介性个体与个体复归性和解

价值性审美是受意味整体环绕支撑的审美，其也是天人关系和解的一种直觉直观性显现，也是个体复归存在根基性的显现，这种和解体现在意味整体的环绕支撑里。中介性和解代表精神裂痕的弥合，代表由此而来的心灵救赎，救赎的秘密就在天心本体与人心直觉性主体的统一或同一，也就是天心之隐蔽本体显现于人心之敞开性主体里，这也是真正的趋向复归性主体。个体趋向复归性和解是超验意义上的。与其说是个体，不如说是无个体，其是无现象性个体，无现象个体的特殊显现，是无我之个体，是被源头性存在召唤的独特心灵性个体。这个超感官的“无我”也是更深邃之我，是被深邃的存在意味笼罩支撑的我，是向着源头心性（大精神）敞开的个体之我，是圆满完整性的个体之我，其也是克服了片面性获得完整的特殊性个体，也可以说是克服了精神的分散性的特殊性（或特殊展现）个体。日本的禅宗大师柴山禅师说：

> 禅修的目的是方生方死，即真正成为无念、无形的自我，然后作为无念、无形的真正自我再生，因此，在禅修中，至关重要的是从无意识深渊中获得新生。禅修不是一种处于唯一独特状态的感情过程，也不是只具有“无念”的感觉。只有完全破除大疑大惑，般若（真正的智慧）的光辉才能显现。然后，仍需要进一步的训练，使一个人无拘无束地生活在禅的境界中。[①]

无念无形之自我是敞开联系性的，立足于本体之无，其也是天人关系贯通后的一种再生的自我。这种敞开性的自我依赖内在单纯肯定就能找到存在意味，就能克服精神分散维护自我统一性。人的内在的精神性成长与成熟意味着更多地依赖自我的单纯的肯定。敞开联系性自我受到原初存在的牵引与启示，或者说受到源头心性的牵引与启示。复归性和解的根基在创造性源头处，在源头心性处。人心敞开独自地受到启示的存在才是真正的存在，受到原初牵引并被启示的人的历史也才是真正的人的存在历史：

> 通过耶稣的召唤，人成为单个的人……不是他们自己选择使自己成为个人：而是通过召唤，基督使他们成为个人。每个人都是单独被召唤，由此必须单独跟随（基督）。[②]

天人合一是一种内在和解，是个体的复归性和解，而天人和解是具有

---

① 转引自［美］斯特朗《宗教生活论》，徐钧尧等译，今日中国出版社 1992 年版，第 123 页。

② ［德］迪特里希·朋霍费尔：《作门徒的代价》，安希孟译，四川人民出版社 2000 年版，第 82 页。

审美境界的重要标志之一。中国传统儒家、道家的审美的最高境界都与对上天之道的领悟同在不可分。天从根本上说是形而上的——虽然也有种种形而下的理解——代表最初、最高及最深的存在，代表人的存在的基础与核心，也代表传统中国人的最高精神关怀。垂直层面的天人关系之和是最高、最深、最重要的和，是平行层面各种“和”的根基。中国儒家文化讲“天人合一”事实上就是讲天人关系复归和解，人与自然、人与人、人与自身之间的和谐需要在天人内在之和基础上展开。天人贯通性和谐思想是中国传统文化中最有特色，也是最闪亮的思想部分：

> 仰则观象于天，俯则观法于地，观鸟兽之文与地之宜，近取诸身，远取诸物，于是始作八卦，以通神明之德，以类万物之情。(《周易·系辞下》)
>
> 天何言哉？四时行焉，百物生焉，天何言哉？(《论语·阳货》)
>
> 大乐与天地同和。(《礼记·乐记》)
>
> 乐者，天地之和也。(《礼记·乐记》)
>
> 盖天地万物本吾一体。(宋·朱熹《四书章句集注·中庸章句》)
>
> 仁者以万物为体，不能一体，只是已私未忘。(明·王守仁《传习录》下)

孔子提出的“兴于诗，成于乐”的思想，实际上是这种天地人心大和之宗教性思想的一种延伸。这种带有形而上色彩的“大和”思想不是存在于说教与条规里，而是与人的深长的存在意味整体，即意味－心象－意境整体联系在一起，和直观的、生动的、深邃的感觉体验融合在一起。人格的完成也与融入大和之中有关。而富有美学意味的存在，就是这种天地人心之大和之中介，就是置身于幽深的“大和”意味整体里。

三 相遇中介性个体与始源性存在意境

“外师造化，中得心源”是唐代画家张璪所提出的审美理论，其也适合描述敞开联系性的中介个体。“外师造化，中得心源”之源代表始源，代表具有始源心性的意味整体，即具有始源性的意味－心象－意境整体。这种个体存在意境是道器不二、心物不二、物心交融之境，也是天人内在合一之始源性存在意境。张璪的这个命题说的就是以自然为中介的心心相遇，造化体现了始源性心性，其能够唤起审美个体的心灵体验（或心灵实践）。所谓审美归根结底不出于心，心外也无审美，所谓审美又回到了人类个体的心灵里，回到了人类个体的心灵体验里，人类个体的微妙而深邃的心灵决定了审美（及其艺术）的成败与价值。一切文化（包括审美）诉说都要放置在人类个体的心灵的体验面前，并用个体的心灵的实践（即心灵的深切感受与体验）来检验，用其作为文化（审美、艺术）的最终的判断标准。

“中得心源”意味着源头心性充分显现。“中得心源”之境可包括单纯、永恒、无限、光明、圣洁、气韵、空静与自由之境，个体的空静之境和佛教的禅境、涅槃之境在本质上相似。其表达的就是个体的整一圆满心心合一状态；个体可以从这份寂静中产生冲淡、淡远、悠远之感。个体存在的这种意味整体，语言很难抵达。在中国佛教眼里的所谓的世界根本上没有实相，只能呈现为随心而动的境相，这个境相具有空灵意味。对相遇中介性个体而言，其存在与此相似。从中国心学“心包万物”的视野看，世界只是一个表达始源心性的境相。德国作家赫尔曼·黑塞《悉达多》讲述了古印度贵族青年悉达多的故事。悉达多英俊聪慧，拥有人们羡慕的一切。为了追求心灵的安宁，他孤身一人踏上了求道之旅。他在舍卫城聆听佛陀乔达摩宣讲教义，在繁华的大城中结识了名妓伽摩拉。随着肉体的享受达到顶峰之后，他对自己厌倦、鄙弃到了极点。在与伽摩拉最后一次欢爱之后，他决定抛弃世俗的一切，并想结束自己的生命。在最绝望的一刹那，他突然听到了生命之河永恒的声音，悉达多终于体验到了万有的圆融统一，领悟到所有生命的不可摧毁的基础本性，自我也渐渐融入那刻的整一与永恒之中。个体敞开联系并趋达圆融统一，这是东方式审美的最高境界。在中国思想传统里，天道－天心是创造性始源，其根基本性是“无”，是基于“无”的玄妙与虚静。中国传统审美在很大程度上就是将“本无”

之道的玄妙、虚静转化为审美个体内在性，放弃外在世界的杂多与纷扰，让天道－天心内在地贯穿审美个体，并将自己的存在内化，内化为虚无与宁静，并在存在的虚无与宁静中，在审美静观之中实现解放与充实自己的目的。道家的最根本的存在原则就是“守道”“守一”“抱朴”或“守静”，这本质上就是要守住源头性的整一，守住原初的统一性（或同一性），守住那份深藏在统一性中的深邃的原初性质朴、虚空与宁静。静似乎只是“一”“道”的较为直观的现象性呈现，其实其是天道－天心的基本性本性，静也是人类敞开联系性的本心条件与基础，静是躁之君，清静为天下正。人类个体的存在的意味－意义就蕴含在这种丰富的虚空与宁静之中：

> 正则静，静则明，明则虚，虚则无为而无不为也。（《庄子·庚桑楚》）
>
> 水静犹明，而况精神！圣人之心静乎！天地之鉴也，万物之镜也。（《庄子·天道》）

“心斋”“坐忘”是敞开联系性的，是与本性为无为静的道的沟通状态。意味－心象－意境整体理论，其思想渊源就是老子道器观及庄子的言意观（得意忘言，言不尽意），并与刘勰、钟嵘等文论，与唐代的意境理论一致。意象与意境都是中国传统审美中的重要概念。在这里心象与意境大同小异，只是和心象相比，意境更加丰富，也更加宽阔，更具多义性韵味，意境是由多种寓意之象组合生发出来的富于心性的形象及情境。道家的生命个体是与道相通的个体，是被道之始源支撑的个体，从外观上看似乎也更富有个性，其是沉思性的、超然的、逍遥的、自由的、流浪的、行吟的、漂流的、隐逸的、放纵的、闲适的、自然的。道家的美学也是自由自然的行吟与流浪性的，这种自由逍遥、超然飘逸的生命被道之精神支撑，适合行走于以自然为背景的远离庙堂的江湖之中，道家的生命目的就是吸纳自然天地之气并活出天地自然之气象，并让其背后的道贯穿自己，这也正如唐代画家张璪所说“外师造化，中得心源”：

手挥五弦，目送归鸿。俯仰自得，游心太玄。（魏晋·嵇康《赠兄秀才公穆入军诗》）

独与天地精神往来！（《庄子·天下篇》）

第五章　自上而下价值审美与艺术作为心心相遇中介

艺术的深层价值的历史差不多就是原初经验（或原初意味）表达史，更进一步说就是天道－天心（及其心性）隐蔽显现的历史。艺术本身的审美价值不能从封闭有限的人自身中得到本质性的解释。艺术的价值需要从其敞开联系性中获得解释，也即从其与创造性始源的关联中获得根本性解释。艺术（包括艺术品等）只是一个特别的中介，艺术的光辉来自其敞开性方向，因心心相遇而生，并由此产生笼罩于艺术之上的意味整体。可以说艺术之美从根子上说在天人贯通性关系中，艺术的真正的美之光辉在其“原初性”方向上，在其能唤起“原初统一性经验”（或初心之经验），在其对原初心性的隐蔽领悟及其外显性延续上，也可以说艺术之美主要来自艺术作品的心性显现。艺术的崇高（悲剧）与滑稽（喜剧）等也都与此显现相关。自上而下的价值性审美立足于天道－天心（及源头心性），从源头特性的内含量（这种内含量是通过敏感的直觉来判断的）来评判艺术的价值品级，而不是立足于杂多感性特性来做审美（或艺术）判断，价值性审美（及其品级判断）并不忽略艺术之形及艺术中的差异（及其偶然性、相对性、不确定性等）方向，但更加重视艺术心性核心的引导性启示。对艺术（及其创造）中介的领悟理解可以加深我们对天道－天心（及其心性）秘密的领悟理解。反过来说，要想真正了解艺术（及其创造）的统一的整体性秘密就不能停留在其外在的显性上，而必须深入艺术（及其创造）的最深层，而所谓艺术（及其创造）的深层就和艺术（及其创造）的始源心性有关，也就是和艺术家之心心相遇、去蔽与内在对话相关。真正的艺术关联着创造性本原，也即关联着原初心性本原的显现。艺术之心性在那些被称为天启的天才之灵感状态中得到集中地流露、体现。

从艺术流派的发展史来看，其呈现的似乎是不断否定的历史，是不断地体现差异化与多样化的历史，是不断开放破界的创造史。这种不断“破界”的革命性姿态，有其自身的道理：可以避免艺术本身的混沌与死寂，通过新的想象方式吸纳各种新的元素，也通过扩大新的艺术对象使艺术创作焕然一新。开放的艺术姿态可从某种层面上避免艺术走向死寂、走向无序。从整个艺术的发展史来看，艺术创造中的新元素、新风格、新创造方法不断出现，可以避免人类的情感与感觉的迟钝与抽象化。真正意义上的艺术想象触摸未知与陌生（或触摸未知与陌生的世界），这种未知与陌生意味着某种心理上不安全，常常也是让人惊恐的、不愉快的方向，真正的想象不应久久地滞留于熟悉的亲切的能给人带来愉快的世界里。要能跨过使人熟悉并愉快的艺术封锁线，就需要冲破种种有形无形枷锁的羁绊。人类需要不断地打破种种有形无形枷锁的艺术禁忌与条条框框。艺术的历程差不多就是不断打破有形无形枷锁羁绊与禁忌的历程。这需要勇敢探索的勇气，其也体现了人类的精神性勇气。

这是艺术史一条明线，还有一条内在的价值暗线。这条暗线蕴含着艺术更为重要的却是潜在的肯定性方向、方面。从内在价值角度看，一部艺术史就是内在的敞开联系史，这部内在的敞开联系史肯定原初意味，肯定基于“同一性”“统一性”的原初经验。在艺术创造领域如同在审美、爱、善或思想领域一样，并不是随着历史的发展就自然而然进步的。随着人类理性与科技水平的不断提高，人们的有价值的精神性潜能反而有可能被更多的遮蔽。在自然科学天体物理学中有所谓的“宇宙常数”之说，实际上，在人类的艺术创造中，也有不变的隐秘的“精神常项”，这个精神常项用哲学术语说就是与原初存在本源的相遇与对话，即心心相遇与内在对话。在人类古老的同时也是历久弥新的想象里，万事万物都是相互渗透、互联的，万物都有共同之根，且是一体的，使万物得以互联的关键在于创世性存在——天道－天心。这是世界（包括艺术）背后隐蔽的支配性的普遍的精神性常项。这个所谓的精神常项，从中国古老的思想视野看，是受到天道－天心（及其心性）之始源牵引的。价值艺术的历史就是以隐蔽的方式揭示——以自然、社会、个体为中介——心心相遇与对话的历史。天道－天心言说是“原型”性言说，指引着万物的方向，也牵引着人心意向或向往。“源头心性闪现”是艺术作品获得价值支撑的关键。

第一节　天道－天心原型言说与艺术本源性经验

整个艺术史从明线上看来似乎和“形而下”创新层面有关联，其价值暗线却与“超乎形”的本源呈现有着更为密切的关系。这个本源就是与存在始源相关的原初性经验，原初性经验来自人之敞开联系性的本心，并关联着天道－天心（及其心性）。人之本心是敞开联系的本于天心之人心，隐藏着人类最深邃的意愿、意志，而价值性艺术归根结底是对本源性真理的揭示，也就是对那个最根本性的真理的揭示，这同时是一种去蔽，即揭开各种现象性的遮蔽，让本心流露出来。只是这种心性显现常常是隐晦的、委婉的，常常通过种种现象细节展现（及其否定）、流露出来。现代艺术的驳杂的差异化表象常常是异化性质的，流露出浮在现象上的喜剧意味。那些通过敞开捕捉到本源心性的艺术则更具有深长的韵味、意味。天道－天心（及其心性）会神奇地临在并显露于诚挚敞开的艺术创造者——通过种种中介之唤起——的联想、想象、回忆与内在激情之中。艺术创造更多意味着相遇性的发现、领悟、对话，而不是形式层面的制作、发明。相遇性的发现意味着艺术家遭遇了某些事物，并以那些事物为中介发现领悟了源头特性（属性）的秘密，也即领悟了本来是隐藏着的天道－天心（及其心性）秘密。本来隐藏着的属性、特性倏然呈现（或显现）于艺术家的心灵中。价值型艺术源自艺术家对倏然而至的源头心性的惊异与惊喜，是一种与存在源泉相关的精神体验体系的表达，价值型艺术从根本处说是源自上面的精神浇灌，价值型审美（及艺术）就是对心性由奥秘性隐藏到生动显现的惊异与惊喜，是心心相遇所引发的存在性喜悦，是隐蔽地与存在源泉相遇与对话的一种方式。关于本源这个词的含义，海德格尔在《艺术作品的本源》一文中说：

> 本源一词在这里指的是，一件东西从何而来，通过什么它是其所是并且如其所是。使某物是什么以及如何是的那个东西，我们称之为某件东西的本质。某件东西的本源乃是这东西的本质之源。①

一 艺术之本源及情感性意味整体的支撑

艺术情本体或艺术情感本源（或本质）说现在在国内很有影响，但如何理解这个情，情的最基础支撑内核是什么？那些把情与艺术（或审美）相关联者，似乎对这一点理解得不是很深透，这就影响了对审美或艺术的本质的把握。艺术的情感本质论有艺术起源方面的证据。艺术起源于“情感表现”说——或艺术起源于情感与思想交流的需要——在中西方都有很大的影响。有不少著名的诗人、艺术家及学者都持这种看法。诗人雪莱在《为诗辩护》一文中就持这个观点。19 世纪后期以来，这种看法在中西方学者中的影响越来越大。其代表人物有法国美学家维隆、意大利的克罗齐、英国的科林伍德，还有美国的苏珊·朗格。苏珊·朗格认为艺术是情感的表现，艺术活动的实质就在于创造表现人类情感的符号形式。在近代中国，王国维把审美与情感紧密联系在一起，并认为美育就是情育。在当代中国，著名美学家李泽厚也主张“情本体”。所以，如何理解这个艺术之情，就成了关键中的关键。在我们这里，情有更为深远的稳定性基础，也即源头心性基础，是源头心性使一般性感性情感变为纯粹的普遍性情感，从更深层更基础的视角看，艺术情感是天人内在贯通性情感，是与源头心性相关的情感。我们先来看看俄罗斯伟大作家列夫·托尔斯泰的说法：

---

① ［德］马丁·海德格尔著，孙周兴选编：《海德格尔选集》，生活·读书·新知上海三联书店 1996 年版，第 237—238 页。

> 艺术起源于一个人为了把自己所体验的情感传达给别人，于是在自己心里重新唤起这种感情，并用某种外在的标志表达出来……只要作者体验的情感感染了观众和听众，这就是艺术。唤起心中曾经体验过的情感之后，通过动作、线条、色彩、声音以及言语所表达的形象来传达出这种情感，使其他人也能体验到这种情感——这就是艺术活动。[①]

托尔斯泰心中的情感是可交流性情感，因而也是普遍性情感，但可交流性情感的深远基础又是什么。托尔斯泰在别处谈到了。其实，在审美及艺术中所谓情本体之论还是属于现象之论，关键还是那个决定情感成为普遍性情感的基础，也即“心性”基础。在情与性谁更基础的问题上，我支持情是性动的说法。就我们的视野来看，与其说情感本体，不如说“源头心性”本体，源头心性更具有实质性。艺术中的普遍性情感主要不是基于感性欲望，而是基于源头心性，或者说是心心交流而生之更纯粹的情感。真正艺术家的激情也更多是源头心性唤起的。托尔斯泰认为真正的艺术活动是“情感的传达与团结性感染”。他所说的情感主要不是感官的感性的情感，更多的是普遍的超验性情感。他认为离开宗教超验性的引导，艺术只会陷入感官感性并沦为享乐的工具，从而不能发挥艺术本应该有的功能——传达情感、感染人们并起到联合所有人的作用。

艺术情感是与本源存在真理相关的情感；价值型艺术与普遍纯粹的情感表达相关。在这里所谓审美（包括艺术）是去蔽性的，是纯粹情感的直觉性显现，伴随着其延伸的以情感为中心的意味整体。“人非草木孰能无情”之情常常不属于纯粹的情感形式。世间万物（包括草木等）都是有心性及情感的，这是一种趋向性情感。情感不仅是一般意义上所说的，是人对事物是否满足自己的需要的一种较为复杂、较为高级的态度体验，而更是敞开性的面向源头心性的，是心心相遇与内在对话交流之果实。与纯粹

---

① ［俄］列夫·托尔斯泰：《艺术论》，张昕畅等译，中国人民大学出版社 2005 年版，第 40—41 页。

普遍的情感相比，所谓情绪，更和人的基本的生理欲望或需要有着较大的相关性，而一般的情感则具有文化性：

> 艺术作品的本源——即创造者与保护者共同的本源，也就是一个民族此在历史的本源，是艺术。之所以如此，是因为艺术本质上就是一个本源：真理进入存在亦即成为历史性真理的一种特殊方式。①

更有价值的艺术性情感是本源性情感，其更多的是原初性情感，或“同一性情感”，或者说是“共通性情感”（可简称为“共情”）。这种本源性情感品质支撑着艺术的内在价值。人类的情感通常包含四个要素或方向：欲望、情绪、感情、普遍情愫。这是人类感情世界的基本图谱，也是人类情感由低向高的上升阶梯。一头是低端的进化链之初的生物意识，一头蕴含着天道－天心之源头统一性心性。人类的情感常常存于其间，但从精神价值的角度来看，越靠近普遍纯粹的源头心性，情感的价值品级就越高，精神价值也越大。欲望是生物的原始趋势性情感，有单一的选择倾向，是单因素的原始性情感。从生物现象意义上讲，最坚定的感情是植物性的。这里包含着种种不变的刚性情感，在低等动物中都有这类欲望，属于生物进化链之初的情感。这是一般的生物学意义上的，甚至是化学意义上的情感。情绪则是在此基础上展开的，是和有机体的生理需要相联系的态度体验，一般来说，高级哺乳类动物都有着丰富的情绪体验，但这是可变性的情感，情绪载体能够依据周围环境变化灵活地调节情绪强度。一般意义上的感情是人类所特有的复杂的文化性的态度体验，包括人们常说的一般意义上的理性情感、道德感等。最高的情感形式是具有普遍性的，这是基于天道－天心（及心性）的始源性情愫——原初性感情，也可以说这是一种高级的趋势情感，是在更高级的情感状态中回归始源，也是人类

① ［德］马丁·海德格尔：《人、诗意地栖居》，郜元宝编译，北京时代华文书局2017年版，第169页。

潜在的对本源的隐蔽情感。在这种感情之中，感性的原始有限性要素减少了，包含了更多的看不见的心性—灵性的元素。在这份情感之中，人的感官的欲望的情绪、一般社会性感情的成分都大大地降低了，本源性精神趋向加强。这是人心的敞开联系状态，面向源头之纯存在性。这是一种包含了绝对感的心性情感。与此相关的是艺术的情感的动力特性与品质问题。

艺术情感的价值特性指向情感的共通性显现，主要包括强度性、稳定性、细致性、层次性等，艺术情感的强度和稳定性是情感最重要的两个动力特性，集中体现了艺术的主要情感个性。根据德国哲学家舍勒《伦理学中的形式主义与质料的价值伦理学》一书中提出的情感价值理论，我们可以从以下几个方面看出一个人的情感品质：

> 价值越是延续，它们也就“越高”，与此同时，它们在“延展性”和可分性方面参与得越少，它们也就越高；其次相同的是，它们通过其他价值“被奠基得”越少，它们也就越高，再次还相同的是，与对它们感受相联结的“满足”越深，它们也就越高；最后还相同的是，对它们的感受在“感受”与“偏好”的特定本质载体设定上所具有的相对性越少，它们也就越高。①

倾向性指向情感什么和由什么引起的。这可以说是由原始的趋势性转化而来的；延续性情感是可以不断地延续而不间断，不是断断续续的、时好时停的；不可分性是情感的不可分成几个方向或几个部分；持久性（或稳定性）指的是情感的超时间特性，还有满足之深度。艺术的情感的满足通常有以下几种：感官的满足、一般的精神满足、灵魂的满足等。灵魂性满足也即心的满足，心的满足是整体性满足，是存在中心的满足，是存在

---

① ［德］马克斯·舍勒：《伦理学中的形式主义与质料的价值伦理学》，倪梁康译，生活·读书·新知三联书店 2004 年版，第 108—109 页。

整体性升华性满足，其更能显现情感（包括艺术的情感）的普遍、纯粹的品质：

> 满足一词在希伯来文中是dai，就是完全、丰富、充分的意思……这表明对我们自身而言是充足的，或者我们自身拥有充足的东西。因为假如人拥有的不够，他就不会满足。①

艺术性情感是一种具有原初性的普遍纯粹的情感形式。普遍纯粹情感也有难以捕捉、难以抒发的特性。艺术情感具有很多层次，但最具精神价值的是敞开面向源头心性的情感。艺术中深沉的情感常常是艺术家自己都意识不到的，那种先验性情绪潜存于艺术家的意识深处，甚至被其表层的意识所覆盖、所遮蔽、所歪曲。艺术中普遍纯粹的情感具有一种深层的无意识性或先验性，其是人（包括艺术家）之存在深处的无意识力量（或意识深处的无意识力量）。基于此，普遍而纯粹性情感常常也是神秘的，不是理智或一般道德伦理能够控制的，也不是理智能够分辨的。能被清晰分辨的情感往往都不属于具有先验性的纯粹情感。艺术中的普遍而纯粹的情感常常是只可意会不可言传的，是通过细微的细节以及微妙的形式语言展现出来的，一般的感性感情就像河水处在不断地流动之中，常常瞬息万变，但艺术（或审美）中的普遍而纯粹的情感则蕴含着一个永恒不变的宁静的内核或情感常项。大多数日常生活中的人的感官感性情感像流动的河流，大多数人在日常生活中被现象之心裹挟，其现象心就像不断流动着的河流，而艺术中拥有的普遍而纯粹性情感像静静映照的湖泊。真正的艺术性情感是与中国传统所说的本心与照心联系在一起的纯粹情感：

感情就像奔流的河水

---

① ［荷］威廉默斯·阿·布雷克：《理所当然的侍奉》第三册，王志勇等译，当代中国出版社2014年版，第370页。

浅处哗哗直响，深处无声无息

——［英］雷利《沉默的恋人》

但在现代和后现代主义的艺术中，人的感情常常被刻意低级化。普遍而纯粹的艺术性情感是超感性的，是超逻辑、超理性、超概念的，也是经过升华的自由性的情感，还是心心相遇与对话性情感，这种自由性的与原初相连的感情，包含着康德意义上的理性判断，也包含着古老哲学传统中的智慧要素，还包含着特定时代的时代精神，并和特定的个体存在情境渗透联系在一起。艺术中的情感的表达常常是具有普遍感的意味性情感的整体表达，其也是和形象、环境（或意境）、气氛、韵味、真实的生活状态等联系在一起的。

二　天之心性实在性领悟与艺术本源显现

在正常情况下，人类的深度价值体验的发生与人自然的（常常是无意识地）敞开联系状态相关，在这种敞开联系中，人心受天之心性本源牵引，或者说是无意识地受天之心性本源推动。价值性艺术属于人类深度价值体验的一部分，其大致属于深度价值体验的形式化或对象化。虽然从表面上看起来，艺术的表达方式似乎是自由任性的，但在其深处（或深层）那个本源性（真理或情感）一直潜在而隐蔽地施加影响，并支撑着艺术的价值。在那个心性本源里，蕴含着原初统一性，没有分裂的、肢解的虚幻性成分，蕴含着更为实质的实在性，或者说蕴含着终极实在性，也可以说，蕴含着人心向往的绝对内容。这个终极性实在性从根本上说不属于任何有限存在，只属于源头性的创世性存在，其也是创世性存在的属性、特性。终极实在性听起来很虚幻，但其作为核心基础隐蔽地支撑着世界，隐蔽地支撑着精神性事物的价值，也支撑着艺术的价值。哲学家黑格尔对艺术的论述是深刻的。在《美学》中，他在谈论崇高的艺术时说：

只有当全体宇宙的真正意义来理解的唯一实体才是真理，只有它

> 已摆脱在幻变的现象世界中的实际存在，作为纯然内在的实体性力量而返回到精神本身，因此摆脱有限世界而获得独立，它才能作真正的实体。只有在认识到神在本质上纯粹是精神的、无形的和自然对立的情况下，精神才能完全从感性事物和自然状态中解脱出来，也就是从有限存在中解脱出来。①

创造艺术不单是为了摹写现实，也不是为了展现破碎的感性或展现破碎的自然的直接性，艺术之所以被创造，归根结底是人内心表达及满足的需要。那么哪一种形式（或形象）能够满足人心呢？就是那种特别微妙地显现了本源之感性形式。这也是艺术家创造性直观之结果，在这个直觉之中，本源被如其所是地呈现，而所谓本源——在中国思想视野中——就关乎天道 - 天心，关乎艺术指向的源头心性及其实在性。这一源头特性（属性）常常隐蔽地被体现于各类艺术创造中，经常在具有始源性质的审美与艺术中流露出来，尤其在人们饱含着原初性的审美激情中展现出来，这份很有活力的激情是被始源性牵引推动的。触摸超越有限的终极实在性，引发的一定是非理性非对象化的经验，或者说是充满神秘感的经验。在价值性艺术中，经常有原初性的“源头心性闪现”，并通过人们说的神秘性经验显露出来的。天之心性使艺术家摆脱了种种理性的理智的框架，摆脱了种种分裂有限形式的制约，最终指向经验的完整之原初性。艺术常常就是一种经验的曲折返回形式：

> 赋予艺术以宗教的使命，这是整个浪漫主义（主要是德国）的一个特征……崇尚艺术，竭力从艺术中寻找“启示”，赋予艺术以神圣的品格……②

---

① ［德］黑格尔：《美学》第二卷，朱光潜译，商务印书馆 1996 年版，第 90 页。

② ［俄］瓦·瓦·津科夫斯基：《俄国哲学史》下卷，张冰译，人民出版社 2013 年版，第 127—128 页。

不管是写实艺术还是抽象艺术，最终要想获得真正的价值支撑，都必须以某种方式触摸终极实在性，并引发欣赏者的具有奥秘性的体验。英国著名美学家、艺术评论家克莱夫·贝尔在《艺术》这本书中，反对再现的、模仿的艺术形式，对各种抽象艺术进行了肯定。他认为艺术是有意味的形式。其实，根据他的说法，说艺术是有形式的意味整体更准确，感性形式不具有基础性地位。在艺术的那能够触动人的奥秘性里，未必就需要完善的形式或意象。空静（及其淡远等）体验就是艺术家（或审美者）触摸终极实在性所引发的。东方传统美学尤其看重“空静”境界。西方传统也同样重视。这种传统在现代艺术创造中经常被呈现。美国作曲家约翰·凯奇亲笔书写的《4 分 33 秒》这一未知难度的钢琴曲谱，是无声音乐，作于 1952 年。钢琴演奏者（也可以是任何一件乐器的演奏者）一动不动地在键盘前静坐 4 分 33 秒，只在规定时间打开和关上琴盖，以显示三个乐章的区分。作曲家凯奇刻意创造了空静境界。艺术中的那种意味最为关键。那么，艺术中的幽深的整体意味来自何处？克莱夫·贝尔认为来自“物自体”或“终极性实在”。[①] 他所说的终极性实在在中国思想传统中就是天道－天心（或其心性）。天之心性代表天之源头特性、属性，也代表终极实在性。人类通过种种文化活动（包括审美、艺术活动等）表达对终极实在性召唤的响应或呼应，这也是艺术活动中本源性显现的核心，这一本源性显现经常通过宗教性经验（比如空灵与宁静等）流露出来。托尔斯泰说：

> 在任何一个时代和任何一个人类社会中，都有这一社会里所有的人所共有的关于衡量好坏的宗教意识，这一宗教意识决定了艺术所传达情感的价值。因此，在各民族中，凡是传达本民族的人们公认的宗教意识中流露出的情感的艺术总被认为是优秀的艺术，而且受到鼓

① ［英］克莱夫·贝尔：《艺术》，周金环、马钟元译，中国文联出版公司 1984 年版，第 47 页。

> 励；而传达出与这一宗教意识相抵触的情感的艺术被认为是拙劣的，而且予以否定……诸民族如希腊、犹太、印度、埃及、中国都是这样的，这种情况在基督教初期也是这样。①

更有价值性的艺术通常是对本源的彻悟，其经验也是原初性的，其关乎天心之源头特性（属性）显现，或者说关乎心之本源性显现，也就是关乎精神的那个最根本的存在方向，或者说关乎本体论方向。所谓本源，海德格尔说就是本质之源。中国思想传统把本源命名为天道 - 天心。在中国的思想传统中，天—天道—天理—天心等天之相似家族，代表中国人的最高关怀，代表最初、最高与最深的存在，代表终极性存在及其存在属性、特性。天心是一种隐喻性表达，也是天道之更为集中化内在化的命名术语。天之心性——终极实在性是艺术的深层显现的方向。源头心性本源由隐藏到显现唤起了艺术家的敬畏与惊奇，这是价值型艺术产生的最重要的前提条件之一：

> 在普罗提诺看来，艺术家在某种意义上是创造者，在另一种意义上又不是创造者。当艺术家不再再现现实，而是表现他心中所有的"内部形式"时，他是创造者；但内部形式并非是他所创造，而是永恒的范本之反映。②

换句话说，在普罗提诺看来，艺术是最深邃的内心折射，而最深邃的内心则是那永恒的始源的隐蔽反映。用我们的话来说，艺术就是心心相遇与内在对话的一种形式。艺术是心心相遇与内在对话的一种特别中介。

法国哲学家马利坦说：

---

① ［俄］列夫·托尔斯泰：《艺术论》，张昕畅等译，中国人民大学出版社 2005 年版，第 45 页。

② ［波兰］沃拉德斯拉维·塔塔科维兹：《古代美学》，杨力等译，中国社会科学出版社 1990 年版，第 415 页。

> 中国好沉思的画家与事物融为一体。他非但没有被事物汹涌的激流所冲走，反倒抓住了事物自身的内在精神。它引入事物，指出它们精神上的含义……同时还要揭示出它们与人的心灵的密切联系。①

他说的是中国艺术家。中国艺术家是忠实的澄怀“观道者”“借物游心者”，也是内在的对谈交流者。对深受道家或佛教影响的中国艺术家而言，艺术之境是充满神秘感（密契性）的经验，是与心相关的空灵之境，拈花微笑里领悟色相背后的至深存在：名之为空为无，实际是能生万有之空无，是万物诞生于其中的空与无，是推动万物成为有的空无。简单地说，这是本体性空与无。所谓审美就是天心之本体在场于人心之主体。艺术的最深邃本质也是如此：

> 赋予审美经验以本体论的意义，就是承认情感先验的宇宙论方面和存在方面都是以存在为基础的。也就是说存在具有它赋予现实的和它迫使人们说出的那种意义。审美经验之所以阐明现实，是因为现实是作为存在的反面——人是这种存在的见证——而存在的。因此，艺术表现现实，因为现实与艺术都属于存在。这样我们就该否认人具有审美经验的主动性，而把这种主动性，以某种方式赋予存在。②

现在人们对现象学（包括现象学美学）有一种误解，似乎现象学就是非常重视现象的思想流派。事实上，大多数现象学家重视“本质”，只是这些现象学家通常认为人们通过纯粹的现象性直觉就能把握本质，而未必需要通过“概念”中介的层层推演。法国哲学家杜夫海纳说：

---

① ［法］雅克·马利坦：《艺术与诗中的创造性直觉》，刘有元、罗选民等译，生活·读书·新知三联书店 1991 年版，第 26 页。

② ［法］米·杜夫海纳：《审美经验现象学》，韩树站译，文化艺术出版社 1996 年版，第 581 页。

> 一种本体论的观点，促使我们更上一层楼，承认意义有一种存在——意义本是存在——这种存在既早于意义在其中显现的客体，又早于意义对之显现的主体，同时为了自我完成，又求助于客体与主体的这种连带关系……先验一直是客体与主体的共同经验。它仍然是存在先验，而且也构成先验……①

三 心性本源显现匮乏与价值型艺术死亡

我们思考艺术究竟以什么为核心依据呢，是以大量出现的艺术品为对象、为依据，还是以最有价值的艺术作品为对象、为依据呢？更为纯粹性的思考肯定要以更为伟大的那些艺术品为对象、为依据。而这种富有价值性的艺术——从艺术的历史来看——恰恰与其对本源（及原初统一性）的新颖显现相关。艺术中的异化——和审美异化一致——意味着分裂、瓦解、精确化或物化人们的统一性经验，也即意味着用外在性的现象表达替代了天人贯通性内在的相遇与对话关系，或者说艺术的异化意味着遗忘了那个心性本源，或者说那个心性本源被现象心遮蔽。一旦艺术只有表面的新颖而封闭了通向存在源泉的道路，那么所谓艺术也就日渐缺少源头活水的浇灌，此后艺术之花差不多就会日渐枯萎，而日渐枯萎的艺术之花离最后死亡还会远吗？现代艺术的乱象均来自其只追求新颖的外表，而失去了内在的与源头性显现相关的深刻深邃的灵魂。前面我们已经说过，现代性危机的核心就是失去“心”，也可以说现代性危机就是“失心”的危机，也就是失去与心性本源联系的危机，或者说是心性本源显现匮乏的危机、对于现代艺术中存在的乱象，匈牙利美学家费伦茨·费赫尔在《超越艺术是什么？论后现代理论》一文中敏锐地指出：

> 这是一种虚假的潮流，但是这种潮流保留着把每个人普遍提升到

---

① ［法］米·杜夫海纳：《审美经验现象学》，韩树站译，文化艺术出版社1996年版，第590页。

> 文化世界的古代梦想。非质性的自我创造者的狂热者要求，所有自我—创造的需要应该同样地被认可。这无疑是一种激进的需要。另一方面，在每个人的生活中，在各种类型的人类活动包括艺术活动中。有一种同样强烈而不可根除的倾向，就是去区别真实与虚假、浅显与深刻、有价值与无价值的东西。这些基本的需要类型现在处于冲突之中。①

现代艺术越来越有“破界”的冲动，并刻意展现那些缺乏内蕴力的现象，由此也就不可避免地发生越来越多的危机，其也由此会被越来越多的人质疑或怀疑。现代艺术的危机归根结底还是心的危机，也可以说是人对深层存在本性领悟的危机。以人的表象（或现象心）为中心的现代艺术必然会遭遇渴求灵魂（心性）的现代人（或本心）质疑或怀疑。价值性艺术归根结底不是满足人的局部性的也是现象性的需求，而是为了满足人之存在的整体梦幻、憧憬与渴望。或者说价值型艺术归根结底要超越于人的局限性的需要，以抵达人的整体存在的渴望中心。本源显现常常立足于人对存在本源的那份敬畏与惊奇！但现代艺术从总体上来说，缺少这种根本性的神圣敬畏与智慧性的惊奇意识或意向。这也是价值型艺术死亡的根本原因：

> 广泛发生在当代艺术中的危机，显然在20世纪60年代结束之前就已经达到了空前严重、剧烈的程度。批评问题，在长期沉寂和仅仅得到部分地解决之后，再度被迫切地提了出来。同批评家一样，艺术家本身也对艺术在社会中的价值和作用问题提出了怀疑。②

---

①［匈］费伦茨·费赫尔、阿格妮丝·赫勒编：《美学的重建——布达佩斯学派论文集》，傅其林译，黑龙江大学出版社2014年版，第72页。

②［英］汤比因等：《艺术的未来》，王治河译，广西师范大学出版社2002年版，第1页。

所谓现代艺术，其含义也很驳杂，但总体来看，其差不多可归为“几乎忘却本源的艺术”，也是立足于所谓“现代性”的艺术，也就是立足于人之任性自由意愿的艺术。心性本源的纯粹牵引力淡化了，或者说被遮蔽了，由此，心性本源性显现也就匮乏了，而一旦心性本源显现匮乏，艺术也就差不多失去了最深的价值性支撑，而失去价值性支撑的艺术就离死亡不远了。

“艺术的死亡”话题近二百年来不断被提出。最著名的大概算黑格尔的“艺术终结论”。根据他提出的“美是理念的感性显现”命题，他把艺术分成三个类型。一是象征型艺术。代表是东方艺术，是艺术的原始阶段，也是形式大于内容的艺术。二是古典型艺术。是艺术的成熟阶段，其克服了象征性艺术的缺陷，达到了内容与形式的统一（代表是希腊艺术），是艺术最完整的阶段。三是浪漫型艺术。这个阶段艺术走向解体，主要特征是内容大于形式，感性形式被超越，艺术开始走向终结。黑格尔艺术终结论的理论根据是艺术在表现绝对精神方面有缺陷。黑格尔艺术终结论的最后逻辑结果就是：艺术最终会转向哲学。①

我们认为：价值性艺术的死亡，其根本原因在于人心的封闭，在于心心相遇与对话被现象性遮蔽，在于由此造成的本源显现的匮乏与离场。各种基于人的意愿的艺术纷纷出现，各种“破界”“无界”行为此起彼伏。艺术失去了最有价值的内核：也就是心性本源显现的匮乏。

> 艺术的死亡是作为技术发达社会一种稳定而有效的可能性而出现的……从20世纪早期的先锋运动开始，各种艺术实践就成为普遍美学“破裂”现象的组成部分……先锋派诗人拒绝哲学，尤其是新康德主义与新理想主义哲学的限制，这些哲学曾经深刻地影响了艺术……相反，它们坚持认为，艺术是一种具有特权的关于真实知识的模式。一种颠覆个人和社会的等级化结构的运动。因此，艺术是真正的社会和

① 参见［德］黑格尔《美学》第二卷，朱光潜译，商务印书馆1996年版。

政治行动的工具。①

艺术的价值支撑和隐在的本源显露相关。如果艺术只是停留在反映或表现现象上，那么其动人的魅力必将渐渐消失。心性本源的呈现来自心心相遇与内在对话，艺术家创造性灵感爆发也与此相关。艺术家的创造本质上也是“虚己”状态，是一种出离自己的狭隘囚禁的状态，是内在的敞开性的状态。诗人里尔克记述的艺术家罗丹的话很能说明这一点。罗丹说：

世界上有一种美学主张，认为美是可以把握的，这种主张把你们引入了歧途，它要求艺术家把创造美当作自己的任务。反复说明人不能创造美，这话至今尚不是多余的。从来没有人创造过美。有时为了那种想在我们这里停留的东西，人们只能创造令人愉快的或者崇高的环境，例如一座祭坛，一些水果，一堆火焰等，其他的东西都是我们力不能及的，而不可遏制地从一个手里产生出来的物，它存在于人与神之间，本身并不美，但却非常热爱美，非常渴望得到美……一切被称为渴望或者痛苦或者快乐的东西，或者根本没有名称的东西，不都存在于它那不可言喻的智慧吗？②

罗丹说的就是艺术就是对本源的敞开性显现。西方马克思主义学派布达佩斯派代表人物费伦茨·费赫尔、阿格妮丝·赫勒在《美学的必要性与不可改革性》一文中说：

艺术脱离日常生活……这意味着艺术的生活—痕迹消失了……也就是说人们必须给这个最大的悖论提供合理的基础。我们可以用下面

① ［意］詹尼·瓦蒂莫：《现代性的终结》，李建盛译，商务印书馆2013年版，第103页。

② ［奥地利］赖纳·马利亚·里尔克：《艺术家画像》，张黎译，花城出版社1999年版，第154—165页。

的方式表达这个悖论。一方面艺术与美在缺乏社区和公众生活的原子化的独特日常生活的需求体系中越来越难以忍受。艺术事实上是非原子化的、是主体间的，非特殊化的，不需要专门的知识与技术也能接近的；并且因为是可以交流的，所以也是共同的。由于它的可交流性，艺术创立了人类的联系；它建立了一个理性的社会和公共生活。然而，另一方面，存在着对艺术的真正渴求，并且存在着对既定的日常生活的“反意象”的渴求，对于丰富的总体性、丰富的公众的集体生活特性的渴求，对净化体验的渴求：超越异化的日常生活的“升华”。[①]

第二节　天道－天心原型言说与艺术心性递进

内核价值性审美是心心之相遇与对话。价值性艺术在本质上是敞开联系性的，是心心之相遇与敞开性的对话形式。在这种相遇与对话里，源头特性（或本源特性）如其本然地呈现于个体直接性经验里，这种直接性经验当然包括统一性与同一性呈现。德国现象学美学家盖格尔在《艺术的意味》中认为，既要承认文学艺术及其作品价值意味的多元性、多样性，又要强调这种价值意味的风格同一性、统一性。黑格尔在《精神哲学》中认为所谓哲学就是“同一性体系”[②]，虽然对这种同一性，每种文化、每个思想都可以有自己独到的理解。其实，真正艺术的支撑性根基是艺术的“同一性与统一性”方面，也是我讲的艺术中的“精神常项”。在不同视角、不同衡量尺度下，艺术的呈现是不同的，换句话说，艺术的心性显现是不同的。艺术的价值判断涉及艺术作品的整体性质，它综合了艺术作品各个

---

① ［匈］费伦茨·费赫尔、阿格妮丝·赫勒编：《美学的重建——布达佩斯学派论文集》，傅其林译，黑龙江大学出版社 2014 年版，第 3 页。

② ［德］黑格尔：《精神哲学》，杨祖陶译，人民出版社 2006 年版，第 395 页。

层次的功能。

一　质料—形式之维与艺术物质感性层

> 几乎没有人会否认，任何最终定义的一个本质要素就是审美形式，自然中的美与艺术中的美的区别在于，后者已被其人类创造者赋予了形式……无论艺术作品中具有的感性愉悦是什么，其独特的或不可或缺的审美因素似乎就是对其制作者塑造和装饰这些感性原材料的方式所作的心理评价。①

艺术的物质层与感性形式层大体属于“色相”层，总体来说这个层面只是满足了人的相对表面的局部性的需要，而不能满足人的整体的心性意向，单纯的质料—形式层对追求感性快乐、愉悦与享受的现代人似乎是最重要的。艺术作品的单纯的物质质料层及形式层或许能唤起人们的感性热情，尤其是构成艺术的混沌质料可以刺激人们的感官。有些艺术作品的物质性特征较为明显，像传统的建筑、雕塑等有着物质性材料与外壳，艺术家也要有驾驭物质材料的技艺，但艺术质料（包括文学艺术中的素材、题材等）本身不能决定艺术的价值，最终还是心性赋予那些材料以生气，赋予其精神性韵味或意味。在精神韵味欠缺的情况下，艺术质料对艺术价值的贡献相对较少。

舞蹈艺术的外壳是作为物质材料的人体。肉或肌肉就是舞蹈艺术的物质性基础，也是感性活力的基础。而所谓感性活力—感性快感与人的感性匮乏与需要相关，与以此为基础的满足欲相关。所谓感性活力、感性快感以此为前提。一般所谓感性活力更多来自我们自然的感性生命的匮乏，及其需要满足之间的张力，其具有深层的生物学的根基。我们人类是以肉身

① ［美］埃伦·迪萨纳亚克：《审美的人——艺术来自何处及原因何在》，户晓辉译，商务印书馆 2004 年版，第 57 页。

包裹自己的存在物，并通过肉（细胞）的兴奋获得快感。与客观物质—感性质料相比，和谐形式等要素对人的匮乏性需要的满足则间接了许多。在中外艺术的历史中，经常展现一种“色相”性的美，即客观物质性—感性质料—感性形式的美。这是向外的偏外在物质性的，也是感性质料加形式的美，形式的美包括比例、对称、均衡等。其直接通过人的五官（感觉器官）产生特别的感觉、知觉，产生与表象相关的直观认识。这种美是建立在自然之真的基础上的，是感性形式与感性质料的融合，并最终形成感性的活力与生机。在现实生活中，这种美最容易引发基于占有欲望的感性的纷争，也最能引发跌宕起伏的关于占有与争夺的故事。

第一是质色材料层面。黑格尔在《美学》中说：

> 抽象统一的第二方面不关形式和形状，只关单就它本身看的感性材料。这里的统一是某种感性材料所表现的本身完全不含差异面的协调一致。这是单纯的感性材料所可具有的唯一的统一。①

抽象统一的感性的外在层面（外在美）更多关联质料，客观的物质质料层面，关联着我们置身其中的客观的物质质料世界，关联着人的置身其中的世俗世界，由此，也关联着人的各种基于生物性的感官感受，其对人的影响是最直接的，直接接近触动人的本能。这种美在古印度与中国古代被称为“色”或“色相”。色相常常能触发我们的感性需要，能唤起我们感性欲望。其在西方的文化语境里（在其他信仰型文化中，比如在伊斯兰文化里也是如此）甚至代表魔鬼，或者说其代表着被恶的魔鬼所掌管。亚伯拉罕体系宗教中所言称的魔鬼掌管着感性色相世界，这是充满魔性被魔鬼掌管的世界。歌德的《浮士德》就写了浮士德博士为了这种感性的享受出卖灵魂的故事，这实际上说的也是质料—形式层面的美与内在灵魂的冲突。这也是克尔凯郭尔所说的人生第一阶段所追求的美。这种基于色相形式之美在现代世界最受欢

① ［德］黑格尔：《美学》第一卷，朱光潜译，商务印书馆 1996 年版，第 182 页。

迎，现代社会中的大多数人都趋之若鹜。在这个所谓的图像时代，和视觉相关的艺术特别强调视觉冲击，强调感性的震撼，等等。

就现实社会中的人来说，这种与外形相关的美色——用司汤达尔的话来说——它最能激发男人的欲望，并许诺强烈的本能的快乐。感性质料美的诱惑常常让人的存在变得复杂，多变而动荡，让人变得焦虑，甚至变得疯狂。佛教基于万法无常之理，也最反对这种最易衰朽的“色相”之美。佛教修行的努力方向之一就是洞悉色相（美色）的空洞，然后“破色”，破除“摩耶”之幻象，“色即是空，空即是色”，这里的色就代表物质及其形式，尤其指血肉组成的物质——肉体及其形式。基于自然的感性的活力及美，与人的直接的、世俗的生命欲望相关。这种基于感性的艺术之美直接唤起了人的感性欲望，欣赏这种美不需要什么精神性的修养，其直接影响了人的深层欲望，影响了人的追寻愉悦的生物性材料，但感性的美（或色相之美）所唤起的人类的那份感性的欲望常常是动荡的，也经常不受理性控制，并常常以火的形式蔓延燃烧。在文学写作中经常写到这种感性之美的破坏力。众多哲学家认为，真正的美的形象恰恰是“纯粹客体”（理念）对纯粹意识，这种纯粹形象能使人忘却意志与欲望，并给人带来存在的宁静，比如德国哲学家叔本华就持这种看法。

艺术质料—形式之维，按照黑格尔的说法就是抽象统一外在美的第一方面。其奠定艺术的材料基础，也构成艺术的种种形式关系：包括整齐一律、平衡对称、符合规律与和谐等：

> 摆在所有各种价值原理的首位，也就是说，把人们所谓的、有关节奏韵律模式，或者有关和谐律动的形式原理摆在首位。根据这种原理，就那些有关对称与和谐、节奏与平衡，比例和多样性中的统一的事实而言，那些没有获得统一和形式的艺术和自然美是没有立足之地的。①

① ［德］莫里茨·盖格尔：《艺术的意味》，艾彦译，华夏出版社1999年版，第145页。

艺术的形式之美对人的美感的产生是很重要的。俄罗斯有一个重要的派别就叫“俄国形式主义”，强调艺术形式的重要性。其注重形式的和谐、遵守比例、对称、均衡等形式法则。被称为最美的比例——“黄金分割率”据说会对人产生潜移默化的影响。人的面孔与身材如果符合黄金分割率，那就是最美的比例。有了这个具有黄金比例的各个身体部位的组合关系，人就可以像羚羊一样优美地奔走跳跃。这些与感性材料（比如白皙的肌肤）结合在一起的艺术形式方面，会对人产生深刻的冲击。这是一种以自然之真为基础的美，这种美常常展现的是自然的形式、自然的质料、自然的色彩与自然的生机。就形式方面来说，这种美讲究多样与统一。一方面是多样原则、变化原则、运动原则；另一方面是统一原则、线索原则、平衡原则等。

有些理论家根据材料与形式的不同，把艺术细分为“时间艺术”与“空间艺术”等，并从形式方面加以分析，认为音乐属于“时间艺术”，绘画则属于“空间艺术”。在《审美经验现象学》中，杜夫海纳在分析音乐作品与绘画作品时，从三个形式层面进行探讨，即从和声、节奏与旋律方面进行分析。他相对忽视文学。文学形式更注重叙事结构与语言技巧。小说最为典型。小说艺术的结构，有层递式或递进式结构之分。这是小说的最常见的结构形式，或者层层推进，或者按照时间或因果关系的顺序向前推进，有的是编年体式的，符合逻辑的或戏剧的结构。大多数文章采取层递式或递进式布局与机构模式。在小说中——尤其在长篇小说中——还有双线或双拱结构。托尔斯泰的小说《安娜·卡列尼娜》是这种结构最典型的体现，还有串联性结构，即小说似乎由一个个的、独立的、片段的故事小块组成，中间有一条线索将之串联起来，拆开来又可独立成章。这种结构一般看起来比较松散。俄罗斯作家屠格涅夫的《猎人笔记》等就属于这种。镶嵌式结构在现代艺术或现代小说里被运用得较多，其把一些看上去互不相干的故事或文字段落镶嵌在一起，或是镶嵌上一段新闻，一篇论文、一首诗，流水账目，等等。一般来说，被镶嵌之物与基本载体之间有很大的差异，它们之间属于异质之物的混合。

此外还有网络结构、团块结构、梯田结构等。在文学艺术作品中，还有对形式因素的种种要求：节奏、强度、密度、重现、间隔、转换等。从狭义上说，文学作品的语言属于形式层面。总的来说，艺术形式层面对艺术作品是重要的，是艺术成为艺术的条件之一，但其不是最重要的。要理解印度瑜伽的艺术就不能停留在表面的身体运动上，而是要理解瑜伽背后的神圣性目的及与神圣沟通的本质追求。美国女舞蹈家、现代舞的先驱邓肯也说：

> 从孩提时代至今我已为艺术不懈努力了二十多年，其中大部分时间用在技巧训练上，但人们还时常责难我，说我缺乏技巧。我再次重申，这是因为我认为技巧不是目的，而仅仅是手段而已。在我看来，舞蹈的目的是要表现人类灵魂中最崇高也是最内在的各种情感，即那些来自于神——太阳神、森林神、酒神、爱神，并活跃于我们心间的情感。舞蹈必须为人生带来和谐之感，它既是炙热的又是欢腾的，把舞蹈仅仅看作是一种轻松愉快的消遣，那是亵渎舞蹈。①

由此也可以说，以抽象艺术为代表的偏重形式层面的艺术，其真正的创造动机并非纯粹的形式快感，而是有知觉上及精神观念方向的更深追求。如果艺术只是一种形式层面上的愉悦或艰涩，那很难说其是真正的具有价值性艺术。在《判断力批判》中，康德一方面把艺术看作感性范畴，认为艺术只是一种纯形式合目的性及引发愉悦、快感、满足；另一方面，康德超越了这种形式论，认为美是德性的象征，并通过崇高理论把艺术从工艺技巧中划分出来，这也是他的道德神学为艺术做的最后一次辩护。康德的种种崇高论（包括关于自然的崇高论），在某种意义上属于没有上帝的自然神学，或者说是指向原初统一性经验的神学性质的美学。

---

① ［美］伊莎多拉·邓肯：《邓肯论舞蹈》，张本楠译，九州出版社2006年版，第131页。

二 现实—精神之维与艺术人化精神层

艺术肯定关乎人类自身的现实精神表达，也肯定关乎人所置身其中的客观社会现实的展现，这种社会现实展现背后隐藏着精神意向性，隐藏着与有限现实相连的对象化了的现实—精神指向。基于种种现实考量的精神属于有限精神，这种艺术表达充满了仿真（现实之真）欲望，并借助这种仿真表达精神倾向。此类艺术归根结底是为了满足人的有限性需要，但这种艺术常常遗忘了人的存在的局限性及微弱性，遗忘了人自身是有待说明的被动性存在者。从艺术的历史来看，那些偏重展现客观社会现实的艺术及以人的客观社会现实活动为内容的人化精神表达，也是艺术的重要的指向与归依之一。在这个透视维度里，有众多艺术的模仿论与再现论观点，其强调艺术的仿真和现实再现价值与功能。这种论说形成了一个关于艺术的反映论思想传统。在古希腊，这种艺术模仿论很流行。德谟克利特认为人根据蜘蛛学会织布和缝补，根据燕子学会造房，根据鸟学会唱歌。柏拉图与亚里士多德差不多也都认可艺术的模仿论，虽然他们关于模仿的理解全然不同。柏拉图“文艺模仿说”的实质是著名的“影子模仿论”。亚里士多德的《诗学》继承了前人的观点，并在此基础上给出了属于自己的回答，但也认为艺术的本质是模仿。在《诗学》中亚里士多德对其有过较为深入的探讨。《诗学》第二章论及，悲剧主要模仿高尚人的高尚行为，它倾向于表现比今天的人还好的人，而喜剧则主要模仿滑稽低劣人物的活动，倾向于表现比今天的人要差的人。第三章中，亚里士多德写道：“人们可用同一种媒介的不同表现形式模仿同一个对象。”在中国的艺术论中，模仿说也很盛行，比如《管子》篇就认为：音乐是由模仿现实生活中的自然音响而来。

从艺术起源的角度看，模仿说与劳动起源说有一致之处，都是强调人的活动，强调基于现实的精神。这种观点认为：艺术起源于人类自身的“劳动”，人类的劳动不仅创造了人本身，也为艺术的产生创造了前提。俄罗斯的普列汉诺夫在马克思“劳动创造美”的思想指引下，在《没有地址的信》中对此进行了论述。现实的劳动创造了原始艺术活动的主体，劳动的需要是产生艺术的最初动因，原始艺术的内容和形式同人类的劳动生产有着密切关系。鲁迅受普列汉诺夫观点影响，也提出“杭育杭育”理论，主张艺术起源于劳动。这都是强调人的现实活动的力量。这些关于艺术的思想与立足于人之有限性并反映现实的“人化之维”密切相关。

在《艺术的意味》这本书里，现象学家、美学家盖格尔也提到了艺术的“模仿价值”：

> 不论人们在哪里发现了模仿艺术，它的艺术价值的某种成分也存在于模仿本身这个事实之中，存在于一种没有理想化的模仿之中。它只不过想按照客体原来的样子再现客体，不加以任何美化、深化、风格化……都真正以一种直截了当的、生动逼真的方式被再现出来了。①

这种模仿性的艺术立足于以人的活动为中心的自然现实的再现，而这种对自然现实的仿真再现，实际上与肯定自然与人的有限性（感性有限性）联系在一起，与肯定基于此的人化精神力量（也就是肯定人的基于有限的精神力量）联系在一起：

> 尽管自然现实的外在形态也是艺术的一个基本因素，我们却仍不能把逼真自然作为艺术的标准，也不能把对外在现象的单纯模仿作为艺术的目的。②

这种对自然现实的模仿从大的方面讲，属于自然的人化努力的一部分。艺术再现这样一个客观的现实世界，并通过这种模仿把人的意愿灌注其中，但黑格尔基本不承认这种模仿的艺术价值，虽然这种模仿中也灌注

① ［德］莫里茨·盖格尔：《艺术的意味》，艾彦译，华夏出版社1999年版，第155页。
② ［德］黑格尔：《美学》第一卷，朱光潜译，商务印书馆1996年版，第57页。

了人化的精神。黑格尔基本相信的是以绝对理念为核心的人道主义，而不相信以人为中心的人本主义。在黑格尔看来，所谓艺术归根结底是绝对理念显现自身的一种方式，艺术与人们对绝对精神有意无意地显现相关。有两种精神形式，一种是在一般的立足于平行层面上的人的精神及意向，这个层面的精神基本是自下而下或自下而上的；一种是垂直层面的精神，这是自上而下、由内而外的精神。一般意义上的人化的现实精神主要是平行层面的精神，也即立足于人之有限性（肯定人之有限性，肯定人类的中心位置）所显现出来的精神，更具体地说是通过人与自然、人与人、人与自身打交道所显现出来的精神，这也是肯定人类有限性及人类中心位置的精神形式。历史上许多以人为中心的主义，其所倡导的就是这种以封闭的人为基础的人文精神。在有限现实—精神之维的层面上，艺术是模仿—再现性的，属于人类社会活动的一部分，也属于肯定人之有限性的精神层：

> 艺术的本质是双重的：在一方面，艺术本身割断了与经验现实和功能综合体（也就是社会）的关系；在另一方面，它又属于那种现实的和那种社会综合体。这一点直接源自特定的审美现象，而这些现象总在同一时刻既是审美的，也是社会事实……作为审美主体的艺术家与作为经验者的艺术家之间的区别已被抹平，艺术作品与现实生活之间的距离已被取消——当然，所有这一切并不意味着向自由生活王国的复归，因为这种王国是不存在的。①

基于人的有限性的精神形式有许多侧面的显现。基于现实的自由、正义与爱就是其核心。西方艺术肯定的自由也多是人的平行层面的自由。平行层面的自由的核心是肯定个体自我的，肯定其个性与差异性，而垂直层面的自由更着眼于“忘我”，是与创造源头的交融。平行层面的自由有局

① ［德］阿多诺：《美学理论》，王柯平译，四川人民出版社1998年版，第431—432页。

限性，其只是保证了人的尊严的基于自由的底线。相对来说，垂直层面的人的自由才是真正的有境界的自由，如果其被展现于艺术之中，就更能显现其精神的深厚性，还有爱。现实中的现实之爱大多缺乏大爱色彩，属于非博爱之爱。非博爱之爱是划定边界的爱，是某个特定范围内的爱，其常常是功利之爱，是狭隘的爱。这种爱把爱之感情局限于很小很窄的范围，包括集团的、群体的、国家的、民族的、地域性的、血亲的等。这狭隘的爱本质上都和种群血缘相关，而博爱则属于敞开联系的人，这种爱超越了人类中心的视野与意识：

> 在艺术领域，提问情感何以能进入客体是一种糊涂观念。好比是提问肉体何以会有情感。给定不是肉体和物质客体，而是人与艺术作品。从这个意义上说，艺术概念是以精神概念为基础的。①

真正的精神概念不能以有限现实为根本，而要以人的内在深邃的向往与需要为基础。康定斯基的理论建立在“内在需求”的观念之上。他把这个概念定义为精神生活各个领域的指导原则。他的线条和色彩形式的分析，也是基于这些形式在个人身上产生的精神作用。他反对纯形式解决艺术问题的想法，断定建构的问题仅有相对价值：任何艺术作品只依据其内在需求，选定属于自身的形式。每个形式元素都有自己绝对的自然效果（价值）。展现现实的方式的不同变化，导致其精神含义有所不同，但其同样体现了以人为中心的精神：

> 诗人基尤姆·阿波利奈尔写道：“使立体主义区别于传统绘画的是这一事实，即它不再是模仿的艺术，而是一种表现的艺术，它试图上升，甚至成为一种新的创造。”所要做的不是去表现看到的现实，

① ［英］大卫·贝斯特：《艺术·情感·理性》，李惠斌等译，工人出版社 1988 年版，第 144 页。

而是被认出来的现实。①

三 始源性—神圣之维与艺术之心性层

更有价值性的艺术是敞开联系性的，受意味整体环绕支撑，并满足人的整体心性渴望，而不是为了让人的感官获得局部性满足。价值性艺术差不多都是敞开联系性的，都会以某种新颖的方式显现那个始源，这也是艺术能够动人心魄的核心。更有价值性的艺术更多满足了人的整体的神圣渴望。所谓崇高所谓神圣细究起来还是植根于源头特性（属性），其满足的是我们存在整体的深邃的隐蔽的渴望或意愿。东西方古老的传统文化（包括宗教思想）之所以都强调“始源性”就是因为这点。那个始源代表更为宽广、更为深邃的存在，也是能让人摆脱有限性束缚的存在，其也更符合人的内在心性意向及整体性的内在要求。“心性闪现”植根于人与天之始源性的某种相通与联结。与此相关，从艺术起源的角度看，始源性—神圣之维与艺术起源于巫术与宗教说相关。这种学说的核心就是认为艺术起源于内心的某种超自然的信仰，起源于始源性的纯粹牵引。其代表人物是爱德华·泰勒、弗雷泽、雷纳克等。爱德华·泰勒在《原始文化》一书中提出了“交感巫术”。现在的一些艺术人类学资料表明：早期的造型艺术与神秘的交感巫术有关。世界各地发现的大量史前岩画、洞穴壁画，差不多都具有某种神秘的巫术目的。原始歌舞与巫术也有密切的联系。美国美学家托马斯·门罗认为，原始歌舞常常被原始人用来保证巫术的成功，祈求下雨就泼水，祈求打雷就击鼓，祈求抓获野兽就扮演受伤的野兽，等等。艺术起源于“宗教”说与艺术起源于巫术说是密切关联的，其强调的是原始艺术家的始源性向往及其深邃力量的推动。埃及金字塔的建造就源于这种始源性向往，其建筑表现体现了人们的超自然的宗教活动。德国美学家格罗塞《艺术的起源》也持类似看法。这一艺术起源说的背后强调的是艺

① ［法］雅克·德比奇等：《西方艺术史》，徐庆平译，海南出版社 2014 年版，第 372 页。

术之始源性牵引或向往，强调的是艺术作品中的原初性心性表达：

当宗教、科学和道德发生动摇，当外在支柱岌岌可危时，人类便把自己的注意力从外表转向了内心。在这场精神革命的过程中，文学、音乐和绘画是最敏感的区域。它们反映了现实的黑暗面，最初展示了只为少数人所觉察而却意义重大的微光。尽管这类文学艺术也会逐渐变得黯淡无光，但是它们毕竟开始脱离今天这种没有灵魂的现实生活而朝向那些给“非物质”的灵魂带来自由天地的力量和理想。①

价值性的审美与艺术被隐在的始源性牵引，由此也就导致超物质现实、超感性感官的表现。在康定斯基看来，价值性艺术是灵魂性的、心性的，他说的这种灵魂性用我们的话来说就是心性，其是源头心性隐蔽的折射性表达。艺术最迷人也最有价值深度的方向就是基于心性的超验—神圣之维。这也是决定艺术在什么价值层次上的核心指标：

诗人身上具有一种无限性，他能把一种无限性灌输到他所描绘的所有作品中去……它（作品）觉察到了事物最深刻的奥秘，即隐藏在事物最深处的旋律。内在的一致和谐是事物的灵魂……这是一种难以言传、高深莫测的表述，它把我们引向无限的边缘，让我们瞬息间洞察了这无限的内部奥秘……②

无论科学、宗教抑或艺术里面，最高启示都是大全的神性启示：科学、宗教与艺术都是发端于这个启示，并且只有通过这个启示才有意义……如果在某个地方，那个启示之光消失了，人们不是从大全出发，而是从各自出发，不是在统一体中，而是在分裂中，去认识事

① ［俄］瓦·康定斯基：《论艺术的精神》，查立译，中国社会科学出版社1987年版，第25页。

② ［英］托马斯·卡莱尔：《论英雄与英雄崇拜和历史上的英雄业绩》，周祖达译，商务印书馆2005年版，第93—94页。

物，并且企图在个别状态和脱离大全的状态下理解把握自己……人们的各种观点从事着一场残酷的战争，一切都变得支离破碎。①

真正富有价值性的艺术作品散发着一种无限性，一种在直觉体验中显现出来的永恒的气息或一种深邃的空灵与宁静。东方人特别重视存在的宁静，而宁静能够满足人的心灵的整体渴望，却难以满足感性的局部需要。无限、永恒、宁静等都属于源头特性（或属性）。艺术的始源性牵引让人们走向超验层次，领悟探寻那神秘的终极实在性。价值性审美体验（包括文学艺术）是一种具有原初性的体验，也是原初意味的显现。有人说文学艺术关乎人学，关乎人的生活、人的生命、人的阶级性等，关乎社会的人、个体的人等，还关乎文学艺术的形式层面，等等。这些都和文学艺术相关，常常成为文学艺术成立的关键条件，但这未必是文学艺术最根本的条件，未必是艺术的基础。正如英国著名美学家、艺术评论家克莱夫·贝尔在《艺术》一书中所说的，其关乎“物自体”或“终极性实在”。但我们认为与其说艺术是有意味的形式，不如说艺术是有形式的多层次意味整体，意味最为关键，尤其是具有统一性原初意味最为关键。这种具有统一性的原初意味来自何处，来自始源的牵引与人心敞开而达成的体验。

审美体验（文学艺术）在根子里是敞开联系性体验，也是一种偏原初性的体验，更多的是原初意味的表达，而这种原初意味恰恰是更深的存在根基的隐蔽涌现。可以说，那种引发了始源意向、向往的源泉性存在、终极性实在（或终极实在性）才是文学艺术的意味（包括美）的最核心基础。世界上各种文化关于这个源泉性存在（或具有终极实在性的存在）的称谓却有所不同。我们把其称为“天道－天心”。这个始源涉及文学艺术的最幽深、最美妙的意味基础，涉及文学艺术的最隐蔽也是最高价值追求，那些满足了最高价值追求的文学艺术常常给人带来极大的基于整体的美妙感。这个在音乐艺术中体现得最为明显。这和人类的美妙的爱的意味

① ［德］谢林：《哲学与宗教》，先刚译，北京大学出版社 2017 年版，第 169 页。

等是一个道理。那些让人类敬仰的文学艺术，其最高追求都关乎始源心性。人之最高价值追求事关人之最深的存在基础。

最高与最深在本质上相通相同。这最高与最深的精神追求在实际生活中是很难实现的，但在审美（集中体现于文学艺术）中，我们的精神梦幻偶尔得以满足。文学艺术的最高价值指向与文学艺术的最深的根基是一致的，那个最深的隐形根基显现使文学艺术成为真正有价值的。黑格尔在《美学》中把美定义为绝对理念的感性显现，但我们从其所谓描述的美的历程中，可以看出，美的历程（艺术的历程）是绝对精神历程的一部分，而精神的历程（包括审美）就是感性因素不断降低，理念因素（心之因素）不断上升的过程，感性之维只是一个工具性幻象。从更大的视野来看，人类文化（尤其是传统文化）叙事核心实际上是围绕着一个中心存在转的，也即立足于对源泉性存在（或创造性源头）的某种呈现（及其象征形式）：

> 我们必须牢牢记住，舞蹈有两种，即神圣的和世俗的。关于世俗的舞蹈，我不想说它是邪恶的，我只想指出，这种舞蹈所表现的不过是肉体的存在和感官的兴奋。至于神圣的舞蹈，它所表现的则是精神要求超越世间万物的崇高向往。①

人类有漫长的审美史或文学艺术的创造史。人类审美或文学艺术创造的那些边缘性显现，从大的方面看是人类审美或文学艺术创造的一部分，人类审美及文学艺术的最内核、最有价值的方向在哪里，这个是有争论的，引起这种争论的原因很多。时代的政治的经济的意识形态的不同、信仰的不同、哲学价值观的不同等都会导致看法的差异。现代人差不多已经成为"局部人"，追求局部功能或欲求的满足。整体的心灵渴望差不多被遗忘了，而最内核的美恰恰折射了原初的完整性、终极实在性（包括至真

---

① ［美］伊莎多拉·邓肯：《邓肯论舞蹈》，张本楠译，九州出版社 2006 年版，第 155 页。

至善）的光辉。这种美是整体的灵魂的栖息地。最伟大的艺术作品常常唤起人们整体的心灵渴求，比如人们经常谈到的永恒的“思乡病”。所谓故乡代表那个不变又常新的精神源泉，其是心性的。心性故乡也是永恒的，心性故乡被永恒的色彩笼罩，心性故乡是精神意义的源泉，是灵魂的栖息地。心性故乡牵连着人的具有永恒色彩的精神性情愫。人们对心性故乡有着绵绵的思念，心性故乡也经常深情地对人们倾诉：

> 任何美的作品都是永恒的。它们总是既陈旧又新颖。优秀的艺术保持了对过去岁月的理解；通过这种艺术我们可以与先辈进行交流……最优秀的艺术永远也不会枯萎。①

所谓审美、所谓文学艺术之所以是精神的，从最深的根基上说，就是因为其始源性显现，及其显露出的原初精神意味，其通过心心相遇、去蔽与对话寻找起源与家园。有诗人（荷尔德林等）、哲学家（柏拉图、海德格尔等）把其称为“还乡”。心心相遇而生使分别心（局部分解心）消解，并使人返回心源，也使漂浮的存在回归存在之根。所谓传统正是在这点上有优势。现代文化的特点就是离根，被现象遮蔽、遗忘始源。现代文化方方面面（包括一些现代艺术）需要人们站在深层价值的立场上进行重估。

第三节　天道 - 天心原型言说与艺术核心价值

一　深层人文观念与始源性心性牵引

> 意义的本体论所讲的人从属于存在不允许我们——这是我们应该从中得出的又一种结果——赋予艺术家以这种主动性，即能够创造他

---

① ［美］保罗·韦斯、冯·O. 沃格特：《宗教与艺术》，何其敏、金仲译，四川人民出版社1999年版，第167页。

所表现的意义的主动性。把艺术在某种意义上放在艺术家之前表明存在参与艺术，艺术与存在有关。“作品是它自身的不呈现”“所有杰出的作品都有这种倾向，即只是一种无名的，非属人的过程（不是整个艺术的过程）的光辉足迹。”①

艺术中所谓人文有现象人文观念与深层人文观念之别。现象人文观念是自下而下或自下而上的，是以封闭的人为中心为尺度，以与天隔绝分离之人为尺度为中心，尤其是以人的感性匮乏与需要为中心为尺度，以此来标示人文性或人文价值。而深层人文观念则是自上而下的，是以敞开联系的人为中心为尺度，以天人相遇贯通及其动态关系为中心为尺度，其以超越人的感性匮乏与需要为基础，以此来彰显人文性或人文价值。实际上，如果失去了天的依托——在西方文化语境里就是神的依托——人就成了局限的、局部的无根之人。深层人文观念不以封闭的无根之人为尺度为标准。这实际上也是现象性人文观念与深层人文观念之别。而所谓深层人文就是以敞开联系的人——天人动态关系中的人——为尺度为中心，以人的内在的整体性精神意向或向往为中心为尺度。这种精神性向往是敞开性的、返乡式的，也更具有古老的气息，这种古老感源自其自上而下的特性。现象性人文则是自下而上或自下而下的。如果以人的存在整体性质标示人，而不是以人的现象局部来标示人的话，那么我们可以说，真正人文性就是整体性质的，也是受始源性牵引的，这种看似虚幻的牵引给人的存在带来价值性光芒、尊严与丰富的内在力量，其也代表人之最有价值的存在之道。人之存在的光芒与尊严不是以封闭的人的中心为尺度的，主要不是靠人的自以为是的理性得到的——尽管理性也是因素之一——而是依靠天人合一之理想关系，靠内在心灵的相遇性领会得到的。深层的人文路线就是超越的路线，也是超越的内在的完整的路线，还是使人的体

① ［法］米·杜夫海纳：《审美经验现象学》，韩树站译，文化艺术出版社 1996 年版，第 595 页。

验美好、圆满、和谐与完善路线，而体验美好、圆满、和谐与完善，是以源头心性的临在或闪现为基础的，而不是以能否满足人的匮乏、需要为标准，不是以规范的科学与技术工具理性为标准。人文路线是生动的、美好的、理想的、和谐的、精神体验路线，也是美好的、完善的、圆满的、和谐的存在路线。真正的人文路线是自上而下的路线，其超越人的狭隘的感性需要，超越科学理性或工具理性。深层人文是超越性人文：

> 人的本质是自我超越。①

人之自我超越从根本上说不是单凭自己的努力就能实现的，而是通过诚挚的敞开联系，接受始源性牵引（在西方的文化语境中被称为恩典性的），也可以说自我超越是人的心性本质的实现。天道－天心（及心性）隐蔽引领人心，并引发深切向往。这些深切的向往常常经由爱实现人的内在超越。艺术中真正的人文的核心就是经由敞开的心、经由自由、经由深切的爱实现超越，这是人文精神的基础与前提。这种深切的爱有时体现为悲悯。人文倾向或人文性是艺术价值的重要支撑点之一，可以说缺乏人文精神的艺术作品能够真正在历史上站得住脚的几乎没有，是否具有人文精神会影响艺术表达的深度，会影响艺术作品的精神气息。艺术之超越就是要带领人类精神感觉向上，或者说要引领人创造精神向上的感觉。基于此，真正的人文精神希望人类不断地完善，希望人类世界不同于动物世界，尤其希望人类具有精神的完美与尊严，希望人类不同于智能机器人，希望人类不是生活在某种旧有的“套路”里。

这也是能使人类存在整体满足的方向。人类心灵普遍认可向往的方向就是能够使人类拥有整体的、深度的精神满足的方向，而不是局部肤浅的满足的方向。现在流行的一些艺术恰恰缺乏真正的人文性，其是为了使人

---

① ［美］雷·S. 安德森：《论成为人：神学人类学专论》，叶汀译，上海三联书店2012年版，第13页。

获得局部满足，其使人的内心及灵魂变得“科学化”。现在人人都喜欢站在“科学的立场上”说话、思想，甚至站在科学立场上感觉、想象、体验情感世界。人人都爱谈对待事物的科学的态度，也都喜欢在自己的内在意向前加“科学”二字，似乎这样一来就有了充足的理由，就有了无上的权威与合法性，也就因此有了话语权。这种过度自然科学化倾向不利于艺术的深层人文精神表达。从中国传统心学角度看，心外无物、心物不二，没有无心之物。科学应对的是纯自然事实之物，探究的也是纯物之理。基于心学之理，佛家认为应该扫一切法，离一切相，万法唯心，心外无法，心外无物。在人的整体存在中，有比科技更重要的方向。这些方向经常通过人类的微妙的心灵流露出来。其也代表人类共同共通的渴望、憧憬与梦想：

> 人本主义必须确立自由的实在性，实在的自由包括非决定论……自我决定的概念……包含自我创造的概念。①

深层人文所说的自我创造，其核心就是在至诚中敞开，就是去蔽，然后实现与创造本源的感应、相通及某种程度的同在。具有人文性的真正的艺术（也包括真正的文化艺术制度）不是决定论意义上的，其要倾听人类内心深处的声音，由此这些作品才会具有真正的价值，才能真正满足人的内在需要。艺术中的真正的人文性在人类的心灵之中，在人类普遍认可的心灵向往里，这种深切向往就包含着超越性的基于敞开的自我创造。人类的思想与精神的历史告诉我们：真正的人文都包含在人的敞开联系性倾向里，包含在天人启示性交流与对话里，包含在此基础上的自我内在的精神创造里。

深层人文不在各种具有决定论色彩的外物或“外道”里，而在我们人类的具有普遍感的本心里，也即在心心之相遇与对话里，也即在我们人类

---

① ［英］F. C. S. 席勒：《人本主义研究》，麻乔志等译，上海人民出版社 1966 年版，第 78—80 页。

的深邃而又普遍的憧憬、渴望与梦想里。哲学家伽达默尔在《真理与方法》一书中把“共通感”作为人文主义或人文性的核心特征之一加以讨论，并以意大利哲学家维柯的思想为论述核心：

> 对维柯来说……共通感是一种在所有人中发生的对合理事物和公共乐趣的感觉，它更多的则是一种通过生活的共同性而获得的感觉。①

共通感从根本上来自人对共同共通的根性的感受与理解。这种共通性不是基于自然性或感性的共通性，而是基于心性或灵魂性的共通性，是内在的相通或共同，是多个现象性身体拥有共通的灵魂（基于灵性的合一）。其体现的是人类内在的普遍的一面，其在人类的普遍性心灵渴望中闪现（人有同理之心，也有同情之心），“共通感”已成为普遍价值观的基础。不同时代、不同地域对人文理解的摇摆，让这种普遍性的价值光芒更为耀眼。这种“共通感”就像钟摆一样围绕着一个本源性中心，围绕着以此为基础的完美之点——也是能够达成普遍体验的最佳之点。这种在摇摆中显现出来的共通的完美根基点是理解人文、人文性及人文精神的关键。这个理想的共通的根基点也最能展现人的存在价值核心。深层人文的这种价值特性是建立在人们对自身内在特性的深刻领悟上，或者说深层人文或人文精神是以人对自身内在共通性领悟为基础的，失去对人的价值世界的内在共通性的想象、领悟与理解，去谈论所谓的人文就难免会偏离正确的方向。深层人文需要一系列的方向复归性和解，包括相对—有限—个体与绝对—无限—普遍两个方向的复归性和解。这也正是人文精神的实质。

艺术中的人文本质上是心心相遇与对话，面向人的深邃的而不是肤浅的心灵，而深邃的心灵就是敞开联系性心灵，就是心心对话性心灵。可以

---

① ［德］H. G. 伽达默尔：《真理与方法》，王才勇译，辽宁人民出版社 1987 年版，第 29 页。

说，人文路线就是对话性的心灵—精神路线，虽然各种文化对对话性心灵—精神的理解不同。各种信仰常常就是这种内在对话的显现，这也是获得整体的内在心性的路线。心性路线是能使人的心灵感受体验美好的路线，在这条路线上前行就能将人的各种潜在天赋（感性、理性与灵性等）、各种潜能融合起来，而不是使之分裂或呈碎片化的状态。这是世界上各种文化的共同的追求。这当然也是艺术的最核心的追求。在历史的不同阶段人文的重点略有不同，但基于原初心性的核心根基不变。让人存在于基于感性的隔绝、分离、孤立、局限的所谓人文是现象性人文：

> 生命中最美好的事物都是上天自由赐予的……直观比推论更接近真理。①

深层人文立足于内在直觉，也更多在直觉呈现中显现自身，而不是立足于严密推论的、可见实证的感性或知识堆积上，其具有先验相通色彩。艺术中真正的人文之路是深层人文之路，其也是受始源性纯粹牵引之路，其也是在意向性直觉中追求内在整体美好与完善之路。在这种直觉性中天人发生内在性的贯通。在中国思想传统中，人文之“文”同“纹”，可引申并代表人之内在道路。而所谓人文（人的道路方法）与天道－天心是联系在一起的，天文与人文构成对应相通的关系。在中国的典籍《易经》中就有三才之道的说法，将天、地、人并立起来，并将人放在中心地位，这就说明人的地位之重要。天有天之道，天之道在于“始万物”；地有地之道，地之道在于“生万物”。人不仅有人之道，而且人之道的作用就在于“成万物”。天、地、人三者虽然各有其道，但又相互联系并构成内在对应相通的关系。艺术中的深层人文观念来自自上而下性的视野，代表的是人的内在超越精神，代表的是整体人类内在心灵的渴望，深层人文观念受始源心性牵引并能持久地打动人心。

---

① ［德］约瑟夫·皮珀：《闲暇：文化的基础》，刘森尧译，新星出版社2005年版，第4页。

二 始源性真实观念与感性现象性真实

从艺术发展史来看，真实问题可以说是艺术的最核心问题之一，就如真理问题是哲学的最核心问题之一一样，但对艺术中的所谓真实的理解是有不同的视角的，正如在哲学中对所谓的真理的理解有不同视角一样。艺术中始源性真实观念是更为内在、更为深邃的真实性观念，其也与内在的本源性真理观念联系在一起，艺术中的始源性真实观念是自上而下的观念，是从源头处或源头特性方向判断艺术真实的视角。这同哲学中关于存在之真理观念是一致的。所谓真理有外在性的符合自然对象的真理与自上而下的始源性内在性真理之别。关于始源性内在的真理，海德格尔在《论真理的本质》一文中说：

> 让存在——即让存在者成其所是——意味着：参与到敞开之境及其敞开状态中，每个仿佛与之俱来的存在者就置身于这种敞开状态中。西方思想开端时就把这种敞开之境把握为 τὰ ἀληθέα，即无蔽者，如果我们把 αληθεια 译成“无蔽”，而不是译成真理，那么这种翻译不仅更加“合乎字面”，而且包含着一种指示，即要重新思考通常的正确性意义上的真理概念，并予以追思，深入到存在者之解蔽状态和解蔽过程的那个尚未被把握的东西里。①

在艺术的发展史中，有两条看起来似乎很不相同的真实或真理之路，或者说有两条通往真实的路径：一条是自上而下的，是以天人贯通相遇关系为尺度、为中心的真实观念，这也是始源性的通过心灵的眼睛看到的真实之路，这也可以说是通往始源的内在的真实的路径。这种始源的内在的精神性真实散发着更为深厚的精神性韵味。一条是以天人基本隔绝为尺

---

① ［德］马丁·海德格尔著，孙周兴选编：《海德格尔选集》，生活·读书·新知上海三联书店 1996 年版，第 223 页。

度、为中心的真实观念：也即以失去天的依托后人的有限局限为基本情境的真实观念。通过人的外在的眼睛打量人的有限处境。这种基于现象感性的真实相对来说缺乏深厚的精神韵味。始源性真实是自上而下的天人相通的真实观念，是从创造性源头（天心或神等）的视角来衡量判断人的内心纯粹完美程度的真实，是用纯粹心灵的眼睛看到的真实，其也是无形的纯粹的精神真实，这种真实不是大家都能看到的东西，看到大家都能看到的东西那是肉眼的职责。但是真正的艺术常常需要离开肉眼的常识，需要离开外在性“一般”“大家”之所见。虽然大家都有肉眼，但未必有敞开联系性的心灵的眼睛，心灵的眼睛在大多数时候是被遮蔽的。用自己的本真的心去发现，那颗微妙的心就是内在的本真的眼睛，也是“被启示的心灵眼睛”。

心灵的眼睛在心心相遇中张开。心灵的眼睛是什么构成的？是由纯粹的敞开联系的心、内在本心—心性—灵性，以及由此生发的想象力、直觉力、情感体验力等构成。这是能够从事内在精神发现的眼睛，能够发现基于内在的心灵感受、心灵想象、心灵体验的真实，是在人们内在心灵中呈现的真实。这种内在的真实要用微妙细微的深邃的心灵去感受。之所以说是内在真实，是因为这种真实的依据并不建立在对外部对象世界种种依赖上，比如并不建立在对客观物质性及其科学精确性的依赖上，而是建立在对天人心心关系的依赖上，是建立在以此为基础的内心的微妙的精神感触的依赖上。在传统的浪漫型艺术中，内在心灵性真实更为重要。这种精神性真实被佛教称为精神真谛。这种精神性的真实只有通过我们的自明的心灵才能够发现。对于那些缺乏心灵的人而言，这种所谓的真实似乎并不存在：

> 我称这里谈到的真实为“初始真实”。对我们意识到它们所凭的经验，我称之为“初始经验”。①

① ［瑞士］H. 奥特：《不可言说的言说：我们时代的上帝问题》，林克、赵勇译，生活·读书·新知三联书店1994年版，第32页。

在另一处，奥特把这种初始经验定义为：上帝奥秘显现于平常之中。用中国道家思想传统术语说就是游心于无穷与物之初的初始性真实，也就是天之心性显现于平常之中的真实。人们独到地用心灵的眼睛领会到隐藏着的天之心性，这种真实是原初性真实，也是内在的、纯粹的精神真实。这种真实的本质就是人心领会天道－天心（及心性）的绝对、完整与同一，也就是天心在场，“心性”瞬间显现。这种基于心灵想象与体验的真实在处于被遮蔽状态的大多数人看来，则是虚幻的。这种包含着绝对色彩的精神性真实是基于天之心性显现。这类基于始源性真实的艺术或直接或间接地体现了天人之贯通性的关系及状况。这是内在的精神真实。这种内在的精神真实通过有价值的深度体验，通过富有诗意的或美或神圣的情境体现出来。其在各类古典艺术（音乐、风景画等）与诗歌中体现得更为明显。在浪漫主义诗歌中也常常描写这样一种美的情境：天人关系日渐分离造成的种种情境性伤感。

基于始源性的内在心灵真实更具有存在意味，并与富有精神意蕴（韵味）的形象相关联。这种精神意蕴常常满足了我们隐蔽的灵魂渴求。真正有深度的精神性意蕴是在天人之动态关系中显现出来的，也是人用自己独到的心灵所领悟所发现的，富有精神意蕴感的形象，能够满足人们的内在的整体性渴求，或者说富有精神意蕴的形象是人灵魂追寻的一部分。这是一种靠近原初存在引发的种种纯粹性精神情绪。这种内在真实代表天人关系的相遇与贯通。在我们这个世俗化时代，哪些形象还能满足人们内在的灵魂渴求？常常是那些基于源头心性追寻性或否定性的形象及情境，种种纯真的消失引发的悲伤或乡愁等。所谓乡愁实际上就是对失去的始源性真实的追寻、回想、回忆与怀念。书写这种内在精神性真实的艺术家，其存在姿态是精英式的贵族似的，这类艺术家在这个被名为后现代的时代不太受欢迎。这种内在的精神性真实常常借助大自然的中介表达对种种被遗忘事情的追寻，并表达人类存在中的那种纯全纯粹的精神性情绪，表达一种具有原初性本源性的精神性情感，书写一种绝对、一种单纯、一种质朴、一种忧郁。这种精神性真实常常借助悲伤的、伤感的生命情境表达出来，其书写了种种纯全、纯粹的消失：美的消失、自然的消失、爱的消失、友谊的消失，也包括意义的消失、充实感的消失、本真的消失、神圣与宁静感的消失，等等。

另一个真实观念不是始源性的，而是自下而下的，是以天人内在贯通性关系隔绝、堵塞为尺度为中心。这一真实路途通向人之现象性人性，及人的有限境遇。这是人的外在的世俗境遇性真实，这一真实传达的精神核心是：人是局限与有限，是残缺、短暂、偶然相对性存在。真实就是对这一残缺、偶然与短暂的生动形象的反映、揭示与暴露。从这个视角透视，人的存在史就是局限史，就是卑微史，就是人的不断的挫折史、苦难史、空洞史。这是一种本质上是空虚的苦难的现实的真实及其路径，也是对人类现实境遇的可疑性展现，就是缺乏实在性的非存在经验展现。理解这种真实关键就是人的挫折经验、苦难经验，以及种种现实的外在性虚空的或虚无的经验，包括视听经验、身体经验、日常生活经验、理性经验等。这类真实对于世俗大众而言，具有普遍的有效性，而这种真实的艺术就展现了人类当下的世俗的种种遭遇与困境，或展现人的内在的潜意识世界。这是现实主义艺术与现代后现代艺术所集中书写的真实。这种基于现象性人性的真实被重视有着处于转变期的时代背景。19 世纪末到 20 世纪初，时代发生了一些标志性的转向，这种转向以尼采的那声呐喊为代表，并由此宣告了另一个时代的开始。“上帝死了”，上帝之死实质上代表了创造始源被遮蔽，以及基于始源的纯粹的内在真实的死亡，上帝是完美或美好精神的象征性说法。上帝之死代表了人心中的那份纯粹精神性——也是隐蔽的先验自明精神性方向的死亡，上帝之死必然伴随着种种纯粹的精神性向往的消失或消亡。人们不再需要挂念上帝及其所代表的精神，“上帝已经离去”代表了当代人的普遍的精神及心理状态：

> 上帝乃是表示理念与理想领域的名称……超感性世界就是形而上学的世界……“上帝死了”这句话意味着，超感性世界没有作用了。它没有任何生命力了……那么，就不再有什么东西是人能够遵循和可

以当作指南的了。[①]

当上帝死去之后，垂直层面的来自源头特性的真实也就随之逝去了。那这个世界还将留下什么，留下什么样的真实呢？留下的当然只能是可见的感性的真实，留下的只是感性的偶然世界及孤独的人类的虚无的存在经历。一堆堆的偶然性与无目的性，一堆堆的偶然的无目的的物质与人。由此，唯一真实的就是感性，感性唯物的原则（包括欲望等）战胜了精神的原则，世俗世界战胜了各种心的世界，物的偶然性战胜了神圣必然性。基于此，那种基于精神神性的真实的创造表达愈益使人感觉缺乏普遍的有效性，也缺乏大众性。现代人普遍认可的真实不需要很多的心灵想象，需要的只是连简单的头脑都能领悟的常识，以及与身体体验相关的生活直感，这种真实存在于人作为人的人性里，存在于人的种种残缺里，存在于人的肉身的欲望里，存在于复杂的人际关系里，这是人们直接能够感受到的，因而这种真实更容易把握，这种真实在当代世界也更显深刻。

基于这种信仰衰落与危机的大背景，人类基于心性的纯粹精神及情感就被渐渐冷落，人们注视世界的目光发生了变化，把注视点从高处向下转移，也即把注视点向着自然物质及感性世界转移。基于此，当代的艺术创造通常会遵循一个大的原则：书写平行层面的人的真实处境或困境，用西方的术语说，就是书写没有上帝光顾的现象世俗生活，书写上帝离去后的人类的真实存在状况，书写没有上帝之光照射的晦暗的社会现实境遇，及灰色的黑暗的现实。这种真实的存在状况包括以下几个方面：自然物质性及工具性倾向、复杂的人际关系与原始欲望的真实面目，及其最后带来的挫败、最后显露出来的虚空。这种真实也是大众能够感知并认可的普遍而又有效的真实。这种真实和人性中的虚空匮乏相联系，物欲、感官欲望事实上也是心灵空虚的一种曲折展现。感官欲望与现代工具理性关系日益密切，却和人的内在灵魂渐行渐远。包括物质、本能、欲望、社会关系、社

---

① ［德］马丁·海德格尔：《林中路》，孙周兴译，上海译文出版社 2014 年版，第 211 页。

会交往、组织、技术，各个层面的奴役……以及与此相连的人的自私、残忍、冷漠、荒诞、机械、套路等。感官物欲或感性真实在西方的文化语境中通常和魔鬼有关，与作为血肉之躯的自然人性有关。魔鬼与人的自然人性是伙伴，魔鬼掌管着尘土世界，掌管人的种种世俗的倾向及心理，而人类正是生活在这尘土之中，所以说现代人眼中的真实与魔鬼掌管领域相关，并带有种种魔鬼的特性（事实上也是自然人性的特性），带有尘世的种种基于感性的欢欣、缺陷与暗影。这种欢欣、缺陷与暗影成了最重要的真实性的标志。换句话说，在当代人看来，传统的魔鬼管辖范围里的事物比上帝管辖范围里的事情更让人亲近，也更真实。在现象世俗性真实观念里，真实的事物仿佛都要具有一定的魔鬼特性。灰色生活与黑暗的生活变成了重要的艺术表现对象。

现象世俗性真实是基于天人内在关系隔绝、分离的存在情境，是以天人内在贯通性关系被堵塞、被遮蔽为前提，以“幻象”“谎言”式生活为其表象。展现这种真实常常是为了揭穿种种现象性欺骗、假象与谎言。这种去蔽与揭穿体现了人类的精神性尊严。每个人都有一份对真实的感知力，每个人的生命也都有自己的真实之点。我们这个时代有同样扭曲的真实观：对我们这个时代来说，最真实的同时也是最具幻象性的，似乎就是自然物质以及其代表——金钱与欲望以及人际关系。由于“本原”被遮蔽、现象界被突出，我们这个时代只认现象界，而现象界背后的内在本质却被我们普遍否认，只认同的现象性真实，只认同属于“俗谛”的事物及其描绘。在这个世界里真实和物质、感性欲望等就密切相关。这里没有“本心”的位置，没有真正的心与心的相遇，或者说这里的“本心”或心心相遇是通过否定的方式体现出来。

外在现象性的真实是以天人内在关系隔绝、堵塞为标志。他们由此看到了人类与天内在隔绝后的种种虚空、痛苦与苦难。天人内在相遇相通使人成为人，使人成为拥有内在纯粹性（真实性）的人，而天人内在关系隔绝后，人们看到的是种种感性的经历，以及随感性经历而来的或短暂欣喜或最终悲惨的处境。这构成世俗性真实——或社会现实层面的真实的实质。世俗性真实更多地体现在外围的现象感性层面。展现这种社会感性现实层面的真实，细说起来有三个重点或三个层次。一是展现以物质短缺为核心的弱势群体生活或底层性生活。二是展现人性本能及其底层特性——人性中所存的原始欲望及其暗影或阴影。常常也用身体欲望的满足与否来衡量世界的价值的高低与否。人之所以视原始肉体欲望为真实，就是因为欲望的满足成了他们存在的唯一追求。人性的原始本能、原始欲望及肉体特性之所以真实，是因为这是深藏在人性深处的原始倾向性。三是展现人性与人的存在的多层性、复杂性与矛盾性。人是一种很复杂的高级动物，简单化人的存在境遇常常会让人觉得虚假。生活、人物性格，或内心情感的矛盾与复杂性有助于加强现象性真实的表达。在整个动物界可能不会有比人更复杂的物种了。人的复杂源于人的特殊的进化之路或者说被创造之境。人这种存在的复杂性、丰富性与特殊性表现在：人除了肉身，还有一颗特殊的心。肉身与心这两种倾向常常是对立的，经常相互撕扯，这种来来回回的拉锯把人折腾得很疲惫，使人的生活变得很复杂，也常给人带来充满种种矛盾性的遭遇与困境。人也常常在原始欲望的满足与纯净安宁的精神向往之间摇摆、轮回。各种奇异的矛盾能最大限度地显现人的生活的现象性真实。一个善于描画真实生活的艺术家往往就是善于描写这种困境、矛盾与复杂性的高手。

三　自上而下领悟，天才特征与创造力

> 上苍把最珍贵的礼物，即我们称之为“天才”的人物降临人间，实际上，这种人的灵魂是带着神的旨意从天上下凡的。①

人们对艺术（或艺术家）的研究可以有多个角度或层次，但艺术的创

---

① ［英］托马斯·卡莱尔：《论英雄与英雄崇拜和历史上的英雄业绩》，周祖达译，商务印书馆2005年版，第48页。

造性或创造力问题通常都会居于核心位置。创造性或创造力问题关乎艺术作品如何产生、何以能产生的问题。创造力创造性问题又关乎其最集中体现者——天才。天才是天人内在贯通性的，天才的灵感是天人内在贯通相遇性的。谈论有品质有层次的艺术创造差不多最后都要谈论到天才，天才就是最有价值的艺术作品的创造者。天才的最核心标志就是其拥有神奇的不可思议的创造力，为什么那些伟大的艺术作品能被这些天才创造出来，天才究竟为什么拥有那种神奇性，其特殊之处究竟在哪里？哲学家康德在《判断力批判》、黑格尔在《美学》中都有专门章节论述天才，也专门谈论了天才的独特与非凡的方向："创造"或"创造力"。艺术天才这个词，其内涵本质上就代表独特与神奇，而这种独特与神奇在艺术创造中典型地体现了出来：

> 动词 bara 是专门用来表达神圣"创造"的术语……这个词的意思是指在历史、自然和精神领域中产生，借此，以前不存在的东西出现了。Bara 从不和用来制造某物的物质的直接宾词连用。这表明神的创造活动没有条件和前提。创造是绝对新事物。不仅是实际上，而且在可能性上，它都不会内在于或存在于其他事物中……"制造"是用来表达有目的地"制作"一件作品，其中某些东西获得独特的特征与倾向……它是统一的和独一无二的。这还意味着时间被排除在创造活动之外，因为时间总是需要延续，而创造是突然发生的，似乎是在一瞬间发生的事。①

艺术家的创造力和艺术家的辛勤刻苦有关，在本质上却与这些累积性的准备无深刻联系。艺术创造本质上是敞开性的，是自上而下的，其植根于艺术家内在的诚挚，植根于敞开之心对存在源头（天道 - 天心或神的创

---

① ［德］莫尔特曼：《创造中的上帝》，隗仁莲等译，生活·读书·新知三联书店 2002 年版，第 103—104 页。

造活动）的领悟。创造在各种古老文化中，先前只是上帝的专属特权，核心就是从无中创造出有，后来其也变成了艺术（艺术创造）的核心叙事之一，指向艺术创造中的那种如有神助的灵光乍现的情形。创造观念、创造力、创造性等在核心机理上是相通的。所谓创造力用西方的术语讲，就是趋神性质的能力或类神性质的能力，这也是大艺术家之为大艺术家的核心标志，也是其具有神奇超常性的标志，甚至创造力也是人文学者的生命核心，没有独特的创造力也别谈什么人文学者。用中国思想传统透视，创造力在本质上是天人贯通性的，或者说是心心相遇性的，具有先在性或先验性，常伴随着源头心性显现，伴随着心象－意境的倏然临在或来临。在天人内在贯通（西方的趋神或类神）的意义上，创造代表着无蔽或去蔽，意味着打破平行层面的历史重复性、俗套性（或套路）的遮蔽。一流的原始创造力是敞开性的，是无中生有性的，这即通常所谓的由零到一的创造力。次一级的创造力则是以旧有的世界（比如旧有的艺术传统）为基础发现并加以完善的能力，发现与完善的对象可以是自然形式、社会、思想方式、感觉与感情方式等。这些新的被发现、被完善的世界也能让人产生耳目一新的存在经验。

创造倾向与能力对于一个社会、一种文化是异常重要的，对于一种文化、一个社会的整体的精神层次及内在生命活力异常重要。创造力的爆发需要整体社会及个人敞开性的存在状态，需要整体社会与个人的心性基础。就个人而言，需要有一颗“纯粹的心”，与之相反的就是驳杂的世故之心。基于种种僵硬的世故心，人们习惯于因袭传承，习惯于重复与循环往复，习惯于守旧与循规蹈矩，其会阻止新颖的交流与表达形式，包括新经验、新思想、新的感觉与感情方式等。是否具有创造力，是衡量一个人是一流还是三流人才的重要指标之一；是否具有一流的创造力，也是衡量一个民族、一种文化是三流还是一流的重要标志之一。一流的创造力不同于一般的二三四流创造力。一流的创造力更多基于天为，而二三四流的创造力基本上是基于人为。一般性的艺术性人才只具有一般的创造力。可惜的是中国当代艺术家总体创造力不高，人文学者也基本如此。这些人的那点创造力也基本是基于人为的，基于人为的理性或功利目的等，而基于人为的所谓创造力与技术层面有更多的关联，基于人为的技术性考量，这些人只知道在形式上跟风与重复，他们的所谓的创造或学术基本缺乏深邃的灵性，缺乏深刻的思想。大多是没有真正创造力的匠人性质的。任何没有真正临在性质的所谓艺术创造及艺术理论，都不太值得重视。真正的创造力指向那些自上而来的神奇性。只有超一流人才具有伟大的创造力。

艺术创造性和创造力的意思大体相同，只是观察角度不同而已，共同指向艺术家身上的那种神奇性，这种神奇主要来自艺术家对存在根本的领悟，以及发现并创造出新的独特事物的先验性能力。其通常不是被具体的现实利益引领，而是受更为纯粹的普遍精神引导。在艺术创作中尤其是指其一个艺术家创造出一种新的意味情境的能力，给人们带来新的存在意味，带来新的生命感觉、新的体验。一个艺术家要想带给这个世界新的意味，除了一般的条件，就需要他具有打破常规的本能性倾向。所有的创造性活动都厌恶常规性的重复。在某种意义上，可以说创造就意味着向创造源头敞开，并打破平行层面的常规，突破重复的惯性与历史轮回。艺术家要做到这一点也需要有自由宽松的文化与精神氛围。僵死的规矩越多越影响人们的创造欲：

> 天才是宗教性的。它更多地吸收了共同的心。①

伟大的艺术创造意味着天人内在感应及其交会，其就是一种敞开性的心心联系的旅程，就是让源头的本体性力量临在敞开人心。创造背后的推动力量是什么，或者说真正推动艺术家创造的深层力量是什么？其常常难以言喻、不可描摹。但可以肯定的是，其不是基于人为的那些单向的意愿与目的，而更多是基于天为及被源泉性力量推动。源泉性力量来自哪里？来自天人之贯通性相遇、沟通、内在对话。心心相遇与对话

---

① ［美］爱默生：《爱默生随笔》，蒲隆译，上海译文出版社 2010 年版，第 162 页。

构成了创造的纯粹动机与基础。源泉性力量也就是爱默生所说的“共同的心”的力量，或者说是源头之心或本原心的力量。真正具有创造力的人要有纯粹的心、纯粹动机。信仰型文化使人心单纯，也容易带来纯精神性动力：为永恒献身而生的内在推动力，追寻永恒精神带来的精神热情，那是一种宗教性的仿佛有着无尽精神源泉的精神感情。牛顿、爱因斯坦等都相信一种“宇宙宗教”，这种宗教性感情推动人们去创造。印度泰戈尔的文学作品、但丁《神曲》、歌德《浮士德》等都被这种普遍的宗教性热情推动。哲学家、艺术家等首先要有敞开的心，要有基于此的热爱永恒世界的潜在倾向，被永恒的精神星辰引领，将此视为自己的存在价值的依据。最纯正的艺术创造动机差不多就是融入永恒的热望，这是最深邃、最迷人的精神推动力。艺术家还要在基础上创造出一个能给人们带来具有新颖感的意味整体，借此给人带来新颖的感觉与体验。这个动机应该是纯精神性的，而不是功利化的。纯精神动机才能保证艺术家创造出被精神性环绕的作品。纯精神的动机推动艺术家创造出伟大的精神性食粮。

艺术家如果只是封闭在人的世界——尤其是封闭在功利世界——那对创造是极为不利的。世俗的功利性文化常常带来各种世俗性动机。这种世俗性动机也会在某种程度上影响创造力的发挥。艺术创造的基础来源于艺术家那颗饱满、独特、充实而非凡的内心。这份饱满、独特、充实与非凡不是他自己刻意建造的，更不是包装出来的。艺术家如果喜欢装模作样，喜欢装腔作势，到最后他只能创作出似是而非的东西。艺术创造是艺术家存在核心的显现与显露。如果他整个存在独特，他的内心与灵魂非凡，他从事艺术创作想不独特都不行，反过来说，如果他的整个存在都是模仿性的、平庸的，他的内心与灵魂是模仿性的、平庸的，那他还想创造出新颖而又具有感染力的精神形式，则是难以想象的。那他搞出来的所谓创新只可能是平庸的模仿性，是内心苍白干瘪的灵魂的折射。创新的基础是你的存在本身就深含意味、独特、非凡而自然，如果只是拥有平庸而非自然的存在与内心，怎么去从事真正意义上的创造呢：

> 天才是一种产生出不能为之提供任何确定规则的那种东西的才能……于是，独创性就是必须是它的第一特性……天才是与模仿的精神完全对立的……与那种从来不能超出单纯的学习和模仿因而叫蠢才的人的头脑相反……①

要想创新首先创造者得有一颗非平庸的存在与心灵，他得有非平庸的灵魂。他对平庸的生存状态有着近于本能的厌恶。物质的富足并不能使人远离平庸，知识的一般积累也做不到这点。你有那几箩筐知识，并不能保证你的生命远离平庸之态。真正的艺术创造者要做一个孤独的仙鹤立于鸡群之中。创造的使命是由孤独的“鹤”来承担的，不是由合群的“鸡”去标榜与显摆的。没有对天敞开心扉的倾向，没有由此而来的源头精神光亮的支撑，没有基于此的深刻独到的非凡的灵魂，人是很难摆脱平庸的。平庸和知识的多寡无本质关联。现代人以知识来衡量人平庸与否，这是偏离靶心的。艺术家或学者，只要他精神衰落了，没有深刻的精神追求及独有的精神世界，那么他基本上就属于平庸者。头衔、权势或道德标签都帮不了他。

一个民族需要具备创造的基础与灵魂。一个民族过于靠近生存常识对艺术创造未必是好事。缺乏灵魂深度的文化很难出现有创造力的天才：思想天才、哲学天才、文学艺术天才、科学天才等。创造力与创新性典型地体现在天才的出类拔萃的表现上。天才是基于天为，是天生的、天造之才，他们是人为的、机械的、刻板程序培养不出来的，所有的天才差不多都是自己培养自己。天才是天人合一式的，天人贯通性的。天才是创造力的守护神。天才生活在生命的本质里，而不被生命表面的种种现象迷惑，天才能洞穿存在与精神的本质。他精神浩瀚、想象活跃、心灵勤奋，并能把相距最远的才能结合在一起。目前中国的各个领域都缺少天才式人物。

---

① ［德］康德：《康德三大批判合集》下集，邓晓芒译，人民出版社 2009 年版，第 348—349 页。

天才的疯狂植根于创造本性：不能忍受被拘束于常规里，天才的疯狂常常就是强烈地试图打破习俗与常规造成的。一些现代画家，比如凡·高、高更、杜尚等，他们是一些“冲动”者，被深层欲望也被深层神性推动。他们的生活与内心似乎因此充满了突破常规的混乱。圆滑与老于世故的文化气氛不利于文学艺术方面的天才的出现，尤其不利于具有现代风格的文学艺术天才的出现。天才的如有神助的灵感似乎就是对神召唤的回应。天才经常进入“如有天助”之境。所谓灵感是创造高峰来临的标志，也是上天对天才的奖赏，这是突然之间得到的启发。性格雷同化、模式化或过分依赖社会、过分合群的人很难获得这种独有的垂青。灵感偏爱那些精神独立的人，偏爱那些摆脱物质羁绊与社会群体羁绊的人，灵光乍现那刻他们独自地内在地和天之心性相通。那些艺术创新形式从本质上说只是富有内在创造力的艺术家的灵魂的自然流露曲线。换句话说，创新形式只是艺术家内在心性的自然而然的流露。

参考文献

［日］阿部正雄：《禅与西方思想》，王雷泉、张汝伦译，上海译文出版社 1989 年版。

［德］阿多诺：《美学理论》，王柯平译，四川人民出版社 1998 年版。

［英］阿尔弗雷德·诺尔司·怀特海：《思维方式》，黄龙保等译，天津教育出版社 1989 年版。

［匈牙利］阿格妮丝·赫勒：《个性伦理学》，赵司空译，黑龙江大学出版社 2015 年版。

［德］埃德蒙德·胡塞尔：《欧洲科学的危机和超验现象学》，张庆熊译，上海译文出版社 2005 年版。

［德］埃德蒙德·胡塞尔：《逻辑研究》，倪梁康译，商务印书馆 2015 年版。

［德］埃德蒙德·胡塞尔：《现象学的观念》，倪梁康译，上海译文出版社 1986 年版。

［美］埃里克·沃格林：《秩序与历史：求索秩序》卷五，徐志跃译，译林出版社 2018 年版。

［美］埃里克·沃格林：《秩序与历史：以色列与启示》卷一，霍伟岸、叶颖译，凤凰出版传媒集团、译林出版社 2009 年版。

［美］埃里克·沃格林：《秩序与历史：天下时代》卷四，叶颖译，译林出版社 2018 年版。

［美］埃伦·迪萨纳亚克：《审美的人——艺术来自何处及原因何在》，户晓辉译，商务印书馆 2004 年版。

［美］爱默生：《爱默生随笔》，蒲隆译，上海译文出版社 2010 年版。

［美］奥尔森：《基督教神学思想史》，吴瑞诚、徐成德译，北京大学出版社 2003 年版。

［瑞士］巴尔塔萨：《神学美学导论》，曹卫东、刁承俊译，生活 · 读书 · 新知三联书店 2002 年版。

［古希腊］柏拉图：《柏拉图全集》第一—四卷，王晓朝译，人民出版社 2003 年版。

［美］保罗 · 蒂里希：《蒂里希选集》，何光沪选编，上海三联书店 1999 年版。

北京大学哲学系美学教研室编：《中国美学史资料选编》，中华书局 1981 年版。

北京大学中国哲学史教研室编：《中国哲学史》，商务印书馆 2004 年版。

［法］贝尔纳 · 斯蒂格勒：《技术与时间》，裴程译，译林出版社 2000 年版。

［俄］别尔嘉耶夫：《末世论形而上学》，张百春译，中国城市出版社 2003 年版。

［俄］别尔嘉耶夫：《自由的哲学》，董友译，广西师范大学出版社 2001 年版。

［法］波德莱尔：《波德莱尔美学论文选》，郭宏安译，人民文学出版社 1987 年版。

［加拿大］布鲁斯 · 炊格尔：《时间与传统》，蒋祖棣、刘英译，生活 · 读书 · 新知三联书店 1991 年版。

［俄］C. 谢 · 弗兰克：《社会的精神基础》，王永译，生活 · 读书 · 新知三联书店 2003 年版。

曹荣湘选编：《后人类文化》，上海三联书店 2004 年版。

陈来：《宋明理学》，生活 · 读书 · 新知三联书店 2011 年版。

陈学明等编：《痛苦中的安乐：马尔库塞、弗洛姆论消费主义》，云南人民出版社 1998 年版。

［美］丹尼尔 · 贝尔：《资本主义文化矛盾》，赵一凡等译，生活 · 读书 · 新知三联书店 1989 年版。

［英］丹皮尔：《科学史：及其与哲学和宗教的关系》，李珩译，商务印书馆 1979 年版。

［德］得特勒夫·霍尔斯特：《哈贝马斯传》，章国锋译，东方出版中心 2000 年版。

［爱尔兰］德尔默·莫兰、约瑟夫·科恩：《胡塞尔词典》，李幼蒸译，中国人民大学出版社 2015 年版。

［德］狄尔泰：《历史中的意义》，艾彦译，译林出版社 2014 年版。

［德］迪特里希·朋霍费尔：《作门徒的代价》，安希孟译，四川人民出版社 2000 年版。

丁来先：《天人合一及心心美学》，中译出版社 2020 年版。

杜继文：《汉译佛教经典哲学》（上下），凤凰出版传媒集团 2008 年版。

［德］恩斯特·卡西尔：《人论：人类文化哲学导引》，甘阳译，上海译文出版社 2013 年版。

［英］F. C. S. 席勒：《人本主义研究》，麻乔志等译，上海人民出版社 1966 年版。

方立天：《中国佛教哲学要义》，中国人民大学出版社 2002 年版。

［匈］费伦茨·费赫尔、阿格妮丝·赫勒编：《美学的重建——布达佩斯学派论文集》，傅其林译，黑龙江大学出版社 2014 年版。

［德］费希特：《论学者的使命　人的使命》，梁志学、沈真译，商务印书馆 1984 年版。

冯平主编：《现代西方价值哲学经典——先验主义路向》下册，北京师范大学出版社 2009 年版。

冯友兰：《中国哲学史》，华东师范大学出版社 2011 年版。

［俄］弗·洛斯基：《东正教神学导论》，杨德友译，河北教育出版社 2002 年版。

［日］福泽谕吉：《文明论概略》，北京编译社译，商务印书馆 1992 年版。

［德］H. G. 伽达默尔：《真理与方法》，王才勇译，辽宁人民出版社 1987 年版。

[瑞士] H. 奥特：《不可言说的言说：我们时代的上帝问题》，林克、赵勇译，生活·读书·新知三联书店 1994 年版。

[英] 哈耶克：《自由秩序原理》，邓正来译，生活·读书·新知三联书店 2003 年版。

[美] 汉娜·阿伦特：《人的境况》，王寅丽译，上海人民出版社 2017 年版。

何光沪编：《信仰》，生活·读书·新知三联书店 2017 年版。

[德] 黑格尔：《法哲学原理：或自然法和国家学纲要》，范扬、张企泰译，商务印书馆 1961 年版。

[德] 黑格尔：《精神哲学》，杨祖陶译，人民出版社 2006 年版。

[德] 黑格尔：《美学》第一——三卷，朱光潜译，商务印书馆 1996 年版。

[德] 黑格尔：《哲学史讲演录》，贺麟、王太庆译，商务印书馆 1983 年版。

[德] 黑格尔：《自然哲学》，梁志学、薛华等译，商务印书馆 1980 年版。

[德] 黑格尔：《宗教哲学讲演录》，《黑格尔著作集》第 16、17 卷，燕宏远、张国良译，人民出版社 2015 年版。

[德] 黑格尔、康德等：《中国印象：世界名人论中国文化》，何兆武、柳卸林主编，广西师范大学出版社 2001 年版。

[德] 胡塞尔：《哲学作为严格的科学》，倪梁康译，商务印书馆 1999 年版。

[英] 怀特海：《过程与实在》，杨富斌译，中国城市出版社 2003 年版。

黄裕生：《中世纪哲学》，凤凰出版社、江苏人民出版社 2005 年版。

[法] 霍尔巴赫：《自然的体系》（上下），管士滨译，商务印书馆 1964 年版。

[法] 吉尔·利波维茨基：《空虚时代：论当代个人主义》，方仁杰、倪复生译，中国人民大学出版社 2007 年版。

[日] 今道友信：《关于爱与美的哲学思考》，王永丽、周浙平译，生活·读书·新知三联书店 1997 年版。

[德] K. 拉纳：《圣言的倾听者》，朱雁冰译，生活·读书·新知三联书店 1994 年版。

[德] 康德：《道德形而上学原理》，苗力田译，上海人民出版社 1986 年版。

[德] 康德：《康德三大批判合集》（上下集），邓晓芒译，人民出版社 2009

年版。

［英］克莱夫·贝尔：《艺术》，周金环、马钟元译，中国文联出版公司 1984 年版。

［英］克里斯多弗·库尔-旺特：《美学》，李晖译，生活·读书·新知三联书店 2016 年版。

孔丘：《论语》，新疆人民出版社 2005 年版。

［锡兰］L. A. 贝克：《东方哲学的故事》，赵增越译，中国盲文出版社 2002 年版。

老聃：《老子》，新疆人民出版社 2005 年版。

［美］雷·S. 安德森：《论成为人：神学人类学专论》，叶汀译，上海三联书店 2012 年版。

李泽厚、刘纲纪：《中国美学史》先秦两汉编，安徽文艺出版社 1999 年版。

［美］理查德·罗蒂：《哲学和自然之境》，李幼蒸译，商务印书馆 2003 年版。

［美］理查德·舒斯特曼：《身体意识与身体美学》，程相占译，商务印书馆 2011 年版。

［美］理查德·泰勒：《形而上学》，晓杉译，上海译文出版社 1984 年版。

［日］笠原仲二：《古代中国人的美意识》，魏常海译，北京大学出版社 1987 年版。

［美］列奥·施特劳斯、约瑟夫·克罗波西主编：《政治哲学史》（第三版），李洪润等译，法律出版社 2009 年版。

［俄］列夫·托尔斯泰：《艺术论》，张昕畅等译，中国人民大学出版社 2005 年版。

刘森林、邓先珍选编：《虚无主义：本质与发生》，邓先珍等译，华东师范大学出版社 2020 年版。

［美］罗洛·梅：《人的自我寻求》，郭本禹、方红译，中国人民大学出版社 2008 年版。

［德］马丁·海德格尔著，孙周兴选编：《海德格尔选集》，生活·读书·新知上海三联书店 1996 年版。

［德］马丁·海德格尔：《林中路》，孙周兴译，上海译文出版社 2014 年版。

［德］马丁·海德格尔：《路标》，孙周兴译，商务印书馆 2000 年版。

［德］马丁·海德格尔：《人、诗意地栖居》，郜元宝编译，北京时代华文书局 2017 年版。

［德］马克斯·舍勒：《伦理学中的形式主义与质料的价值伦理学》，倪梁康译，生活·读书·新知三联书店 2004 年版。

［德］马克斯·韦伯：《新教伦理与资本主义精神》，于晓、陈维纲等译，生活·读书·新知三联书店 1987 年版。

［法］马塞尔·莫斯：《论祈祷》，蒙养山人译，北京大学出版社 2013 年版。

［英］马修·阿诺德：《文化与无政府状态》，韩敏中译，生活·读书·新知三联书店 2002 年版。

孟轲：《孟子》，新疆人民出版社 2005 年版。

［法］米·杜夫海纳：《审美经验现象学》，韩树站译，文化艺术出版社 1996 年版。

［美］米尔恰·伊利亚德：《宗教思想史》，晏可佳等译，上海社会科学院出版社 2004 年版。

［德］莫尔特曼：《创造中的上帝》，隗仁莲等译，生活·读书·新知三联书店 2002 年版。

［德］莫尔特曼：《神学思想的经验：基督教神学的进路与形式》，曾念粤译，香港：道风书社 2004 年版。

［德］莫里茨·盖格尔：《艺术的意味》，艾彦译，华夏出版社 1999 年版。

［德］莫里茨·石里克：《自然哲学》，陈维杭译，商务印书馆 1997 年版。

［英］奈杰尔·拉波特、乔安娜·奥弗林：《社会文化人类学的关键概念》，鲍雯妍、张亚辉译，华夏出版社 2009 年版。

［美］尼尔·波斯曼：《技术垄断——文化向技术投降》，何道宽译，北京大学出版社 2007 年版。

［德］诺贝特·埃利亚斯：《文明的进程：文明的社会发生和心理发生的研究》，王佩莉、袁志英译，上海译文出版社 2013 年版。

潘桂明：《中国佛教思想史稿》，凤凰出版传媒集团、江苏人民出版社 2009 年版。

［古希腊］普鲁塔克：《论埃及神学与哲学——伊希斯与俄赛里斯》，段映虹译，华夏出版社 2009 年版。

［美］乔治·桑塔耶纳：《美感》，缪灵珠译，中国社会科学出版社 1982 年版。

［法］让－保罗·萨特：《存在主义是一种人道主义》，周煦良、汤永宽译，上海译文出版社 1988 年版。

［法］让－皮埃尔·韦尔南：《神话与政治之间》，余中先译，生活·读书·新知三联书店 2001 年版。

［法］萨特：《存在与虚无》，陈宣良等译，生活·读书·新知三联书店 2007 年版。

［德］叔本华：《作为意志和表象的世界》，石冲白译，商务印书馆 1982 年版。

［美］舒尔兹：《成长心理学》，李文湉译，生活·读书·新知三联书店 1988 年版。

［美］斯特朗：《宗教生活论》，徐钧尧等译，今日中国出版社 1992 年版。

宋继杰主编：《BEING 与西方哲学传统》，河北大学出版社 2002 年版。

［美］苏珊·朗格：《情感与形式》，刘大基等译，中国社会科学出版社 1986 年版。

孙晶：《印度吠檀多哲学史》，中国社会科学出版社 2013 年版。

［英］T. S. 艾略特：《基督教与文化》，杨民生、陈常锦等译，四川人民出版社 1989 年版。

［英］汤比因等：《艺术的未来》，王治河译，广西师范大学出版社 2002 年版。

［俄］瓦·康定斯基：《论艺术的精神》，查立译，中国社会科学出版社 1987

年版。
［俄］瓦·瓦·津科夫斯基：《俄国哲学史》下卷，张冰译，人民出版社 2013 年版。
王夫之：《船山全书》（一），岳麓书社 2011 年版。
王阳明：《王阳明全集》，上海古籍出版社 2011 年版。
［美］威尔·杜兰特：《哲学的殿堂》，林冰等译，金城出版社 2016 年版。
［荷］威廉默斯·阿·布雷克：《理所当然的侍奉》第三册，王志勇等译，当代中国出版社 2014 年版。
［英］维特根斯坦：《逻辑哲学论》，贺邵甲译，商务印书馆 2016 年版。
［英］维特根斯坦：《思想札记》，吉林大学出版社、吉林音像出版社 2004 年版。
［英］维特根斯坦：《维特根斯坦全集》第 1—11 卷，涂纪亮等译，河北教育出版社 2003 年版。
［法］文森特·德贡布：《当代法国哲学》，王寅丽译，新星出版社 2007 年版。
［波兰］沃拉德斯拉维·塔塔科维兹：《古代美学》，杨力等译，中国社会科学出版社 1990 年版。
［波兰］沃拉德斯拉维·塔塔科维兹：《中世纪美学》，褚朔维等译，中国社会科学出版社 1991 年版。
［德］谢林：《学术研究方法论》，先刚译，北京大学出版社 2019 年版。
［德］谢林：《哲学与宗教》，先刚译，北京大学出版社 2017 年版。
熊伟主编：《存在主义哲学资料选辑》，商务印书馆 1997 年版。
［法］雅克·德里达：《论精神：海德格尔与问题》，朱刚译，上海译文出版社 2008 年版。
［法］雅克·马利坦：《艺术与诗中的创造性直觉》，刘有元、罗选民等译，生活·读书·新知三联书店 1991 年版。
阎国忠：《美是上帝的名字：中世纪神学美学》，商务印书馆 2015 年版。
［美］伊莎多拉·邓肯：《邓肯论舞蹈》，张本楠译，九州出版社 2006 年版。

[德] 于尔根·哈贝马斯：《现代性的哲学话语》，曹卫东译，译林出版社 2004 年版。

[美] 约翰·杜威：《艺术即经验》，高建平译，商务印书馆 2005 年版。

[德] 约瑟夫·皮珀：《闲暇：文化的基础》，刘森尧译，新星出版社 2005 年版。

[美] 詹姆斯·K. 林恩：《策兰与海德格尔：一场悬而未决的对话（1951—1970)》，李春译，北京大学出版社 2010 年版。

张岱年主编：《中国哲学大辞典》，上海辞书出版社 2014 年版。

张世英：《天人之际——中西哲学的困惑与选择》，人民出版社 1994 年版。

庄周：《庄子》（上下），新疆人民出版社 2005 年版。

[日] 子安宣邦：《国家与祭祀》，董炳月译，生活·读书·新知三联书店 2007 年版。